中等职业教育专业技能课教材
中等职业教育中餐烹饪专业系列教材

烹饪概论

PENGREN GAILUN （第2版）

主　编　冯玉珠

副主编　马建冬　王俊光

参　编　张景辉　刁　力　孙静雨　安朋朋

重庆大学出版社

内容提要

本书是教育部中等职业教育"十二五"国家规划立项教材《烹饪概论》的修订版。其主要内容包括什么是烹饪、历史悠久的中国烹饪、走进餐饮业、饮食文化、烹饪工作者、厨房探秘、烹饪节事、中外烹饪交流与互鉴、烹饪教育与烹饪职业技能等级认定9个项目。本书以项目、任务、案例等为载体组织教学单元,每个项目前设有"教学目标",其中,"知识教学目标""能力培养目标""思政教育目标"三位一体,每个项目后设有"课堂练习""课后思考""实践活动"。每个项目又分解为若干任务,各任务由"案例导入""任务布置""任务实施""知识链接""任务总结"等环节组成。

本书注重思想性,突出教材思政;注重理论联系实际,突出理论和实践统一;注重科学性,突出时代性。对第1版中不妥的地方进行修正、更新、删减、充实,使其更加简明实用、科学合理。同时,紧跟餐饮产业和烹饪教育发展动态,力求反映烹饪行业的最新发展趋势和最新研究成果,将新版国家烹饪职业技能标准及其技能等级认定内容和要求有机融入,推进书证衔接,课证融通。

本书可作为中等职业学校中餐烹饪、西餐烹饪、中西面点等专业的教材,也可作为旅游、饭店、餐饮等相关专业的教材,还可作为餐饮、旅游、食品等行业岗位培训教材和烹饪爱好者的自学读本。

图书在版编目(CIP)数据

烹饪概论 / 冯玉珠主编. ––2版. –– 重庆:重庆
大学出版社,2022.2(2024.8重印)
中等职业教育中餐烹饪专业系列教材
ISBN 978-7-5624-8994-8

Ⅰ.①烹⋯　Ⅱ.①冯⋯　Ⅲ.①烹饪—中等专业学校—
教材　Ⅳ.①TS972.1

中国版本图书馆CIP数据核字(2021)第118137号

中等职业教育中餐烹饪专业系列教材
烹饪概论
(第2版)

主　编　冯玉珠
副主编　马建冬　王俊光
参　编　张景辉　刁　力
　　　　孙静雨　安朋朋
策划编辑:沈　静
责任编辑:姜　凤　　版式设计:沈　静
责任校对:邹　忌　　责任印制:张　策
*
重庆大学出版社出版发行
出版人:陈晓阳
社址:重庆市沙坪坝区大学城西路21号
邮编:401331
电话:(023) 88617190　88617185(中小学)
传真:(023) 88617186　88617166
网址:http://www.cqup.com.cn
邮箱:fxk@cqup.com.cn(营销中心)
全国新华书店经销
重庆升光电力印务有限公司印刷
*
开本:787mm×1092mm　1/16　印张:15.75　字数:406千
2015年7月第1版　2022年2月第2版　2024年8月第10次印刷
印数:40 001—44 000
ISBN 978-7-5624-8994-8　定价:45.00元

中等职业教育中餐烹饪专业系列教材
主要编写学校

北京市劲松职业高级中学

北京市外事学校

上海市商贸旅游学校

上海市第二轻工业学校

广州市旅游商务职业学校

江苏旅游职业学院

扬州大学旅游烹饪学院

河北师范大学旅游学院

青岛烹饪职业学校

海南省商业学校

宁波市古林职业高级中学

云南省通海县职业高级中学

安徽省徽州学校

重庆市旅游学校

重庆商务职业学院

出版说明

  2012 年 3 月 19 日教育部职成司印发《关于开展中等职业教育专业技能课教材选题立项工作的通知》（教职成司函〔2012〕35 号），我社高度重视，根据通知精神认真组织申报，与全国 40 余家职教教材出版基地和有关行业出版社积极竞争。同年 6 月 18 日教育部职业教育与成人教育司致函（教职成司函〔2012〕95 号）重庆大学出版社，批准重庆大学出版社立项建设中餐烹饪专业中等职业教育专业技能课教材。这一选题获批立项后，作为国家一级出版社和教育部职教教材出版基地的重庆大学出版社珍惜机会，统筹协调，主动对接全国餐饮职业教育教学指导委员会（以下简称"全国餐饮行指委"），在编写学校邀请、主编遴选、编写创新等环节认真策划，投入大量精力，扎实有序推进各项工作。

  在全国餐饮行指委的大力支持和指导下，我社面向全国邀请了中等职业学校中餐烹饪专业教学标准起草专家、餐饮行指委委员和委员所在学校的烹饪专家学者、一线骨干教师，以及餐饮企业专业人士，于 2013 年 12 月在重庆召开了"中等职业教育中餐烹饪专业立项教材编写会议"，来自全国 15 所学校 30 多名校领导、餐饮行指委委员、专业主任和一线骨干教师参加了会议。会议依据《中等职业学校中餐烹饪专业教学标准》，商讨确定了 25 种立项教材的书名、主编人选、编写体例、样章、编写要求，以及配套教电子学资源制作等一系列事宜，启动了书稿的撰写工作。

  2014 年 4 月为解决立项教材各书编写内容交叉重复、编写体例不规范统一、编写理念偏差等问题，以及为保证本套立项教材的编写质量，我社在北京组织召开了"中等职业教育中餐烹饪专业立项教材审定会议"。会议邀请了时任全国餐饮行指委秘书长桑建先生、扬州大学旅游与烹饪学院路新国教授、北京联合大学旅游学院副院长王美萍教授和北京外事学校高级教师邓柏庚组成审稿专家组对各本教材编写大纲和初稿进行了认真审定，对内容交叉重复的教材在编写内容划分、表述侧重点等方面做了明确界定，要求各门课程教材的知识内容及教学课时，要依据全国餐饮行指委研制、教育部审定的《中等职业学校中餐烹饪专业教学标准》严格执行，配套各本教材的电子教学资源坚持原创、尽量丰富，以便学校师生使用。

本套立项教材的书稿按出版计划陆续交到出版社后，我社随即安排精干力量对书稿的编辑加工、三审三校、排版印制等环节严格把关，精心安排，以保证教材的出版质量。此套立项教材第1版于2015年5月陆续出版发行，受到了全国广大职业院校师生的广泛欢迎及积极选用，产生了较好的社会影响。

在此套立项教材大部分使用4年多的基础上，为适应新时代要求，紧跟烹饪行业发展趋势和人才需求，及时将产业发展的新技术、新工艺、新规范纳入教材内容，经出版社认真研究于2020年3月整体启动了此套教材的第2版全新修订工作。第2版修订结合学校教材使用反馈情况，在立德树人、课程思政、中职教育类型特点，以及教材的校企"双元"合作开发、新形态立体化、新型活页式、工作手册式、"1+X"书证融通等方面做出积极探索实践，并始终坚持质量第一，内容原创优先，不断增强教材的适应性和先进性。

在本套教材的策划组织、立项申请、编写协调、修订再版等过程中，得到教育部职成司的信任、全国餐饮职业教育教学指导委员会的指导，还得到众多餐饮烹饪专家、各参编学校领导和老师们的大力支持，在此一并表示衷心感谢！我们相信此套立项教材的全新修订再版会继续得到全国中职学校烹饪专业师生的广泛欢迎，也诚恳希望各位读者多提改进意见，以便我们在今后继续修订完善。

重庆大学出版社

2021 年 7 月

第2版前言

《烹饪概论》自 2015 年出版至今已有 7 年时间。7 年来,本书得到全国中职学校烹饪类专业师生的广泛欢迎和积极选用,产生了较好的社会影响。这得益于全国餐饮职业教育教学指导委员会的指导,得益于全体参编人员的共同努力,也得益于重庆大学出版社有关领导和编辑的大力支持和帮助。

7 年来,我国餐饮业不断发展,全国餐饮营业收入从 2015 年的 32 310 亿元,增长到 2019 年的 46 721 亿元。2020 年初,突如其来的新冠肺炎疫情,使我国餐饮业遭到重创。但疫情下的餐饮业并没有止步不前,从第一季度跌宕起伏的抗争,到第二季度稳中求快的重启,举国上下的餐饮人正在积极地探寻着各种机遇点,推动着餐饮业的复苏与成长。

在这 7 年里,烹饪行业也发生了许多大事情。比如,第 25 届至第 30 届中国厨师节、第 8 届全国烹饪技能竞赛、第 8 届中国烹饪世界大赛、第 24 届至第 45 届世界奥林匹克烹饪大赛、第 30 届至第 31 届博古斯世界烹饪大赛、第 43 届至第 45 届世界技能大赛举行;中国美食走进了纽约联合国总部;朝鲜泡菜,伊朗、阿塞拜疆、哈萨克斯坦、土耳其、吉尔吉斯斯坦烤馕制作,乌兹别克斯坦手抓饭,意大利那不勒斯披萨制作技艺,阿塞拜疆葡萄叶羊肉卷,马拉维的传统烹饪"恩西玛",蒙古用皮革袋酿制马奶酒的传统技艺及相关习俗等,入选人类非物质文化遗产代表作名录;革除滥食野味陋习,使用公筷公勺、分餐进食,成为文明标配,餐桌文明建设进入了新阶段。

7 年来,国务院颁布了《国家职业教育改革实施方案》(国发〔2019〕4 号),教育部调整了《中等职业学校专业目录》,印发了《关于职业院校专业人才培养方案制订与实施工作的指导意见》(教职成〔2019〕13 号)、《全国大中小学教材建设规划(2019—2022 年)》和《职业院校教材管理办法》(教材〔2019〕3 号),人力资源和社会保障部重新修订了烹饪类国家职业技能标准(人社厅发〔2018〕145 号),发布了

《关于改革完善技能人才评价制度的意见》（人社部发〔2019〕90号），烹饪类职业资格退出水平评价类技能人员职业资格目录（2020年9月30日前），由用人单位和第三方机构开展职业技能等级认定、颁发职业技能等级证书，政府不再颁发职业技能等级证书……所有这些，对中等职业学校烹饪教育教学改革和教材建设提出了新的要求。

源于以上因素，我们在第1版的基础上进行了修订。一方面，继续保持第1版的基本结构和风格特色；另一方面，将第1版中不恰当的地方加以修正、更新、删减、充实，使其更加简明易懂、科学合理。同时，紧跟餐饮产业和烹饪教育发展动态，力求反映烹饪行业的最新发展趋势和最新研究成果，将近几年来出现的新理论、新观点、新发展、新变化在书中加以反映。具体来说，删去了"4.2.1　饮食民俗文化的概念"（饮食市场特征部分）、"7.4.3　美食节的现状和存在的问题"（概述部分）、"9.2.1　什么是烹饪职业技能鉴定"、"9.2.3　国家烹饪职业资格证书"；重新编写项目9中的任务2；在项目4中增加了任务4，即"探析烹饪产品风味形成的途径和机理"，在项目7中新增了第25届至第30届中国厨师节、第8届全国烹饪技能竞赛、第8届中国烹饪世界大赛、第24届至第45届世界奥林匹克烹饪大赛、第30届至第31届博古斯世界烹饪大赛、第43届至第45届世界技能大赛等内容；更新了部分"案例导入""知识链接"，更换、修改或增加了"课堂练习""课后思考"中的部分题目。总修订内容超过了40%，可以说是对原版的一次重大修订。

教材的核心功能是育人。本书在修订过程中，注重思想性，突出教材思政。将每章的教学目标调整为"知识教学目标、能力培养目标和思政教育目标"。进一步提炼了教材内容中的思想政治元素，有机融入爱国主义、中华优秀传统文化、社会主义核心价值观、区域文化、产业文化和生态文明教育，弘扬劳动光荣、技能宝贵、创造伟大的时代风尚，弘扬精益求精的专业精神、职业精神、工匠精神和劳模精神，引导学生树立正确的世界观、人生观和价值观，努力成为德、智、体、美、劳全面发展的社会主义建设者和接班人。同时，遵循技能人才成长规律，注重理论联系实际，突出理论和实践统一。以项目、任务、案例等为载体组织教学单元，适应项目学习、案例学习、模块化学习等不同学习方式要求，适应"1+X"证书制度试点工作需要，将职业技能等级标准有关内容及要求有机融入教材，推进书证衔接、课证融通。

参加本次修订的有：河北师范大学家政学院烹饪教授冯玉珠，保定市第四职业中学烹饪高级教师马建冬，顺德梁銶琚职业技术学校烹饪讲师王俊光，石家庄旅游学校烹饪高级讲师张景辉，深圳市龙岗区第二职业技术学校烹饪高级教师刁力，张家口市职业技术教育中心烹饪高级讲师孙静雨，昌吉职业技术学院烹饪副教授安朋朋。具体分工：冯玉珠制订修订大纲，组建团队，并负责修订项目1至项目3，马建冬负责修订项目4，王俊光负责修订项目5，张景辉负责修订项目6，刁力负责修订项目7，孙静雨负责修订项目8，安朋朋负责修订项目9，最后由冯玉珠总纂。

在本次修订过程中，我们收集了部分师生在教材使用中提出的宝贵意见，并一一做了修订。参阅了国内外新著作、教材和其他相关资料，并得到了一些热心朋友的大力帮助，重庆大学出版社为本书再版给予了大力支持，在此一并表示感谢！

教材建设是一个系统工程，需要下一番工夫，需要不断攻坚，而且要在"教"中"改"，在"改"中"教"。尽管我们在修订过程中不懈地努力，但由于编著水平所限，书中会存在许多不尽如人意之处。为此，我们真诚希望专家、同行和本书使用者在使用本书之后，能提出宝贵意见，以便我们再接再厉，将本书打造得越来越好，为我国烹饪教育事业的发展做出自己的贡献！

编　者

2021 年 3 月

第1版前言

烹饪概论是全国餐饮职业教育教学指导委员会制定的《中等职业学校中餐烹饪专业教学标准》中的一门专业核心课程。

本书以全国餐饮职业教育教学指导委员会制定的中等职业学校中餐烹饪专业《烹饪概论课程标准》为依据,以烹饪相关概念为出发点,通过介绍中国烹饪发展过程与历史沿革、中国餐饮业发展过程与趋势、中国饮食文化、中国烹饪原理和技术规范、烹饪节事、中外烹饪交流与比较、烹饪教育与职业技能鉴定等知识,使学生对源远流长、博大精深的中国烹饪有一个综合性的认识和整体宏观的把握。

本书由河北师范大学旅游学院冯玉珠教授担任主编;保定市第四职业中学高级教师马建冬,顺德梁銶琚职业技术学校一级教师王俊光担任副主编;厦门工商旅游学校讲师李川川,张家口市职业技术教育中心一级教师孙静雨,涿州市职业技术教育中心高级教师马学亮,深圳市龙岗区第二职业技术学校高级教师刁力,海南省商业学校助教高颖,石家庄海参皇餐饮管理有限公司总经理、中国烹饪大师张彦雄担任参编。具体编写分工:项目1和项目2由冯玉珠编写,项目3由刁力、张彦雄编写,项目4由李川川、王俊光编写,项目5由马建冬、马学亮编写,项目6由李川川、张彦雄编写,项目7由王俊光、马建冬编写,项目8由孙静雨、高颖编写,项目9由马建冬、王俊光编写,全书由冯玉珠总纂。

本书在编写过程中,吸取了以往同类教材的研究成果,参考了有关专家教授的相关著述。同时,本书的编写工作得到了全国餐饮职业教育教学指导委员会和重庆大学出版社有关领导、编辑的大力支持。在此一并表示衷心的感谢。

由于编者水平有限,书中存在不妥与错误之处在所难免,恳请各位读者批评指正。

编　者

2015 年 3 月

目 录

contents

目录

contents

项目1
什么是烹饪
——烹饪是科学，是文化，是艺术

　　烹饪是一个历史概念，其含义随着社会、经济、文化的发展而变化。那么，现代烹饪与古代烹饪有什么不同？烹饪的基本属性是什么？烹饪对社会、政治、哲学以及餐饮业等方面有什么影响？作为一名中餐烹饪与营养膳食专业的学生，首先要弄清楚这些问题。

知识教学目标

◇ 了解烹饪这一概念的内涵及其发展变化过程。
◇ 弄清烹调、料理、饮食的含义及其与烹饪的关系。
◇ 理解烹饪的基本属性。
◇ 掌握烹饪的分类及其特点。

能力培养目标

◇ 能够区分烹饪、烹调、料理、饮食等基本概念。
◇ 能够正确分析烹饪的本质属性。

思政教育目标

◇ 正确认识烹饪的社会作用和意义，调整心态，增强对本专业的情感。
◇ 激发学习兴趣，引起学习动机，明确学习目的，进入学习情境。

任务1 了解烹饪及其相关概念

[案例导入]

闲话烹饪

只要打开电视，不管是无线、亚视，还是收费电视，数数看，一天有多少个烹饪节目？收费电视更设有专门谈饮食的频道，24小时不停播。

这么多的烹饪节目，我们都或多或少地看过。但是，烹饪两个字的本意是什么？我真的不知道，于是我不得不去查查书。原来《易·鼎》的卦辞中说："以木巽（xùn）火，亨饪也。"亨，古代通"烹"字。饪，是指食物成熟的程度。即古代说的烹饪，是以木为材料，生个火，巽个风，就达到一定温度的火候，把可以吃的食材放在上面，烧到熟就是烹饪了。

这样的烹饪方式，我小时候就试过，因为都是烧木柴，又要扇风让火候够大，就是古代的烹饪了。如今的烹饪，没有了木柴，不必扇风，已经失去烹的原意了。也许在我国一些乡村还可找到这种古风，现代大城市已经找不到了。

这个"烹"字，下面有四点，即火，所以无火不成烹。但如今的烹饪节目，很多都看不见火，因为都用电子炉或电磁炉了。如果真要考究文字，那应该叫作电饪才对。

烹饪的发展，由字面的本义可以得知，最原始的煮食方式是直接烧烤，或者把食材放在树叶或树皮上烧烤，然后发展到石烹。铁器和陶器产生之后，真正的现代烹调技术才慢慢演变出来。

现代讲求环保减排，最好的方法，据使用过的朋友表示，用电子炉最为悭（qiān）电，比使用煤气省钱，显然电烹将会是时代趋势了。

（资料来源：兴国.随想国.闲话烹饪.香港文汇报，2013-08-28（B11版）.）

[任务布置]

本节课的主要任务是厘清烹饪及其相关概念的含义。首先，要正确认识烹饪是一个历史概念，现代烹饪与古代烹饪有什么不同。其次，要理解烹调、料理、饮食这3个概念的基本含义，并与烹饪进行比较，加深对"烹饪"一词的理解（图1.1）。

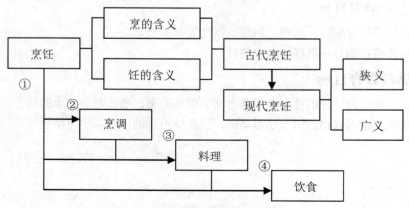

图1.1 烹饪及其相关概念的认知程序

🔔 1.1.1 烹饪内涵的变化

"烹饪"一词是由"烹"和"饪"组合而成的。在古汉语里,"烹"作"烧煮"解释,如《左传·昭公二十年》:"水火醯醢盐梅以烹鱼肉。""饪"即"煮到适当程度",如《论语·乡党》中的"失饪不食"。"烹饪"一词最早出现在《易·鼎》:"以木巽火,亨(烹)饪也。""烹"和"饪"组合在一起,意思就是烧煮熟食物。然而,"烹"和"饪"一旦成为固定词组——烹饪,就具有相对独立的意义,而不等同于"烹"和"饪"的词素意义的简单相加。

在人类社会的早期,饮食生活水平极其低下,与此相适应,烹饪的含义是很简单的。这个时期烹饪的含义,就是用火直接烧烤动物以供食用。

陶器的产生,为煮制食物提供了物质条件,这时烹饪一词的含义就增加了一层——煮。至此,烹饪就具有"烧"和"煮"两层含义。

随着锅的产生和动物油的运用,"烹饪"一词的含义又增添了炸、炒。中国饮食逐步形成主食和副食之分后,烹饪就不单指副食(肉类、鱼类)的烧烤、煮炖、炸炒,也包括主食(如馒头、饼、点心等)的制作。盐的发现和运用,逐步形成了调味的概念,同时也产生了腌制菜肴。这时,烹饪又新添了一个内容——腌制。酿酒业的兴起、茶的饮用,进一步丰富了烹饪的含义。茶既是饮料,又是配料和调味品。马王堆汉墓出土的食料中就有槚(jiǎ)。槚,茶也。《食宪鸿秘》有"奶子茶"的记载:"粗茶叶可煎浓汁,木勺扬之红色为度。用酥油及研碎芝麻滤入,加盐或糖。"《随园食单》也有"面茶"可证:"熬粗茶叶汁,炒面兑入之,加芝麻酱亦可,加牛乳亦可,微加一撮盐。"在欧美,咖啡、茶叶、可可更占有重要地位,甚至连冰淇淋、奶油冰糕的制作也属烹饪范畴。

由此看来,烹饪这个概念的内涵和外延不是固定不变的,在不同的历史阶段,其含义和侧重点不同。

现代"烹饪"概念,有广义和狭义之分。广义的烹饪泛指各种食物的加工制作过程,它几乎可以包括所有食品加工活动,诸如主食(面、饼、馒头、包子、米饭、面包等)、副食(鱼、畜、禽、蛋、蔬菜等)、饮料(酒、茶、可可、咖啡、冰淇淋、奶油冰糕等)等的制作过程。无论是手工的还是机械加工的,都属于广义烹饪的范畴。

狭义的烹饪,仅指以手工为主将食物原料加工制作成餐桌饭食菜品的过程。人们现在通常所说的烹饪,一般都是狭义的烹饪。对于这个定义,应从以下几方面理解。

第一,烹饪的直接目的和客观作用,是满足人们在饮食方面的物质(生理)和精神(心理)享受。

第二,烹饪是一种生产劳动。烹饪者(如厨师)就是烹饪生产的劳动者;烹饪的生产资料就是烹饪的场地(如厨房)、设备、工具、食材等。烹饪生产需要一定的技术方法和手段,如焯水、过油、汽蒸、挂糊、上浆、勾芡、调味、烹调方法、盛装等。这些技术方法和手段可以是物理的、化学的,也可以是生物的;可以是加热的,也可以是非加热的。

第三,烹饪的最终产品是可供人们直接食用的成品。从其内容和形态看,主要包括菜肴和面点等。

现代烹饪已发展为独立的涉及生物学、物理学、食品风味化学、生理学、医学、营养卫生学、林学、农学、水产学、食品学、工艺学、营销学、历史学、哲学、民俗学、心理学、美学等多学科的一门边缘综合科学，有人把它列入文化范畴，称为"烹饪的艺术"和"吃的科学"。烹饪不仅生产物质资料，为人类提供生存所必需的生活资料，而且进行着艺术、文化等精神生产。烹饪对人类从蒙昧野蛮的时期进入文明时期，曾有过重大影响。在人类社会文化高度发展的今天，我国的烹饪技艺作为一门具有高度技术性和一定艺术性与科学性的技艺，在不断改善和丰富人们的饮食生活以及开展交际的社会活动中，正发挥着越来越重要的作用。

🔔 1.1.2 烹调与烹饪的关系

按照食物发展的逻辑规律，人类发明烹饪之始，还说不上"烹调"，当烹饪发展到一定阶段，也就是调味品出现后，烹调才得以产生。烹饪的最初目的是熟食，烹调的最初目的是美食。只有当烹调出现后，人类才具有了真正意义的饮食享受。

据考证，"烹调"一词的出现不会早于唐代，到宋代使用才逐渐多起来，如《新唐书·后妃传上·韦皇后》："光禄少卿杨均善烹调。"宋陆游《种菜》诗："菜把青青间药苗，豉香盐白自烹调。须臾彻案呼茶碗，盘箸何曾觉寂寥？"这里的"烹"即加热烹炒，"调"谓配料调和，"烹调"就是烹炒调制。

正如"烹饪"的概念，"烹调"作为一个固定词组，其意义也不等同于"烹"和"调"两个词素意义的简单相加。

在相当长的一段时间内，人们把"烹调"中的"烹"理解为"加热"，把"调"解释为"调味"。实质上，"烹"的本义是"烧煮"，近代泛指将食物原料用特定方式制作成熟。关于"调"的意义，《现代汉语词典》解释为"配合得均匀合适""使配合得均匀合适"。"调"不仅包括调味，而且包括调香、调色、调质和调形等，是人们综合运用各种操作技能（其中也包括"烹"）把菜肴制作得精美好吃的过程。张起钧先生在《烹调原理》中，把"烹"分为"正格的烹"（即用火来加热）和"变格的烹"（指一切非用火力方式制作食品的方式）。他认为"用种种方法和设计，把食物调制得精美好吃，而给人带来愉快舒畅的感受谓之调"。"烹调"作为一个专业术语和整体概念，指人们依据一定的目的，运用一定的物质技术设备和各种操作技能，将烹饪原料加工成菜肴的过程。

无论在古汉语中还是在现代汉语中，烹饪和烹调这两个词往往是混用的。近半个世纪以来，随着烹饪事业的发展，"烹调"一词在实际应用中被逐步分化出来，成为制作各类菜肴的技术与工艺的专用名词。

那么，"烹饪"和"烹调"究竟是什么样的关系呢？从逻辑学上讲，两者是从属关系，即烹饪是属概念，烹调则是种概念，后者从属于前者。用系统论的观点看，烹饪是一个母系统，而烹调则是其中的一个子系统。一般来说，烹饪系统包括面食制作系统、菜肴制作系统、饮料制作系统和其他辅助系统。从语法学角度来看，"烹调""烹饪"本来都是动词。动词都可名词化，但是"烹饪"的名词化程度更高，以至于今天我们不能说"烹饪一个菜"，但可以说"烹调一个菜"。烹饪还常和"文化""艺术"等结合形成"烹饪文化""烹饪艺术""烹饪美学"等词组。

综上所述，烹饪与烹调是有一定区别的：烹饪是食物加工制作，而烹调则是就菜肴的制作而言的。

🔔 1.1.3 "料理"一词的内涵

"料理"一词最早见于魏晋时期，其基本意义为照顾、安排，料理房屋可释作"修理"，料理人可释作"照顾"，料理事情可释作"安排、处理"。此外，料理的对象还可以是蔬菜食物，《齐民要术》中有5例"料理"的对象是"菹"，即腌菜。例如，"其叶作者，料理如常法""若碗子奠，去蒇节，料理，接奠各在一边，令满""及热与盐酢，细缕切橘皮，和之，料理，半奠之""及热与盐酢，上加胡芹子，与之料理，令直，满奠之""又细缕切，暂经沸汤，与橘皮和，及暖与则黄坏，料理，满奠"，其中的"料理"是指搅拌、整理等制作手段。

唐以后的"料理"多与饮食有关。例如，《太平广记》卷一百三十二："遂即杀之，将肉就釜煮。余人贪料理葱蒜饼食，令产妇抱儿看煮肉。"宋吴则礼《北湖集》卷一："伏雌端可烹，岂惟酒盈樽。老子堪料理，枯肠为之醺。"《二刻拍案惊奇》卷三："孺人也绝早起来，料理酒席，催促女儿梳妆，少不得一对参拜行礼。"《儒林外史》第五回："过了几日，料理了一席酒，请二位舅爷来致谢。"其中"料理"虽然可以理解为准备、置办，但隐含了烹饪饭食的内容。

古汉语的"料理"还经常出现在与医药有关的文献尤其是医方中。例如，晋葛洪《肘后备急方》："取猫狸一物，料理做羹如食法，空心进之。"唐长孙无忌《唐律疏议》卷九："诸合和御药……料理拣择不精者，徒一年。未进御者，各减一等……《唐律疏议》曰：'料理，谓应熬削洗渍之类；拣择谓去恶留善，皆须精细之类，有不精者，徒一年。'"

"料理"不仅用于饮食、医药，还用于茶饮，因茶的烹制也如做饭一般需要一道道的工序。这些被料理的对象有各自的功能，如食物可以疗饥，汤药可以疗疾，茶可以消食醒神，因而这些被料理的对象反过来可施之于人。例如，杜甫《江畔独步寻花七绝句》："诗酒尚堪驱使在，未须料理白头人。"宋黄庭坚《山谷集》外集卷六："睡魔正仰茶料理，急遣溪童碾玉尘。"等。中古和近代汉语中的"料理"包含了从对蔬菜、草药、茶等的洗涤、选择到烹饪的一系列过程，进而由被料理的对象反过来施之于人，都用作动词。

总之，魏晋以降的文献中，我们都可以见到与饮食有关的"料理"，并逐渐发展为涉及饮食、医药、茶饮等领域的文化现象。可见，日语中表示烹调、肴馔意义的"料理"是汉语的借词，借用之后在本土得到较大发展，含义更加丰富，不仅指烹调的过程，也指烹调的对象——肴馔。日本丰富的料理内容，如饮食料理、药膳料理、茶料理等，无不打上中华饮食文化的烙印。不仅日本，韩国也从汉语中吸收了该词，至今保留汉语的音义。

虽然"料理"一词在汉语中从未消失过，明清文献仍不乏用例，但它与饮食的关系日渐疏离，现在活跃在口语和方言中的"料理"主要表示对事情的处理和对人的教育。20世纪前后，汉语又从日语中把与饮食意义相关的"料理"反借回来。新中国成立之后的20多年里，该词再度沉寂。改革开放后，随着中日、中韩经济文化的交流，"日本料理""韩国料理"再次输入，家喻户晓，反而使人们忘记了"料理"一词是一个"出口转内销"的国产词。

据日本学者佐原真氏考古发现，日本"料理"一词最早是"味物料理"的墨书，出现在奈良时代的陶器须惠器上。日本佛教华严宗总寺院东大寺的正仓院761年1月14日的资料记载："内膳部膳部少初位下日下部衣岛牒，件人成选，参列见，今依料理奉写一切师等。"此外，同时代还记载有"请胡麻油……右料理の为……"。20世纪30年代出版的大木规文

彦主编的日本国语辞典《大言海》引用平安时代的《（笺注）和名类聚抄》的用例有："鱼鸟を料理する者、これを庖丁という。"其意是："烹调鱼鸟的人，称作庖丁。"

日语的"料理"保留了"很好地处理食物"的汉语词义，但退为次之，释义首先是"把材料切好备齐调味，煮或烧做成食物；烹饪。"日语的"料理"中既有"烹饪"的释义，又有"菜肴"和"就餐器皿"的意思。

"料理"一词与其他词搭配灵活，有较强的表现力。料理既可以与任何一个地名组词搭配，如中华料理、韩国料理、苏州料理等，又可以与烹调方式或烹调工具搭配，如精进料理（佛教素食）、火锅料理、屋台料理（随意小吃）等。"料理"一词在与日本本土文化的融合过程中逐渐"和化"，丰富了内涵，丰富了汉字文化，推进了汉字文化的发展。

🔔 1.1.4 饮食与烹饪不同

烹饪是生产性的（即烧煮食物），核心是制作；饮食是消费性的（即吃喝），核心是享用。它们的关系如同建筑与居住，纺织与衣着。烹饪活动包括烹饪原料、饮具、技艺的应用，厨师的操作，美馔佳肴的品种质量，烹饪理论的实践和总结，社会烹饪活动间的交流等。饮食活动包括食物的品种质量、餐具的使用、环境设施的布置安排，以及食客的口味、服务、礼仪制度、饮食理论的作用和确立、饮食活动的影响等。

烹饪与饮食的关系，是对立统一的辩证关系。它们相互联系、相互作用，从低级到高级不断地发展变化着。烹饪的产生引起了人类饮食的革命，火化熟食取代了茹毛饮血，从此，烹饪活动成了人类饮食活动的基础，肴馔成了饮食的核心。可以说，烹饪活动对饮食活动的发展、进步起着决定性的推动作用。有什么样的烹饪就有什么样的饮食，而且烹饪是最活跃的因素。

同时，人类的饮食活动又反作用于烹饪活动。不仅在过去，而且在现在和将来，人类在饮食上对美味及其质、色、形、品种的追求，都是推动烹饪探索、实践和发展的动力。那些上至先秦经典下至明清档案，之所以把帝王饮食记录在案，甚至成为"礼"的一部分，一方面为了满足统治者的口腹之欲、养生之需和明确的等级观念，而另一方面是对烹饪成就的承认和接受，这有助于烹饪成果的继承和发扬。但是，在人类饮食活动形成某种传统习惯，以至于成为一项礼仪制度之后，加上一些迷信和不科学的成分，烹饪发展的阻碍也是明显的，如墨守成规，因循守旧，一味强调"正宗"，再如一些政治和宗教上的禁忌，就根本不是烹饪的原因，而是饮食的习俗、制度使然。

[任务总结]

在人类社会的早期，烹饪的含义是用火直接烧烤动物以供食用。现代烹饪概念有广义和狭义之分。广义的烹饪泛指各种食物的加工制作过程，狭义的烹饪仅指以手工为主将食物原料加工制作成餐桌饭食菜品的过程。

烹饪与烹调的概念，从逻辑学上讲是从属的关系，烹饪是属概念，烹调则是种概念。从系统论的观点看，烹饪是一个母系统，而烹调则是其中的一个子系统。烹饪是食物加工制作，而烹调则是就菜肴的制作而言的。饮食与烹饪的关系，是对立统一的辩证关系。它们相互联系、互相作用。"料理"一词产生于中国农耕文明，宋元以后逐步退出我国表述"餐饮"和"烹饪"之意。日语的"料理"中既有"烹饪"的释义，又有"菜肴"和"就餐器皿"的意思。

任务 2 理解烹饪的基本属性

[案例导入]

饮食文化乎？烹饪文化乎？

近年来，研究、谈论饮食文化之风甚嚣尘上，仿佛刚刚发现似的。

其实，早在1983年全国烹饪名师会聚北京表演时，已经提出"中国烹饪是科学，是文化，是艺术"的观点，即认定烹饪文化之存在。数年之中，虽也未间断有人在谈论烹饪文化，总也零零落落，不那么热。不知为什么近两年热门起来，而且换了话题，成了饮食文化了。

烹饪文化、饮食文化，或许会被人认为一而二，二而一，一回事，然而却不。例如，有人便贬"烹饪"不过是"烧饭做菜"，即一种手艺而已，骨子里瞧不起。而饮食则不同了，是一种文化享受，或者是高级享受。饱啖美馔佳肴之余，仍然不屑厨师的劳动。"君子远庖厨"，孟轲的这句话他们并未真正理解。所以，在此辈看来，饮食是文化，烧饭做菜的烹调不配称作文化。他们根本没有认识到：如果认为饮食文化存在，烹调便是这一文化的创造者。

有的学者研究，烹饪是一个大概念，其中包含两个部分：烹调与饮食。烹调是生产劳动，饮食是消费活动。烹调者制造出产品，供饮食者消费，这样便完成了烹饪概念的全过程。因此，只谈饮食文化，仅仅是消费部分，是不完的。古人相反，不是轻烹调重饮食，而是说饮食之人，人恒贱之。意思是指：只懂得吃吃喝喝的人，人们是瞧不起他们的。庄周有一句话深获我心："吾闻庖丁之言，得养生焉。"责之于认为烹饪就是"烧饭做菜"的所谓学者们，得无愧乎！

我还有个认识："饮食文化"的提法极不妥当，应当说"烹饪文化"。因为，饮食是所有动物的本能需求（事实上，植物也要饮食的），并非人的专利。自从50万年前北京周口店"北京人"发明了烹饪（即用火熟食）这一伟大技能，从此，人最终与动物分开，人类的饮食也有了文化内涵。故而，归根到底是烹饪带来了人类的文化与文明。如不然，试问许多动物都要吃喝，都有饮食行为，能说它们的这种本能行为是文化吗？只有烹饪中的烹调，才配称文化，才是生发文化之母。这个名是一定要正的。

或许这样解释：饮食，是专指人的吃喝行为，不包括动物。饮马、喂牛、鸡食谷、羊吃草都不算饮食。人还有个约定俗成的本事，即便是错误也可视为正确。"夫礼之初，始于饮食"就是这么理解的。然而，"饮食文化"之称，终究是不妥的。

（资料来源：聂凤乔.中国机关后勤.1997年第4期）

[任务布置]

烹饪活动的属性问题已经讨论了数十年，烹饪是科学还是文化或艺术？烹饪的本质属性是什么？这需要重新审视。下面，我们分别探讨烹饪的技术属性、社会文化属性、科学属性和艺术属性（图 1.2）。

图 1.2　正确认识烹饪的基本属性

[任务实施]

1.2.1　烹饪的技术属性

"技术"一词有两个含义：一是泛指根据生产实践经验和自然科学原理形成的各种工艺操作方法与技能；二是除操作技能之外，还包括相应的生产工具和其他物质设备，以及生产的工艺过程或操作程序及方法等。烹饪的核心是饭菜的制作技术，其本质属性是技术性。从本质上来说，烹饪是一门实用技术，在经过系统的归纳、整理以后，完全是一门够格的技术科学或应用科学。

中国肴馔品种繁多，有各种各样的制作技术。这种制作技术经过长期的实践，形成了一定的基础理论。传统的烹饪技术有刀工、火候和调味三大技术要素，具体内容主要包括鉴别与选用烹饪原料的技术，宰杀或加工烹饪原料的技术，切配和保藏烹饪原料的技术，涨发干货原料和制汤的技术，挂糊、上浆、拍粉、勾芡和初步熟处理的技术，加工和运用调味品的技术，运用火候的技术，运用烹调方法的技术，菜点造型和装盘技术，还有制作面点的技术，制作冷餐、烧腊的技术，以及管理厨房的技术等。这些技术共同的目的是制作出色、香、味、形、质俱佳的菜点，因此，人们统称它们为制作菜点的技术，即烹饪技术。这些技术反映在烹饪工作中，就形成了一整套生产流程，我们称这种技术性的生产流程为烹饪工艺。烹饪工艺中包含的每一类技术，都有各自完整的体系。如在烹调方法的技术体系中，包含炸、烧、炒、爆、煎、煮、蒸、烤、熘等多种不同的烹调方法，每一种烹调又有很多分支，如"炸"就有清炸、干炸、软炸、松炸、酥炸、焦炸之分，其要求的火候、油温和炸制的时间等各不相同。

当然，菜点的烹饪并不单单是个技术问题，在烹饪过程中还涉及食品设计、美学、色彩学、造型工艺以及植物学、动物学、物理学、化学等方面的知识，但技术性始终是烹饪最本质的属性。

1.2.2　烹饪的社会文化属性

烹饪文化是人类在烹饪实践活动中创造和积累的物质财富与精神财富的总和，它包括人类烹饪过程中的技术特征、科学蕴含、经验惯制、行为事项、礼俗思想等。中国烹饪文化具有独特的民族特色和浓郁的东方魅力，主要表现为以味的享受为核心和以饮食养生为目的的和谐与统一。将中国烹饪与中国文化结合、打造成一种世界共有的文化，应作为当代烹饪工作者的新动力。中国烹饪的创新，不应局限于菜肴调味、用具等形式上的创新，必须要重视文化层次上的提高。美味佳肴不仅要满足人们的口腹之欲，停留在感官刺激上，而且要让人们在大快朵颐之时，体会到文化的熏陶与享受。

我国有丰富的烹饪文献典籍。《吕氏春秋·本味》，晋朝何曾的《安平公食单》等是世界上最早的烹饪著作。古往今来，无数文化名人与烹饪结下了不解之缘。孔子说："脍不厌细，食不厌精。"孟子说："伊尹以割烹要汤。"鲁迅、郁达夫、张大千等对烹饪也都有过论述。

许多菜肴还以历史典故或神话传说命名，如霸王别姬、火烧赤壁、桃园三结义、油炸桧、鲤鱼跃龙门等，人们在品菜的同时，回味"秦时明月汉时关"的历史烟云、赤壁鏖兵的壮丽场面、刀枪剑戟逐鹿中原的三国时代，也可以体验根除奸臣的快感，消一消积蓄千年的民族之恨，或是借助神话传说增加大喜之日的欢乐气氛。

此外，烹饪与汉字文化也紧密相关，如羊大为"美"字，鱼羊为"鲜"字，饭失去食为"反"，手肉盘三者合为"祭"字等。

烹饪与宗教文化更是唇齿相依，不同教派有不同的烹饪饮食习俗。

如今，在烹饪中体现文化，已经成为新一代烹饪工作者追求的目标之一。全国各地的风味菜、传统菜、创新菜、江湖菜、民间菜、意境菜等一系列菜肴，从制作到成菜，不仅使人在原来的色、香、味、形、声中陶醉，而且让人享受浓郁文化的真谛。当客人从某一菜肴开始认识一个地方、一个民族、一个观念、一个名人时，其烹饪与文化的融合便达到了一个更高的境界。

🍽 1.2.3 烹饪的科学属性

烹饪是用一定的方法使一定的烹饪原料产生符合一定要求的变化的过程，也就是科学意义上的物理变化、化学变化以及生物组织变化的过程。科学地认识烹饪的目的在于以现代科学发展提供的条件和手段去认识烹饪过程中的各种现象，建立科学的烹饪理论体系，并以此来指导烹饪实践；建立合理的技术体系，使烹饪更好地符合自然和人类社会发展的一般规律，更好地为人类社会服务。

烹饪在整个科学领域中有着极为广泛的内涵，它不仅是自然科学的一大产物，也是社会科学的重要组成部分。

在烹饪过程中，化学、物理学、数学原理得到了普遍应用。众所周知，物质加热可以使分子运动加快，许多食品也就是通过加热促使其内部分子结构发生变化，从而达到理想的效果。脂肪与水一起加热，一部分水解为脂肪酸和甘油，此时加入酒或醋，就能合成有芳香气味的酯类。人们通常在烹饪鱼肉时，加入适量的酒增加香味，就是根据这个原理。豆浆加入石膏或者盐卤后，可凝结成豆腐脑，这是因为溶液中的电解质对蛋白质有凝固作用。菜点的原料组配还离不开数学的运用，如每一样菜都必须根据不同的量计算用料。烹饪在营养学方面也具有举足轻重的地位。许多美味佳肴也是延年益寿的补品和治病良方，如鲫鱼羹，具有温补脾肾、益气和胃的作用；百合蒸鳗鱼，对肺结核、淋巴结核有明显疗效。有的菜肴甚至还是美容食品。当然，一些食物若配搭不当会相克，轻者降低或失去营养价值，重者伤害身体，影响健康。如菠菜烧豆腐，若不先去掉草酸，就会降低营养价值。蟹与柿子、蜂蜜与生葱等同食会引起肚痛腹泻。因此，菜肴的量、质的科学配搭，是烹饪过程中不可忽视的一大环节。

烹饪同时也是人类社会科学发展的重要标志之一。不同的历史时间、不同的社会阶层，都有不同的烹饪特点。人类的祖先曾长期过着茹毛饮血、生吞活嚼的生活，火的发明和利用，是人类历史的最大进步。恩格斯说："熟食是人类发展的前提。"有了火才有了熟食，有了盐才开始调味。陶器的发明，使人类从烤、炙、炮的烹调阶段进入了煮、余、蒸的水烹阶段。青铜器的出现和油脂的利用才有了爆、炒等油烹的烹调方法。据《礼记·天官·食医》记载，古代有掌握周王膳食调味的"春多酸，夏多苦，秋多辛，冬多咸"方法。现在不同国家和地区都有不同的烹饪习惯，中国就有南甜、北咸、东辣、西酸之说，形成了明显的地方风味。

尽管世界各国、各民族都有各自特点的烹饪与饮食传统，但归根结底，都或多或少地受到科学技术的影响与改造，甚至在一定时期和条件下产生世界性的烹饪革命。20世纪中叶，科学文化新时代到来，但当时很多人都认为，科学要应用于或影响日常生活中的烹饪饮食还为时尚早。正因为如此，在相当长的一段时间里，烹饪艺术与食品科学几乎一直各自为政，不相往来。可时间才过去了仅仅半个世纪，像化学家一样工作的厨师在这个新世纪之初就正式宣告诞生了。

2007年9月，面对来自世界各地的厨师，美国纽约曼哈顿下东区某餐厅的厨师怀利·迪弗雷纳先生，兴高采烈地向同行们展示并在菜肴中加入一种称为"水解胶体"的新配料。这种配料帮助迪弗雷纳先生做出了油炸蛋黄酱和可以制作造型的肥鹅肝，他展示的结果令众同行眼前一亮。事实上，不少发达国家的厨师还在厨房里玩起了激光和液氮，在他们的厨房里，原本只有在科学实验室中才使用的仪器几乎一应俱全，一些水解胶体就像化学品一样，被装在白色瓶瓶罐罐里。他们仿佛正在把烹饪回归或变成一门化学。这些化学家式的厨师，像科学家一样做实验，并在笔记本上记录实验数据和结果，一方面运用科学知识以便科学地了解烹饪，另一方面旨在变革与创新传统烹饪方式。

影响传统烹饪饮食的另一门学问是物理学，这里主要谈的是由物理发现而诞生的一种正在影响人类传统烹饪方式的新工具——微波炉。1940年，英国的两位发明家约翰·兰德尔和H.A.布特设计了一个叫作"磁控管"的器材部件，它能产生大功率微波能，即一种短波辐射。其最初的用途，是对第二次世界大战时的雷达系统加以改进。为避战乱，他们来到美国与雷声公司合作，碰上才华横溢的斯本塞并一见如故。在一个偶然的机会，斯本塞萌生了发明微波炉的念头，那是1945年。有一次，他走过一个微波发射器时，身体有热感，并发现装在口袋内的巧克力被微波熔化了。他观察到微波能使周围的物体发热，决心做进一步的观察和实验。他把一袋玉米粒放在波导喇叭口前，然后观察玉米粒的变化。结果他发现，玉米粒发生了与放在火堆前一样的变化。雷声公司受斯本塞实验的启发，决定与他一同研制能用微波热量烹饪的炉子。几星期后，一台简易的炉子制成了。斯本塞用姜饼做试验，他先把姜饼切成片，然后放在炉内烹饪。在烹饪时，他屡次变化磁控管的功率以选择最适宜的温度。经过若干次试验，食品的香味飘溢、弥漫了整个房间。1947年，雷声公司推出了第一台家用微波炉。但是，任何技术发明到商业应用都需要一个或长或短的测试与推广过程，微波炉真正逐渐走入千家万户，也等了整整20年。1967年，微波炉新闻发布会兼展销会在芝加哥举行，获得了巨大成功。微波炉的基本原理是使食品中的分子产生振动，所以食品变热了。由于用微波烹饪食物又快又好又方便，既无明火，又无油烟，不仅味道鲜美，而且有特色，因此，微波炉当时在美国一问世就颇受欢迎，有人甚至诙谐地称之为"妇女的解放者"。

值此世纪新的科学文化时代，除去化学、物理学外，已经进入千家万户厨房的还有计算机技术、自动化技术等，或许用不了多久，生物学及生物技术、分子生物学及分子生物技术，甚至基因学及基因技术，还有后PC时代的机器人等也将跟进。在未来厨房里，一系列新生的交叉科学或许会诞生，如烹饪化学、烹饪物理学、厨房自动化、厨房电脑系统、烹饪分子生物学、机器人烹饪学等。

1.2.4 烹饪的艺术属性

烹饪的艺术表现力是有目共睹的，但烹饪能否作为一门独立的艺术有待认真地研究与探讨。因为，烹饪的根本目的是制作食物，艺术的表现形式主要是提高产品的观赏价值，并由此影响人们的进食情绪，增进食欲。

在烹饪活动中确实包含了一些艺术因素，具有一定的艺术创造能力。人们在烹饪过程中，按照对饮食美的追求，塑造出色、形、香、味、质俱美的食品，给人饮食审美的享受，从而使人们得到物质与精神交融的满足。但通常人们所说的烹饪艺术实际上是多种艺术形式与烹饪技术的结合，即在食物的烹饪过程中吸收相关的艺术形式，将艺术融入具体的烹饪过程之中，使烹饪过程与相关的艺术形式融为一体。在烹饪过程中，人们需要借助雕塑、绘画、铸刻、书法等多种艺术形式（方法），才能实现自己的艺术创作。因此，烹饪艺术是烹饪的一种属性而不是烹饪的全部，它只有在一定的消费要求下才能展现出来。

在讨论烹饪的艺术问题时，首先应该把艺术与技艺（技巧、才能）区分开来。其次要确定烹饪具有艺术的属性但不是艺术。此外，烹饪艺术的表现是烹饪活动的高级形态，它必须与一定的消费要求相适应。

拼盘和雕刻，是烹饪绘画、雕塑艺术的杰出代表。中国名菜"雄鹰展翅""鸳鸯戏水""双喜临门""断桥残雪"等艺术拼盘，其名如诗，其形似画，利用食物原有的色泽，摆出栩栩如生的动物花鸟，使宾客"不忍下箸"。食品雕刻与木雕、石刻、泥塑等工艺品有着同样的艺术欣赏价值，它利用瓜、菜、萝卜、水果等雕龙刻凤。这一神奇的烹饪艺术手法以虚带实，烘云托月、点缀菜肴，洋溢着浓厚的艺术感染力。

[任务总结]

烹饪是科学，是文化，是艺术。孙中山先生早就说过："烹调之术本于文明而生，非深孕乎文明之种族，则辨味不精；辨味不精，则烹调之术不妙。中国烹调之妙，亦是表明进化之深也。"烹饪最本质的属性是技术性，同时还具有社会文化属性、科学属性和艺术属性。严格地讲，烹饪是与科学、艺术、文化密切相关的一种技术。

任务3 掌握烹饪的社会作用

[案例导入]

治大国若烹小鲜

《老子》（又称《道德经》）第六十章曰："治大国，若烹小鲜。以道莅天下，其鬼不神；

非其鬼不神，其神不伤人。非其神不伤人，圣人亦不伤人。夫两不相伤，故德交归焉。"

"治大国若烹小鲜"是说为政之道如煮小鱼，要无为之治，无须烦琐。汉代有不知姓名称为"河上公"的人，在《老子河上公章句》解释说："鲜，鱼也。烹小鱼，不去肠，不去鳞，不敢挠，恐其糜也。治国烦则乱，治身烦则精散。"在此之前，韩非在《韩非子·解老》中也有记载："烹小鲜而数挠之，则贼其宰。"挠就是扰，扰乱；贼就是败，是伤害。在烹调小鱼的时候，不能反复地拿勺在锅里去搅，否则，烹成的小鱼就成鱼糜，一塌糊涂，坏事了。治理国家的道理，也似烹小鱼一样，烦则乱，不烦则治。

老子用"烹小鲜"这样显而易见的烹调之道而言复杂的治国之道，表明烹饪与治国是相通的。因此，"烹小鲜""烹鲜""烹鲜手"常用来譬喻治理、治国的贤才。《尚书·说命》就曾介绍过被商代高宗请来做宰相的传说，夸他治国的才干为"若金，用汝作砺；若济巨川，用汝作舟楫；若岁大旱，用汝作霖雨""若作酒醴，尔惟曲蘖；若作和羹，尔惟盐梅"。在《说命》三篇里，又提到了"罔俾阿衡，专美有商"，赞誉了商代另一位贤相伊尹。伊尹更是一位既擅烹调又擅治国的贤才，是名副其实的"烹鲜手"。《吕氏春秋·本味》介绍过伊尹背着大锅和砧板"说汤以至味"，用谈论美食、美味的制作方法而劝喻商汤听从他的治国之道。

老子在以烹调喻治国时，仍强调"以道莅天下"。这样，"其鬼不神"了，即是说治国若合乎道，以道面对天下，任何鬼神的力量或任何潜在的反对力量、破坏力量都会对你无可奈何，而且还可能转化为对你有用、有利的力量。

在中国饮食文化的历史长河中还出现了把"治大国，若烹小鲜"的"治"，发展为称直接用来待客吃饭的器具为"治具"，称制作菜肴为"治菜"。《史记·灌夫传》载："将军昨日幸许过魏其，魏其夫妻治具，自旦至今，未敢尝食。"清袁枚《随园食单》记载："治具宴客，礼也。"又载："良厨先多磨刀，多换布，多刮板，多洗手，然后治菜。"对于腥膻味浓的原料，当"用五味调和，全力治之，方能取其长而去其弊"。袁枚在为其家厨写的《厨者王小余传》里，也有记载："小余治具，必亲市物，曰：'物各有天。其天良，我乃治。'"并记载了王小余治菜时说过的话："余每食必为之泣，且思其言，有可治民者焉，有可治文者焉。"可见人们都认为在烹调之道中含有治国治学之道。这正合老子"治大国若烹小鲜"的本意。

（资料来源：任百尊.中国食经［M］.上海：上海文化出版社，1999.）

[任务布置]

烹饪作为一门生活技术，与人类社会的方方面面有密切的联系，从社会学、文化人类学的角度审视烹饪的社会作用，是烹饪学研究中有待解决的课题。烹饪作为加工食物的一种手段，无论在过去、现在和将来很长一段时间都占有重要的地位，是其他手段难以替代的。烹饪作为重要的社会消费形式，有其独特的内容和形式。而烹饪活动与社会日常生活的紧密关系使它成为一个具有相当包容度的载体。下面首先来分析烹饪对社会生活的影响，其次探讨烹饪与政治、哲学的关系，最后弄清烹饪的社会功能分类（图1.3）。

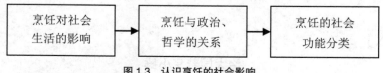

图1.3　认识烹饪的社会影响

[任务实施]

🍽 1.3.1 烹饪对社会生活的影响

烹饪是人们制作饭菜的一种基本手段，它与人类的生存息息相关，随着社会的发展而发展，并在人类的社会发展中发挥着重要的作用。

1）促进人类步入文明阶段

烹饪的诞生是以用火熟食为标志的，用火熟食作为人类最基本的生存技能之一，自开始便标志着人类与动物划清了界限，摆脱了茹毛饮血的野蛮生活，使人类步入文明阶段。烹饪自诞生以来，历经若干万年，由简单走向复杂，由粗糙走向精细，使人类饮食生活逐步由果腹升华为一项文明享受。一般情况下，烹饪技艺的高低，可以反映出人类社会的文明程度和经济繁荣状况。

2）改善人类的饮食生活

饮食是人类赖以生存的需要，烹饪则向人类提供饮食成品。烹饪渗透到每一户人家，其技术的高低直接关系到提供的食品质量的优劣，涉及人类饮食生活的好坏。高超的烹饪技艺可以为人类提供源源不断的精美菜品，使人们感受到妙不可言的饮食文化的真正内涵，极大地改善人类的饮食生活，满足人们物质文化生活的需要，给人以美的精神享受。

3）充当社会活动的媒介

随着人类社会的进步、经济建设的发展和社会文明程度的提高，交际性的社会活动日益增多，一般的社会活动大都贯穿着饮食生活，而饮食生活质量的根本保证是烹饪技艺。因此，烹饪技艺在社会活动中起着媒介作用，推动着许多社会活动的开展。

4）繁荣社会市场经济

烹饪工作是将食物原料加工成人类需要的菜点的劳动过程，这种劳动过程不断为社会创造物质财富，满足了人们饮食生活的需要。烹饪劳动的产品是饮食市场的主要商品，其数量和质量直接关系到饮食市场的繁荣，并影响整个社会市场的繁荣。烹饪行业属于第三产业，为社会提供服务性劳动，在社会经济建设中有着重要的地位。

🍽 1.3.2 烹饪与政治、哲学的关系

我国烹饪与政治、哲学和传统观念有着密切的关系。我国烹饪中所体现的唯物辩证因素，充满了民族的睿智和对事物的深刻认识。几千年来，烹饪中所体现的传统观念一直是指导中国烹饪发展的理论基础。这体现着中国烹饪文化内涵的精深之处，也是中国烹饪文化与其他烹饪文化相区别的基本特征之一。可以说，不了解中国烹饪中所体现的政治、哲学思想和传统观念，还不能说真正理解了中国烹饪的精髓。

1）中国烹饪与政治的关系

政治就是国家的治理。维持社会秩序、稳定统治、发展社会都是在政治运作中实现的。中国历代的思想家、政治家以及统治者无不先把注意力放在烹饪饮食上，因为它直接关系到国家的根本，含有治理国家的大道理，能作为等级、道德规范来调整人际关系的手段。

烹饪是"小道",但小道中含有"大道",即治理国家之道。老子用一句话概括为"治大国若烹小鲜",而详细说明这一道理的记载见《吕氏春秋·本味》：伊尹负鼎上朝，"说汤以至味"，即以实际操作为例，对商汤讲把国家治理到尽善尽美程度的道理和方法。治理国家就像把各种原料在鼎中制成美味一样，需要把各种各样的人和事纳入治理的轨道，使其成为社会的有序组成部分。促使这一转化的条件就是鼎、火、水、调料。不相容的水、火，通过鼎而相辅相成，治理国家协调各方面利益、冲突的道理也与此相同。在烹调中，水是消除异味、烹煮食物的基础，火是促使味道变化的纲纪，五味是调味的物质手段，治理国家也同样需要有基础和纲纪以及相应的各种协调手段。烹调时，鼎中"九沸九变""精妙微纤"，调味时五味先放哪个后放哪个、用火时何时用急火何时用慢火都有一定的道理，治理国家也是这样，情况千变万化，处理问题孰先孰后、时机是否成熟等，都不可掉以轻心，不能失去对"度"的把握。烹调方法得当，就能烹制出各种味感、口感恰到好处的美味。治理国家的政策、策略正确，国家就社会稳定、繁荣昌盛。这些道理讲给想统一天下的人听，使他先"知道""成己"，而去"务本"——"得贤"。所以，《吕氏春秋·本味》中所列的一系列"肉之美者""鱼之美者"等，也是取譬，即贤能之才遍天下，人君必须会网罗而为我所用。"天子成则至味具"，从表面来看，是当了天子才可享受天下最好的美味；其背后的意义是只有做天下一统之主，才能做到这一切，达到统治最高境界。

2）中国烹饪与哲学的关系

中国烹饪中体现的哲学观念集中表现在 3 方面：一是中国烹饪中体现的"天人"关系思想；二是体现的"中和"思想；三是体现的一些唯物辩证因素。

（1）中国烹饪中体现的"天人"关系思想

天人关系在中国古代既是一个哲学命题，也是社会学、人体生命学命题。在烹饪中，天人关系思想主要表现在对饮食原料的获取和食品的生产、消费以及饮食的社会、政治功能的解释中。第一，古人认为人是天地所生，天地必然同时提供养人之物。"天食人以五气，地食人以五味。""谷肉菜果，皆天地所生以食人者也。"荀子则称之为"天养"。抛开神秘的成分，实际上古人已认识到人类生存与食源在大自然生成的链条关系上具有其必然性。第二，古人认为，人类对大自然中食源的索取不得造成链条关系的断裂，从而保证充足的、源源不断的食源供给。《国语·晋语上》《周礼》等书中都讲了"林麓川泽以时入"，禁止在鸟兽孕期进行捕杀，"谷物菜果，不时不食。鸟兽鱼鳖，不中杀不食。"这种观点在今天尤有借鉴意义。第三，上天阴阳变化，四时交替，生物的生、长、收、藏等都有一定的规律，损有余而补不足是"天道"，所以饮食必须"得中""守中"即"饮食有节"，人类才能得其"天年"。第四，既然阴阳有序，五行运转有则，人类养生就应该顺应阴阳四时变化和五行生克消长的规律。"阴阳四时者，万物之始终也，生死之本也。逆之则灾害生，从之则苛疾不起，是谓得道。"懂得这一道理，才算是由"天道"而知养生之道。第五，天地阴阳合和，育成万物，五味调和如天地协和平衡，才能制出美食。人在饮食中得到饮食之"和"，才能有养生效果。只有"法于阴阳，和于术数""和于阴阳，调于四时""处天地之和"，才能心怡体健。第六，天尊地卑，阳上阴下，饮食之礼体现的就是这一"天理"。龚自珍说："圣人之道，本天人之际，胪幽明之序，始乎饮食，中乎制作，终乎闻性与天道。"始于饮食的礼，其依据就是"天人"关系，目的是让人们明白根本和天道，不要胡作非为。

（2）中国烹饪中体现的"中和"思想

中和，在中国古代哲学中是一个极为重要的命题，它被作为天地间的极则，受到高度的重视。在美学、政治统治、社会行为（立身处世等）、文学、音乐、书法等领域，也被作为最高的准则加以推崇。在烹饪活动中，"中和"也作为一种守则，被提到对事物认知的高度加以肯定。《左传·昭公二十年》："和如羹焉，水、火、醯、醢、盐、梅，以烹鱼肉，燀之以薪，宰夫和之。齐之以味，成其政也。声一如味……短长，徐疾，哀乐，刚柔，迟速，高下，出入，周疏，以相济也……若以水济水，谁能食之？若琴瑟之专一，谁能听之？"这里用烹饪作例子，讲了"和"的本质。烹饪中五味的"和"不是机械的"合"，要用火烹煮，表现出像音乐的"和"一样，五味之间相辅相成，补不足，去多余，使所有材料统一为一个和谐的整体，这个整体才是美食。如果只用水，就像只用一种乐器演奏一样单调无味，谁也不会喜欢。所以君臣之间、政治中的"和"也是这样。正如《诗经·商颂·烈祖》所说："亦有和羹，既戒且平。"你中有我，我中有你，是不同物味之间的有机谐调，即"皆安其位而不相夺"，而不是简单表面化的混同、混合。这就是"谓可否相济""谓阴阳相生，异味相和"的"和"，真正的"和"都是如此。元忽思慧在《饮膳正要》中提出饮食"守中"，就是从"中和"之"中"而来。所谓"中"，就是"正"，即最合理、恰到好处。"守中"就是"守正"，也是《内经》所讲的得饮食之正。《易·颐·象》所讲的"节饮食"，《管子·内业》讲的"充摄之间，谓之和成"，也包含着"守中""守正"的意思。和必得中，和必得正，中正必和，和则必成，这一哲学原理在烹饪中得到充分体现。

（3）中国烹饪中体现的一些唯物论辩证因素

中国烹饪总结出的很多理论、方法以及与之有关的俗语，包含着丰富的唯物主义思想和辩证因素。下面举一些例子加以说明。

调味、火候理论的"鼎中之变，精妙微纤""五味三材，九沸九变，火为之纪。时疾时徐，灭腥去臊除膻，必以其胜，无失其理"，含有事物的存在因条件变化而改变、量变到质变、把握变化关节点的思想，同时，还有抓主要矛盾解决问题的观点。

"凡和，春多酸，夏多苦，秋多辛，冬多咸，调以滑甘。"含有从实际出发、具体问题具体对待的思想。"脍，春用葱，秋用芥。豚，春用韭，秋用蓼……"与上相同，而且把原料、调料与季节联系起来，有用普遍联系的观点看待问题的思想。

"口之于味，有同嗜焉"注意到矛盾的共性、普遍性。"物无定味，适口者珍"注意到矛盾的个性、特殊性。两者是共性与个性、普遍性与特殊性的辩证统一。

"巧妇难为无米之炊"，讲事物的变化，内因是根据，外因是条件，外因必须凭借内因发挥作用。

"巧厨师一把盐"，抓主要矛盾的主要方面。

"若要甜，加点盐"，有对比才会有鉴别，矛盾着的双方是互为条件、相辅相成的。

"臭恶犹美，皆有所以"，发出腥臊膻气的原料能制出美味，都有相应的烹调方法。含有矛盾双方在一定条件下相互转化的观点。

🍲 1.3.3　烹饪的社会功能分类

不同的消费类型是与一定的生产类型相对应的，一定的消费类型有一定的消费目的和消费要求，并对生产的过程有着决定性的影响，这样也就形成了不同生产类型的各自特点。根据饮食消费群体类型的不同，即烹饪的社会功能不同，烹饪大体可分为家庭烹饪、团餐烹饪、宴筵烹饪、差旅烹饪和特殊烹饪五大类型。

1）家庭烹饪

家庭烹饪是涉及面最广的一类烹饪活动，几乎直接影响一个国家、一个民族的体质兴衰。

家庭烹饪是以每家每户为单位的高度分散的一种烹饪，因民族习惯、地理气候、物产状况、经济条件以及个人好恶种种因素的影响而类型繁多、主权各异，只能引导，不能控制。

家庭烹饪是大众化的烹饪，其技术相对单调，设备相对简单，注重实用、实惠、经济、方便。如果把团餐烹饪、宴筵烹饪和差旅烹饪看作专业烹饪，那么家庭烹饪就是业余烹饪。

2）团餐烹饪

发达国家成功经验表明，大型工业企业、商业机构、政府机构和其他社团的职员餐饮、大中小学的学生餐以及交通运输、公共写字楼、会展饮食供应和社会送餐等，已成为餐饮业的重要组成部分。这些市场都有一个共同特点，即其客户消费不是以店堂为主，而是以团体形式、以上门服务为主，餐饮企业在食品的烹饪和销售上也都以批量形式进行。通过竞标、比较和谈判获得饮食专营权，企业事实上处于垄断经营地位，极易形成规模经营，我们称为团体供餐或团体膳食，简称团餐。

由庞大的工作餐需求带热的"团餐"市场已经开始引起业界的关注。与此同时，当前团餐行业行政干预比较强烈，缺乏完善的市场规则等弊端，也日益浮出水面。业内专家指出，中国团餐市场机会巨大，只有完善交易规则、硬性准入制度和竞标理性监理，才能推动团餐真正社会化、市场化、企业化。

团餐烹饪侧重以提供人们健康生存所需要的最佳营养素供应为主要任务。要求配菜合理，平衡膳食。供应的品种仍以日常用的主副食品种为主，但品种花色相对单调一些。

团餐烹饪以批量供应为主要特色。在菜肴制作上，以"大锅菜"为主，制作方法、设备条件要与之相适应。团餐烹饪仍然注重实用、实惠、方便、经济，与家庭烹饪有相似之处。

团餐烹饪不以赢利为主。但是，由于它对服务对象的工作是持久性的，因此其影响也是长期的，这种长期的服务也必须要考虑经济效益。团餐烹饪在许多场合下提供的菜点是强制性的，即个人挑选的自由度要受到限制，比如在部队中伙食的可选性较低。

3）宴筵烹饪

宴筵烹饪是社会烹饪的主要力量，以营利为主要目的，能够满足不同层次、不同目的的需求。宴筵烹饪基本上代表着整个社会烹饪发展的水平，并且对整个社会的饮食消费有着强有力的引导作用。

宴筵烹饪在技术上，以追求饮食美为主要目的，选料注重精、稀、丰、贵，制作工艺讲究，并广泛借鉴各种艺术表现手法，花色菜点较多。在形式上，一般总在专业饭店中进行，或者由专业厨师主持其主要技术工作。

4）差旅烹饪

差旅烹饪介于宴筵烹饪、家庭烹饪、团餐烹饪之间，是一种为一般流动人群饮食服务的烹饪类型。通常出现在旅游者或临时出差在外的人的饮食供应之中。它提供的菜点主要用于及时补充身体内的营养需求，也兼有小憩享受一下饮食美的功能。就个人而言，这是一种零星的活动，类似于家庭烹饪，但就整个社会而言，流动的人群却是浩浩荡荡，永不休止，类似于团餐烹饪。大多数情况，出差者只要求简捷地补充营养，类似于团餐烹饪的需求，少数情况也会出现类似宴筵烹饪层次的饮食要求（如某些场合的旅游者）。

5）特殊烹饪

特殊烹饪是指为特殊人群，如孕产妇、婴幼儿、各类病人等服务的烹饪。这种烹饪一般都有特殊的要求，有时甚至是非常严格的要求。

[任务总结]

烹饪作为一门生活技术，随着社会的发展而发展，在人类的社会发展中发挥着重要的作用。烹饪不仅促进了人类步入文明阶段，改善了人类的饮食生活，而且充当社会活动的媒介，其数量和质量直接关系到饮食市场的繁荣，同时也影响整个社会市场的繁荣。

中国烹饪与政治、哲学和传统观念的密切关系。中国烹饪中所体现的唯物辩证因素，充满了民族的睿智和对事物的深刻认识。几千年来，烹饪中所体现的传统观念一直是指导中国烹饪发展的理论基础。可以说，不了解中国烹饪中所体现的政治、哲学思想和传统观念，还不能说真正理解了中国烹饪的精髓。

烹饪具有不同的社会功能。家庭烹饪以每家每户为单位而高度分散，其技术相对单调，设备相对简单。团餐烹饪以"大锅菜"为主，制作方法、设备条件要与之相适应。宴筵烹饪以追求饮食美为主要目的，选料注重精、稀、丰、贵，制作工艺讲究，并广泛借鉴各种艺术表现手法，花色菜点较多。差旅烹饪介于宴筵烹饪、家庭烹饪、团餐烹饪之间，是一种为一般流动人群饮食服务的烹饪类型。特殊烹饪是指为特殊人群，如孕产妇、婴幼儿、各类病人等服务的烹饪。

【课堂练习】

一、单项选择题

1. "烹饪"一词最早出现于（　　　）。
   　A.《周易》　　　　B.《吕氏春秋》　　　C.《黄帝内经》　　　D.《礼记》
2.《随园食单》的作者是（　　　）。
   　A. 李渔　　　　　B. 袁枚　　　　　　C. 贾思勰　　　　　D. 苏轼
3. "烹调"一词大约出现在（　　　）。
   　A. 汉代　　　　　B. 唐代　　　　　　C. 宋代　　　　　　D. 元代
4. "料理"一词最早见于（　　　）。
   　A. 秦汉时期　　　B. 魏晋时期　　　　C. 南北朝时期　　　D. 隋唐时期
5. 烹饪的本质属性是（　　　）。
   　A. 技术属性　　　B. 科学属性　　　　C. 文化属性　　　　D. 艺术属性
6. "治大国若烹小鲜"这句话出自（　　　）。
   　A.《韩非子》　　　B.《道德经》　　　　C.《尚书》　　　　D.《吕氏春秋》

7. "凡味之本，水最为始。五味三材，九沸九变，火为之纪。"这句话出自（　　　）。
    A.《周礼·天官》　　　　B.《礼记·内则》　　　　C.《吕氏春秋·本味》
    D.《黄帝内经·素问》　　E.《左传·昭公二十年》

二、多项选择题

1. 下列属于家庭烹饪特点的是（　　　）。
    A. 高度分散　　　　　　B. 大众化　　　　　　C. 以"大锅菜"为主
    D. 制作工艺讲究　　　　E. 以快餐为主
2. 烹饪活动具有（　　　）。
    A. 技术属性　　　　　　B. 标准属性　　　　　　C. 文化属性
    D. 科学属性　　　　　　E. 艺术属性
3. 关于烹饪及其相关概念，下列说法正确的是（　　　）。
    A. 烹饪一词的内涵和外延是固定不变的
    B. 广义的烹饪泛指各种食物的加工制作过程，几乎可以包括所有食品加工活动
    C. "料理"是一个"出口转内销"的国产词
    D. 南北朝时，北魏高阳太守贾思勰撰写的《齐民要术》中还没有"料理"一词
    E. "烹调"一词的出现不会早于唐代，到宋代使用才渐渐多起来
4. 关于烹饪的社会作用，下列说法正确的是（　　　）。
    A. 一般情况下，烹饪技艺的高低，可以反映出人类社会的文明程度和经济繁荣状况
    B. 烹饪和政治、经济、文化有关
    C. 中国烹饪中体现的哲学观念有"天人"关系、"中和"思想和唯物辩证因素
    D. 烹饪就是做菜做饭，它不具有社会功能
    E. "口之于味，有同嗜焉"与"物无定味，适口者珍"自相矛盾

三、填空题

1. "烹饪"一词是由"烹"和"饪"组合而成的。在古汉语里，"烹"作"_____"解释，"饪"即"_____"。
2. 烹饪的直接目的和客观作用，是满足人们在饮食方面的_____享受。
3. 张起钧先生在《烹调原理》一书中，把烹分为"正格的烹"和"_____"。
4. 烹饪与饮食不同，烹饪是生产性的（即烧煮食物），核心是_____；饮食是消费性的（即吃喝），核心是_____。
5. "口之于味，有同嗜焉"最早出自《_____》；"物无定味，适口者珍"最早出自《_____》。

【课后思考】

1. 为什么说烹饪是科学，是文化，是艺术？
2. 烹饪的社会作用表现在哪些方面？
3. 烹饪与政治有什么关系？

4. 烹饪的本质属性是什么？为什么？

5. 烹饪与饮食有什么不同？

【实践活动】

以小组为单位，在本校调查师生对烹饪的认识，写出调查报告。

项目2
历史悠久的中国烹饪
——世界三大烹饪王国之一

　　世界有三大烹饪王国：中国、法国和土耳其。中国烹饪历史悠久，博大精深，经过几千年的不断发展与完善，已发展为一种完整的、独具特色的文化体系，并由此繁衍出了许多亚文化。从精心烹制的皇家盛馔，到土生土长的街头小吃，都能反映出中国人民对美食的追求和中华民族深厚的文化底蕴，中国已成为世界公认的"烹饪王国"。那么，中国烹饪经历了哪些发展阶段？产生了哪些辉煌成果呢？

知识教学目标
✧ 了解中国烹饪的起源和发展历史。
✧ 了解中国烹饪各发展阶段取得的主要成就。
✧ 理解中国烹饪的主要特点。

能力培养目标
✧ 能够从背景、条件和原因分析各个时期烹饪发展的主要成就。
✧ 能够通过多种途径拓展中国烹饪历史方面的知识。

思政教育目标
✧ 弘扬以爱国主义为核心的民族精神。
✧ 增强对祖国烹饪历史与文化的认同感和自豪感。

任务1　了解中国烹饪的起源

[案例导入]

史前文明"活化石"——古老的钻木取火技艺

有古籍记载，我国春秋战国时期就有钻木取火的技术。黎族人民从3 000多年前迁入海南岛，就一直传承着钻木取火的技术，至今还有钻木取火技艺的传承人。钻木取火现有手钻、弓钻和绳拉钻3种方式，工具由两部分组成，一个为钻火板，一个为钻杆或弓木。两者配合才能取出火来。钻火板要选择干燥易于燃烧的木料——山麻木砍制，在一侧挖若干小穴，穴底为流槽，火星由此下落。钻杆（或弓木）用硬杂木制成，要粗细适中，下端略尖，如圆锥状。取火时，用脚踏住钻火板，将钻杆插在小穴内，以双手搓动钻火棒或弓，由机械能转为热能，其温度达到一定高度时，空气中的碳、氢或碳氢化合物燃烧。刚刚发生的火星极其微弱，肉眼看不见。为了使看不见的火星变成旺盛的火焰，必须有一种媒介物，即用易燃的芯绒、芭蕉根纤维、木棉絮等引燃，而且还要不失时机地用口吹气助火苗燃烧，才能达到取火的目的的。钻木取火技艺在现今生活中虽已少见，但对考古学、历史学的研究尤有重要的价值。

（资料来源：人民网，凤凰视频.2014-01-20.）

[任务布置]

烹饪的产生离不开用火熟食，但人类开始用火熟食时，只能说进入了准烹饪时代。完全意义上的烹饪必须具备火、陶器、调味品和原料这4个条件。火是烹饪之源，调味品是烹饪之纲，陶器为烹饪之始，原料为烹饪之本。那么，人类如何开始用火熟食？调味品是如何发现的？陶器是如何创造的？早期的烹饪原料又是怎样利用的呢？请按照下列顺序（图2.1）查找、学习有关知识。

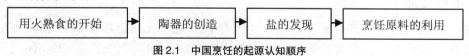

图2.1　中国烹饪的起源认知顺序

[任务实施]

2.1.1　用火熟食的开始

1）从怕火到用火

在史前时期，古人类以打制的石器为主要工具，过着采集和渔猎的原始生活，一直处于茹毛饮血的生食状态。那么，人类是怎样学会用火的呢？这只能从逻辑推论、神话传说和民俗学等方面加以论述。

地球上的飞禽走兽，几乎都怕火。虎豹狼熊虽然凶猛，但一见到火光，就逃之夭夭。刚刚从动物界分离出来的人类，同样也害怕火。他们看到火光烛天、烟雾弥漫，火势所到之处兔走狐奔，留下片片焦土，因此十分恐惧，惊慌逃跑，动作迟缓来不及避开的，就同草木和被困的野兽一样葬身于火海。

人类从恐惧火到认识火，再到控制火、用火，经历了一个漫长的过程。史前学、人类学的资料表明，人类开始是不懂用火的，那时采集、狩猎所得的食物只能生吞活剥。《礼记·礼运》："昔者先王未有宫室，冬则居营窟，夏则居橧（zēng）巢。未有火化，食草木之实，鸟兽之肉，饮其血，茹其毛。"正是那时人类的生活写照。

原始人类在经过无数次的大火之后，好奇地回到烧过的树林里去看看，看到那些烧死的动物没有毛了，焦黄的皮上油光光的，用手去摸，觉得很烫，本能地把手缩回嘴边，偶然间舌头舔到肉汁，感到从来未曾尝过的鲜味。于是便进一步撕下几块烧熟的兽肉品尝，发觉香味扑鼻，鲜美可口。他们又在烧焦的泥土中，发现一些烧熟了的植物块根，放在嘴里同样觉得很好吃，从而知道烧熟的东西比生的好吃，懂得了火虽然可怕，但还有好处，可以烧熟食物。

火灾频频发生，原始人类渐渐不再觉得惊奇，也不像以前那样见了火就逃得远远的。他们站在火的附近观望，觉得热气袭来，很暖和，特别是在寒冷的冬季。这样，又发现了火对人类的另一大好处。夜幕降临，四周一片漆黑，而有火的地方，周围却像白天一样明亮。于是，先民们又发现了火不仅能烧烤食物，带来温暖，而且可以照明。

原始人知道了火有许多好处，就产生了要利用火的念头。他们经过长期观察，发现在森林发生火灾后，火焰没有了，烟也没有了，但灰烬中的木炭还有火，用木棍拨撬，火星四溅，这种火星偶尔碰到周围的干草枯枝，就会冒烟起火。于是，他们找来枯草干枝，把草放在还在燃烧的木炭的灰烬上，很快就冒烟起火了。

野火终究要熄灭的，怎样才能把野火带回山洞中保存起来呢？先民们几经周折，终于找到了迁移火种的办法。他们将燃烧的树枝拿起来，可以继续燃烧一会儿，但很快就会熄灭，若把几根燃烧的树枝捆在一起就不容易熄灭了，当火快熄灭时，把树枝放在地上，找来枯草枯枝，盖在上面，很快又燃起了新的火种。先民们就是用这种"火把法"，将火种带回山洞中。

2）保存火种

当时，原始人类是怎样保存火种的，由于年代久远，无从直接证明。然而，从民俗学的资料来看，原始人类最古老的保存火种的方法，主要是用"篝火方式"和"阴燃法"。我们可以想象，他们为了保存火种和管理火种是煞费苦心的，也许他们就像近代非洲的俾格米人、南美洲的火地人、印度洋上安达曼岛的安达曼人等一样，常年生起篝火，不断地往火堆里投入木柴，使其继续燃烧，保持火种不灭。这种"篝火方式"，在我国古代称为"传薪"。语出《庄子·养生主》："指穷于为薪，火传也，不知其尽也。"薪，即柴草之类的燃料。意思是传火于薪，前薪尽，而火种又传于后薪，这样，火种就传续不绝了。

先民们在用"篝火方式"保存火种的基础上，又采取与"阴燃法"相结合的办法。这种办法是在需要用火的时候，不断往火堆里加柴薪，使火焰烧得高一些，在寒冷的冬季，保持篝火熊熊燃烧。不需要用火时，以灰烬盖上，使其阴燃不熄。使用时再扒开灰烬，添草木引燃。

用阴燃法保存火种，在新石器时代的古人类遗址中已经得到了证明。北京平谷北埝头上宅文化遗址，发现多处房址为不规则的圆形，在房址中部附近，普遍有一个或两个埋在地面下的陶罐，罐内有灰、炭等物，可能是保存火种的容器。河北省三河市孟各庄上宅文化遗址，房址为方形，居住面中央有一个 0.2 平方米的灶台，灶台旁有保存火种的陶钵。

人类用火，是人类史上的一个里程碑。因为自从用火以后，人类就开始控制了一种强大的物质力量，从此才有人猿的真正揖别，人才成为真正的人。

3）人工取火

虽然火种能被保存，但毕竟不方便。遇上连绵阴雨天气，火不是被淋湿熄灭，就是因为没有干燥的柴草接续而熄火。火种一经熄灭，人们就犯愁了，向邻近的原始群落去借火，因那时人烟稀少，谈何容易。要重新找到野火，不知又要等到何时。因此，火种熄灭的后果比今天停电要严重得多，对一个氏族或一个家庭来说是巨大的灾难。穷则变，变能通，正因为火种的熄灭，人们才发明了人工取火。

原始人类不知经过多少万年的摸索，在长期劳动实践中，不断总结用火和保存火种的经验，逐步发明人工取火。人类的祖先在"整修"洞穴，或在制造石器的过程中，看到岩石碰撞有火星飞溅，又发现用黄铁矿石或赤铁矿石做锤子，敲击石英石或燧石时能产生较大的火花。这些火星、火花有时落到干枯的枝叶、乱草上会燃烧起来。原始人为了制造一种工具，用石锥在木棒上旋转，时间长了，便会冒烟生出火来。先民从这些重复无数次的劳动实践中得到启发，明白了其中的因果关系，从而发明了撞击和摩擦取火的方法。这两种方法尽管用材不同，方法也有区别，但都属于摩擦取火的范围。这种原始的取火方法在许多民族中曾经广为流行。

人工取火，是人类最早的一项伟大发明。只有在发明人工取火以后，人类经常地、广泛地用火才成为可能。从利用天然火到人工取火，是人类文明的一次大飞跃，这无论对于人类本身，还是社会发展，都有着深远的意义。

4）人类用火熟食的伟大意义

火的利用，给人类提供了熟食，结束了"茹毛饮血"的生活时代，其意义特别重大。第一，熟食不仅扩大了食品种类，使以前难以下咽的鱼、鳖、螺、蛤等，同兽肉、谷类植物等都变成了美味食品，而且改善了人类的营养状况。第二，熟食可以大大缩短食物的消化过程，使许多营养成分容易被人体吸收。第三，由于营养的扩大和容易吸收，促进了人类大脑、身躯和其他器官的发育，加速了人类本身的进化。第四，对食物进行烧烤和以后的烘煮，本身就是一种很好的消毒方式，可以消灭许多病菌，从而有效地降低人类因进食而得病的概率。

⏱ 2.1.2　炊具的产生

古话说："工欲善其事，必先利其器。"火的使用，是人类社会能够进入熟食阶段的前提，也是促使人类去发明制作各种饮食烹饪器具的根本原因。

1）石器等天然物料的使用

在人类学会用火熟食的最初阶段，我们的祖先并没有真正的炊具，而是直接将猎获和采集的食物放在火上烤熟或放在火灰中烧熟食用。那么，最初除用火烧烤食物之外，人类还使用哪些器具来炊煮食物呢？

我国的古代文献记载，人类最初熟食谷物，采用所谓的"石燔法"，即将石板作为传热器具，将谷物置于烧热的石板上烤熟后食用。《古史考》："乃神农时，民食谷，释米加于烧石之上而食。"但这种方法并不能彻底解决熟食谷物的问题。从大量的民俗学资料和实地考察看，投石煮肉式的石烹法，是人类最早掌握的煮食方法，是继用火烧烤食物之后的又一大发明。不难想象，当人们在河边或洞穴内燃起火堆时，其下的石块会被烧得非常炽热乃至被烧红，一旦雨水或烧烤动物的血滴在上面，便会冒出炽热的白烟。而当因搅动火堆导致这些石块滚落到河边的小水坑或洞内的滴水坑中时，便会把水烫热乃至烧沸，水坑中偶尔有条小鱼或水虫之类的，便会因此而被烫死乃至煮熟。当时的人是无所不食的，捡到小鱼或小虫吃起来发现与烧烤后一样香，于是便发现了用水可以煮熟食物，从而逐渐学会了投石煮肉的技能。

投石煮肉必须要有盛水的器具。最早的盛水"器具"就是天然形成的水坑。后来人们发现，大块岩石上的凹坑不像河边的水坑那样容易渗水，坑中的水又可以很快被烫沸，于是便用这种坑当"锅"来煮熟食物。无论是在岩洞中，还是在山坡上，这类坑都容易被找到，可以说是人类最早使用的"石锅"。在云南的独龙族、纳西族地区，过去就有一种圆盘形石板，当地人烤饼时，将石板架在火塘之上，称为石锅，于其上烙饼。这应是早期石锅的进一步发展。

随着经验的积累和认识能力的提高，人类在利用天然石锅的同时，又逐渐将挖空的树干、大型果实的外壳（如葫芦之类）、树皮、兽皮、兽胃乃至头盖骨等当作投石煮肉的器皿。后来还发现兽皮、兽胃等也可以盛水，便将其直接架在火上烧煮，成为与陶器并行的另一类炊煮用具（游牧民族应用很普遍）。

2）陶器的发明

在漫长的烤烧食物过程中，人类聪明的祖先无数次发现被火烧过的黏土会变成坚硬的泥块，其形状与火烧前完全一样，而且不会溶散，可以长久使用。于是人们就试着在荆条筐的外面抹上一层厚厚的泥，风干后放在火堆里烧，当取出来时荆条已经化为灰烬，剩下的便是形状与荆条筐相同的坚硬之物了，这就是最早的陶器，如釜、鼎、鬲、甑等，出现在新石器时代。

陶器的发明使人类有可能煮熟食物，也便于收藏液体，这样，烹饪技术的发展才有了新的可能。同时，陶器的出现使人类饮食营养原料有了储藏工具，减少了饥饿的侵袭，促进了定居生活，可以更有作为。所以，自从有了陶器，"火食之道始备"（《古史考》），人类生活面貌为之一新。

3）炉灶的形成

炉灶的历史相当悠久，自从人类学会用火，它就在地球上诞生了。最古老的炉灶，应推几十万年前问世的"坪灶"，即背风、干燥的凹地，在凹地上直接架火就能烧烤食物。这种灶只是个地址的选择，不存在加工翻造。尽管如此，这也是原始人群征服大自然的一次智慧的闪光。

后来，为了更好地利用风力，使火势劲猛，迎风挖坑的"地灶"以及石块垒起的"石灶"产生了，它们与坪灶相比，在节约能源、控制火力上胜了一筹。挖地灶和垒石灶都需要简陋的工具。它们的出现大约是旧石器时代晚期了。

距今1万年前，我国诞生了第一代生活用具——陶器。随着制陶工艺的逐步改进，先民创造出配套使用、可以移动的"陶灶"。在西安的半坡遗址陈列馆中，大家可以见到这种仰韶文化时代灶具的原型。它虽然体积不大，但是胎壁较厚也较坚实，可以保证在适当的高温下不至于炸裂。陶灶为后世的灶具提供了大致的"模型"，其功劳不可估量。

2.1.3 调味品的发现

人类自从掌握了对火的运用后，使食物由生变熟，便开始了最初的烹饪。但是，这种烹饪只能尝到食物的本味而不知用调味品，只能说烹而不调。没有调味品的烹饪，是非常单调的烹饪。那么最早的调味品是什么，又是如何产生的呢？

1）盐的发现

研究发现，我国最早的调味品是盐。但在人类的蒙昧时期，人们不可能有意地去研究盐，生产盐。盐的发现是无意的，是借助自然界的客观环境感受到的。活动在海边的原始人，偶然将吃不完的动物放在海滩上。海水涨潮时，这些动物被浸泡在海水中。海水退潮时，原始人想到还有没吃完的动物，于是将这些动物从海滩取来，用火烤熟了吃。他们惊奇地发现，这种经咸的海水浸泡过的动物表面粘上了一些白色晶粒，而且比没有海水浸泡过的动物好吃。这种情况经过无数次的重复，原始人渐渐懂得这些白色小晶粒能够起增加食物美味的作用，就开始收集这种晶粒——盐。这是对盐自然的、无意的发现。

2）海水煮盐

陶器发明之后，人类祖先才渐渐地发明烧煮海水以提取盐的方法。《世本》和《事物纪原》等书记载："黄帝臣，夙（sù）沙氏煮海水为盐。""古者夙沙初煮海盐。"夙沙氏与黄帝同时代，《史记》记载，黄帝在神农氏之后，那应是以农耕为食物主要来源的陶烹饪时代了。夙沙氏是我国东部沿海的古老部族，世代接触海水潮汐和沙滩上的盐，首先知其味而用之，并慢慢学会晒海水为盐。另外，专家在仰韶文化遗址中已发现了海水煮盐的文物，即以外涂蛎泥（耐火泥中掺入蚌壳粉）的"竹签（竹条编成的锅具）"，这与文献记载的传说相印证，说明新石器时期先民已开始吃盐。

在人类的生活进程中，盐的使用是继用火以后的又一次重大突破。盐和胃酸结合，能加速分解肉类，促进吸收，对人类体质的进化来说，是一种积极因素。盐的化学构成为氯化钠，是人体氯和钠的主要来源，这两种元素对维持细胞外液渗透压，维持体内酸碱平衡和保持神经、骨骼、肌肉的兴奋性，都是不可缺少的。盐又是烹饪的主角，"五味调和百味香"，盐是五味之首，没有盐，什么山珍海味都要失色，机体的吸收也大受限制。所以，盐的产生对烹饪技术的发展、对人类的进步有着极为重要的意义。

2.1.4 烹饪原料的利用

前面讲过，人类学会用火熟食之前，一直处于茹毛饮血的状态。学会用火熟食之后，那些原来用作生食的原料，就变成为烹饪原料。

在烹饪原料的开发与生产方面，史前时代最重要的成果是发明农耕和驯育家畜。在旧石器时代，人类活动的主要场所是滨河山林，大自然提供了比较丰富的食物资源。山中可采集到野果野蔬，林内可捕到野兽野禽，河边能捞到螺蚌鱼虾。这是一种采集与渔猎结合的经济模式。

在环境改变、人口增殖以后，采集和渔猎已不能保证稳固的生活来源，开发新的食物资源，成了非常紧迫的事情，畜养业和农业的发明，正是这种迫切需求的结果，也正是农耕的发明开拓了食物生产的崭新途径，完成了人类历史上一次经济生活方式的重大变革，也完成了由旧石器时代向新石器时代的过渡。农业起源的过程至今并不十分清楚，有各种各样的推测。在旧石器时代，猎手通常由男人充当，而采集任务则由妇女完成，在年复一年的采集活动中，妇女们对植物生长规律有了一定认识。春去秋来，开花结实，妇女们在观察中实践，终于收获，是她们发明了农业，为人类创造出新的生机。

最初的种植规模可能并不大，垦殖方式由火耕发展到锄耕，同时也培育出了较好的作物品种。中国原始农耕的重要成果，是粟、黍、稻三大谷物的栽培成功。其中，栽培稻的历史已有9 000年左右，其他栽培作物还有高粱、小麦、油菜、芥菜、葫芦、瓠瓜、甜瓜、大豆、花生和芝麻等。

原始农耕的发生和发展，又带来了另一个辅助性生产部门——家畜饲养业的发展。有一种理论认为，种植业的发明可能是家畜养殖业的需要。也就是说，早先的栽培活动是以动物的饲养为目的的，后来才逐渐培植人类自己的食粮。中国最早驯化的家畜是猪和狗，猪是农耕部落肉食的重要补充。新石器时代饲养的家畜还有水牛、鸡、马、羊等。

由向大自然索取的采集渔猎经济，过渡到创造性的农业经济，这是一个重大变革，又被称为"新石器革命"，它是史前时代发生的最有意义的事件。

[任务总结]

综上所述，人类学会了用火，这是熟食的开始；人类发现了盐，这是调味品的发端；人类发明了陶器，使烹饪技术的发展有了新的可能；人类在长期的生活、生产过程中，认识了世间各种各样可供烹饪的原料，使烹饪有了丰富的物质基础。火、盐、陶器、烹饪原料的综合运用，标志着完备意义上烹饪的开始。

 # 任务2 弄清中国烹饪的发展历史

[案例导入]

科学家称烹饪历史或有1 900万年

科学家声称人类做的第一顿饭大概是在1 900万年前，这比人类祖先离开非洲开拓新大陆要久远得多。哈佛大学的研究者对灵长类动物的牙齿大小和进食习惯进行了研究，并追溯到人类煮食传统的源头——早在直立人祖先那里，煮食就已经是普遍现象。烹饪时代的到来使人类咀嚼食物的时间大大减少，牙齿形状也发生了变化，直立人、尼安德特人和智人都长了智齿。与大猩猩相比，人类花在进食上的时间明显缩短，报告指出直立人和尼安德特人每天要花6.1%和7%的时间进食，与现代人相差无几。进化论生物学家克里斯·奥甘认为，这揭示了烹饪对人类历史和生物学研究的重要性，人类的生理构造也随着煮食行为而改变。

（资料来源：广州日报 .2011—09—04（B1）.）

[任务布置]

中国烹饪有着悠久的历史。它的产生和发展，反映了中华民族文明史的一个重要侧面。多年来，专家学者们从不同的角度对中国烹饪的发展历史阶段作了各种形式的划分，皆有见地。本书按照社会形态变化和烹饪演进过程，将中国烹饪的发展历程分为5个时期（图2.2）。

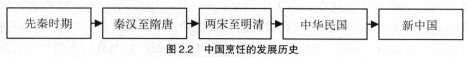

图2.2　中国烹饪的发展历史

[任务实施]

2.2.1　先秦时期的烹饪

公元前21世纪，我国历史上第一个奴隶制王朝——夏建立了。从夏经商殷、西周、春秋、战国直至公元前221年秦始皇统一中国，共2 000余年。夏、商、周、春秋、战国的社会形态不同，但烹饪发展一脉相承，统称为先秦时期的烹饪。

1）烹饪原料范围不断扩大

从商代以后，各种青铜工具在生产上普遍运用，加上对水利的大力建设，农业生产增长很快。《论语·泰伯》和《国语·周语》中就说到禹"尽力乎沟洫"，以"养物丰民人"。到了周代，食物资源进一步扩大，有所谓的五谷、六畜、六兽、六禽，还有水产品、昆虫、菌藻、蔬果、粮食等，烹饪原料比以前多了许多。春秋战国时期，各国为了富国强兵，称霸天下，更加重视农业。《管子》中就说"农事胜则人粟多""入粟多则国富"。当时调味品也增加了，除了盐以外，还出现了醯、酱、梅、蓼、芥、薤、姜、桂、饴、葱、茶、蜜等。

2）烹饪器具日趋精美

随着农业的发展以及生产部门的进一步分工，手工业也有了新的发展，呈现出分工和技术日渐精细、品种不断增多的特点。最具代表性的是青铜器的冶炼和铸造。青铜主要是铜与锡的合金，具有硬度高、经久耐用的特点，弥补了陶器的某些不足，很快得到较普遍的使用。到了商周时期，青铜器的制造已经达到了炉火纯青的境界。如商朝的司母戊大方鼎，高137厘米，长110厘米，宽77厘米，重达875千克，鼎身和四足皆为整体铸造，无论从体积、形状还是制作工艺，都可以看出当时的青铜铸造技艺的高超与精良，并使烹煮一头牛成为了现实，而且在这个时候已开始采用油脂来烹制菜肴。鼎的种类很多，按用途分，有专门供烹饪用的镬鼎，有供席间陈设用的升鼎，有准备加餐用的羞鼎等。宴席时用鼎的数量，则按地位的高低设立专门的制度。

3）烹饪工艺渐成格局

这一时期的烹饪从选料、切配到加热、调味以及造型等各个环节都考究起来，形成了烹饪工艺的初步格局。

在烹饪方法上，改进和完善了烧、烤、水熟法，新增了油烹和溜髓（勾芡上浆）两种新技法。在刀工上，达到了相当高的水平。《庄子·庖丁解牛》描述了庖丁刀工"游刃有余"的绝技。在选料上，当时已经逐步严格，注意按时令和卫生要求等选择原料。对火候和调味的讲究在《吕氏春秋·本味》（"五味三材，九沸九变，火为之纪，时疾时徐，灭腥去臊除膻，必以其胜，无失其理"）和《礼记·内则》（"凡和，春多酸，夏多苦，秋多辛，冬多咸，调以滑甘"）等古书中都有记载。

4）烹饪理论初步问世

夏商周三代到春秋战国时期，有关中国烹饪的一些著述开始问世。这些著述虽然不是专门记载和论述饮食烹饪的，但是广泛涉及饮食烹饪的许多方面，为后世发展烹饪理论打下了坚实的基础。如《吕氏春秋》为中国烹饪理论的开山鼻祖，它由战国末期吕不韦集合其门客共同编写而成。其中的《本味》篇主要记载了伊尹用烹饪至味谏说商汤的故事，首创中国烹饪的"本味"之说，指出"凡味之本，水最为始。五味三材，九沸九变，火为之纪"，并强调"调和之事，必以甘酸苦辛咸，先后多少，甚齐甚微"，详细阐述了用水、用火、调和等与菜肴烹饪成败的关系，是世界上最早的较完整的烹饪技术理论著述。《周礼·天官》《礼记·内则》对中国早期的烹饪技术作出了高度总结，从选择原料、使用刀工，到菜品烹制、掌握火候、调剂口味以及菜品的色、香、味、形等要求都有了一般性的规范，许多观点至今仍有借鉴价值。

2.2.2 秦汉至隋唐时期

从秦汉到隋唐，在近千年的历史进程中，中国烹饪进入了以广泛使用铁制炊具为标志的发展时期。这一时期，在烹饪实践发展的基础上，烹饪理论研究也进入了新的阶段，大量烹饪专著出现，食疗保健理论体系完善，是我国烹饪发展史上承前启后的重要时期。

1）烹饪原料更加丰富并得以拓展

公元前221年，秦始皇统一中国，建立起专制的中央集权的封建国家，采取郡县制和统一文字、货币、度量衡等措施，促进了社会进步。到了汉代，统治者不仅大兴水利，开凿众多沟渠，形成灌溉网，而且积极推广铁制农具、牛耕和其他农业生产新技术，打破了水稻种植仅局限于北方的局面，使农作物总产量大大提高。《史记》记载，汉武帝时"非遇水旱之灾，民则人给家足，都鄙廪庾皆满，而府库余货财""太仓之粟陈陈相因，充溢露积于外，至腐败不可食"。生产力有了很大的提高，人们的饮食水平也相应提高，许多新的烹饪原料出现。随着中外经济文化的交流，汉代使者出使西域，带回了大蒜、黄瓜、石榴、西瓜、南瓜、莴苣、胡瓜、胡豆、胡桃、胡麻、胡椒、胡葱、胡萝卜、菠菜等多种原料，给中国烹饪的发展提供了新的物质条件。而豆腐的发明更是人类饮食史上的巨大贡献。相传汉代淮南王刘安发明了豆腐，在1959年河南密县（今新密市）打虎亭发现的一号汉墓石刻画中就有豆腐作坊的场面。

此外，这一时期，畜牧业也有了一定的发展。汉朝时，已经引入驴、骆驼、骡的饲养技术，而且开始大规模地围池养鱼，使动物原料的品种更加丰富。

在汉代，人们已使用植物油来烹制菜肴，新增加了豉和蔗糖等调味料。至魏晋南北朝，在烹调时还把石榴汁、橘皮、葱、姜、蒜、胡椒等作为调料放入菜肴。随着航海事业的发展，隋代已开始大量食用海味。唐代进入食谱的海产已经有海蟹、比目鱼、海蜇、乌贼、玳瑁、鱼唇等。

2）能源和炊具的新突破

中国是世界上最早用煤做燃料的国家。秦汉之时煤已被用来炼铁。烹饪用煤则出现在东汉，但还不普及。到南北朝时，北方家庭已盛行用煤来烹制食物。唐时，燃料品种增多，石炭、柴火、草火等被用来温酒炙肉，煤已成为全国常用的燃料。唐玄宗的礼部尚书韦陟家中还使用一种叫"黑太阳"的合成炭。当时已用木炭作燃料烹调食物，专门从事烧炭的行业出现。如白居易《卖炭翁》所述："卖炭翁，伐薪烧炭南山中……一车炭，千余斤，宫使驱将惜不得。半匹红绡一丈绫，系向牛头充炭直。"

炊具的新突破主要表现在铁制炊具的使用。春秋战国时期出现了铁制器皿，在西汉得到了普及。铁器普及人们生活的各方面，已经广泛用于饮食烹饪之中。至此，中国烹饪进入了以广泛使用铁制炊具为标志的发展时期。铁锅和刀具为烹调方法和刀工技艺的发展创造了必要的条件。战国以前的灶多是固定的地灶和单火眼的陶灶，无烟囱或有一根直烟囱。秦汉以后，出现了多火眼的陶灶、曲突（即烟囱口弯曲突出墙外）和高突（即烟囱口高出屋顶）的灶。

3）烹饪技艺显著提高

秦汉以后，烹饪分工日趋精细。汉代烹饪技术出现了两大分工，即炉、案的分工和红案、白案的分工。四川德阳出土的东汉庖厨画像画着厨师烹饪劳动时的情形，有人专门切配加工，有人专门加热烹调，炉、案的分工非常明显。这两大分工促进了这一时期烹饪技术的进一步提高。刀工技艺也已发展到了十分高超的水平。"蝉翼之割，剖纤析微，累如叠毂，离若散雪。轻随风飞，刃不转切"［曹植《七启（并序）》］，原料切片薄如蝉翼，可以清楚看到细细的纤维，叠起来好像是一层层丝织的薄毂，风一吹好像飞雪一样飘。虽然有些文学性的夸张，但的确反映了当时的刀工水平。

隋唐时代，菜点也有新的发展。尼姑梵正仿照诗人王维的"辋川别墅"景物制造的大型风景拼盘"辋川小样"，是用酱肉、胙、酱瓜之类的食物，将"辋川别墅"中的泉水、山峦、湖、园林在食盘中拼制出来的，充分显示出精湛的烹饪技艺和多彩的艺术魅力，可谓匠心独具，开我国花拼之先河。在面点制作中，《清异录》所列举的"建康七妙"可以反映当时的制作水平，即"齑可照面，馄饨汤可注砚，饼可映字，饭可打擦擦台，湿面可穿结带，饵可作劝盏，寒具嚼着惊动十里人"。

烹调方法大量增加，如汉代的杂烩、涮，唐代的冰制、冷淘，南北朝的消、糟、瓤、酱，南北朝时期出现的炒更引起了烹调技术的大飞跃。

4）烹饪著述迅速增多

魏晋南北朝有《崔氏食经》《食馔次第法》《四时御食经》等，隋唐时期有《砍脍书》《食典》《膳夫经手录》《邹平公食宪章》等。

🔔 2.2.3 两宋至明清时期

两宋至明清，是中国封建社会的后期，清朝中期更进入了封建社会的第三个高峰。在这一时期里，科学技术持续发展，经济数度出现繁荣，民族大融合数度出现，对外交流深入，中国的政治、经济和文化都有极大的变化，中国在各方面都取得了极大的成就，这促使中国烹饪出现蓬勃发展的局面，进入了完全成熟的时期。

1）烹饪原料极为丰富

这个时期，中国烹饪原料不断增多，凡是可食之物皆可用于烹饪，形成了用料十分广博的局面。其中，两宋时期，全国的经济中心已转至南方，南方的主要粮食作物水稻一跃成为全国第一位的粮食作物，麦也成了南方位列第二的粮食作物，民间出现了"苏湖熟，天下足"的谚语。宋元是中国园艺业扭转乾坤的一个发展高峰，园艺开始与主粮生产并驾齐驱，蔬菜、果品数量丰富，水蜜桃是南宋时期培育成功的一个新品种。宋朝是中国历史上第一个将海产纳入百姓寻常食品的朝代，市场上的海产品供应已相当丰富。

元代航海和水运事业的发展，使我国的海味食源越来越丰富，如鱼翅、海参在元代登上了筵席，作为烹饪原料。明代中叶，随着对外经济文化交流的扩大，我国引进了一些农作物，如番薯、番茄、番瓜、辣椒、洋葱等，对人民的生活带来了十分重要的影响。而影响最大的莫过于辣椒。辣椒原产于南美洲，15世纪传入欧洲，明朝时传入中国，被称为番椒。它最初传入时只是作为花卉，《牡丹亭》中记有"辣椒花"，后来才逐渐被用作调味品。明末徐光启《农政全书》指出它"色红鲜可爱，味甚辣"。清朝时，中国的西部和南部广泛种植，并且培育出新品种，川、滇、黔、湘等地更是大量和巧妙地使用辣椒，这些地区烹饪发生了划时代的变化。

2）烹饪工艺体系已经比较完善

元明清时期，菜品的制作技术以及烹饪工艺环节都已发展得较为完善。如在面点制作上，不仅可用冷、热、沸水和面，而且可以制作发酵面团、油酥面团，其成形技术如擀、切、搓、包、裹、捏、卷、削等，已达到很高水平。据《素食说略》记载，清代的抻面可以把面拉成三棱形、中空形、细线形等形状。清代扬州的伊府面就是将面条先微煮，晾干后油炸，最后入高汤略煨而成的，形式和风格类似于当今的方便面。在菜肴制作中，切割技术迅速提高，许多花形刀工、刀法名称出现了，明代出现了整鸡出骨技术，清代筵席中有了体现高超雕刻工艺的瓜盅。在调味上，元代出现了红曲，明代有糟油、腐乳、砂仁、花椒，清朝后期则吸收西餐技术，番茄酱、咖喱粉等调味品开始用于烹饪。在制熟上形成了直接用火、利用介质传热、利用化学反应三大类方法，每一类下面又有许多方法，如通过化学反应制熟食物的方法就有泡、醉、糟、酱、腌等多种。

3）烹饪理论相关著述较多

两宋时期，烹饪方面的著述大大增加，在书籍中的地位也有了很大提高。郑樵《通志·艺文略》将食经单独作为一个门类列出，从此食经在文献分类中开始占有一席之地。这一时期的烹饪类著作主要有林洪《山家清供》、陈达叟《本心斋疏食谱》、郑望之《膳夫录》、司膳内人《玉食批》等。元代有关烹饪的著述，民间的以《居家必用事类全集·饮食部》为代表，其以南方风味为主；宫廷的以《饮膳正要》为代表，是一部饮食保健资料系统汇编。明代有关烹饪的著述有《宋氏养生部》《遵生八笺》《易牙遗意》等。清代有《随园食单》《养小录》《中馈录》《调鼎集》《闲情偶记·饮馔部》等。对后世影响最大的是袁枚著的《随园食单》，它是袁枚用40多年对中国烹饪理论进行全面总结后的专著，其中的20须知和14戒首次较为系统地总结了前人烹饪经验，从正反两方面阐述了烹饪技术理论问题，并比较系统地介绍了当时流行的 342 种菜肴，烹饪技术理论与实践相结合，它的出现标志着中国传统烹饪理论达到成熟阶段。

🍲 2.2.4 中华民国时期

这一时期，中国处在半殖民地半封建社会，百业凋敝，工农业发展缓慢，人民生活困苦，市场亦不活跃，烹饪演进速度不快，突出成就不甚明显。但是，由于世界经济危机的影响，日、美等国纷纷在中国抢占市场，加上战事的频繁刺激，局部地区的烹饪也出现了一些新的因素，并产生了深远的影响。

从文化遗产的继承、开拓和发展的角度，或是从烹饪的发展、风格和特色等角度来看，民国时期菜肴在中国烹饪史上都应该占有一席之地，起到了承前启后的作用。民国时期的烹饪具有技艺精湛、品类丰富、流派众多、风格独特的特点，是中国传统烹饪文化的继承和发展，也对当时的国际烹饪产生了一定的影响，享有很高的声誉。

1）引进新原料

20 世纪以来，帝国主义列强大量向中国倾销商品，牟取暴利，其中就有一些调料，如果酱、鱼露、蚝油、咖喱、芥末、味精、可可、咖啡、苏打粉、香精、人工合成色素等。这些调料逐步在食品工业和餐饮业应用，使一些食品风味有所变化，质量有所提高，这在沿海大中城市更为明显。新调料的引进，对传统烹饪工艺产生了"冲击"，如味精逐步取代高汤（用鸡、鸭、肉、骨等料精心滤熬的鲜美原汤），有些烹饪规程也有相应改变。

2）仿膳菜、官府菜面市

仿膳菜就是仿制的清宫菜，或称因时而变的御膳菜。辛亥革命后，数百名御厨被遣散出宫，为了谋生，许多人重操旧业，或在权贵之家卖艺，或去市场经营餐馆。1925 年，留京的 10 多名御厨，在北海公园挂出名为"仿膳饭庄"的招牌。从此，以宫廷风味为特色的仿膳菜便风靡一时，并在北京产生了较大的影响。

同时，官府菜也从庭园深处走向社会。官府指的是京城里的多座王府及一些官僚政客居住的大宅门。官府讲究吃喝，有自己的厨师，多年来形成了各自独特风味的菜品，都有自己的拿手菜，即私家菜。民国时期，老北京著名的私家菜有四家，即政界的"段家菜"（即民国时期国务总理段祺瑞家）、银行界的"任家菜"（即银行家任国华家）、财政界的"王家菜"（即民国初年财政部部长王克敏家）和翰林的"谭家菜"（即翰林院谭宗浚）。那时京城的私家名厨比大饭庄少不了多少，但随着这些官府的衰败，私家菜大都没有流传下来，只有谭家菜传承到现在，成了京菜的一个著名品种。当初有道："戏界无腔不学谭（指谭鑫培），食界无口不夸谭。"当初有郭家声在报上专登《谭馔歌》一首，歌首数句为："翁饷我以嘉馔，要我更作谭馔歌。馔声或一扭转，尔雅不熟奈食何。"称谭瑑青为"谭馔精"。

3）中西餐开始融合

在广州、上海、青岛、大连、天津、长春、哈尔滨、北京、武汉、南京、成都等沿海城市和内陆大城市，由于西方教会、使团、银行、商行不断涌入，英式、法式、俄式、德式、日式、韩式菜点在不同场合也相继出现。中国厨师吸收西餐的某些技法，仿制外国菜进而创制"中式西菜"或"西式中菜"。这类新菜，原料多取自国内，调味料用进口的，工艺主要是中式的，筵席袭用欧美程式，品尝起来，别具风味。内地厨师向沿海学习，将这类新菜移植，增加了中菜品种，丰富了筵席款式。

4）地方菜迅速发展

地方菜因西方教会、使团、银行、商行的不断涌入和各地间的交往增多而有所变化。在抗日战争时期，重庆成为陪都，党政要人、社会名流汇集，各地名厨汇集重庆，菜式与口味得到了变化，自强不息的川厨"以变应变"进行了革新。最终开发出具有影响的新川菜。新中国成立前的上海，号称"十里洋场""冒险家的乐园"，是一座典型的半殖民地都市（1843年，上海被迫对外开埠）。随着外国资本主义的侵入，上海民族工商业也相继发展，对外贸易日益扩大。到了20世纪20年代末，上海除了本地菜馆，已有安徽、苏州、无锡、宁波、扬州、广东、河南、山东、北京、四川、福建、清真等十几种地方风味的菜馆林立于市。20世纪30—40年代，由于旧上海的畸形发展，上海餐饮业达到了快速发展的新阶段。那时各帮菜众多，名菜云集于市，如上海的八宝鸭、虾子大乌参、糟钵头，扬州的鸡火干丝、拆烩鱼头、肴肉，北京的烤填鸭、醋椒鱼、烩熊掌，杭州的东坡肉、西湖醋鱼，四川的干烧鲫鱼、樟茶鸭子、麻婆豆腐，福建的佛跳墙、七星鱼圆，湖南的东安子鸡，无锡的青鱼甩水、炒蟹黄油，苏州的松鼠鳜鱼、母油船鸭、黄泥煨鸡等，早已脍炙人口。旧上海《市场大观》曾以"吃在上海"为题，介绍了各种风味特色。

19世纪初羊城一度是中国的政治中心，特别是1929—1937年。由于世界金融中心转向中国香港和国内战事，广东经济有了较大发展。加之其临近港澳和东南亚，商贾云集，餐饮业进入空前的黄金时代。仅广州就有著名的中餐馆、茶室、酒家、包办馆、西餐厅200余家。除了经营广东风味（凤城、东江、潮州等地），还有京都风味、姑苏佳肴、扬州珍馔和欧美大菜。为了适应当地人三餐二茶的生活习惯，20世纪20—30年代，广州的陆羽居推出了"星期美点"来招引顾客，受到了消费者的欢迎。变革、创新促使了广东的餐饮业迅速发展，同时各店名品确立和影响扩大，如贵联升的"满汉全筵"、蛇王满的"龙虎烩"、西园的"鼎湖上素"、太平馆的"两汁乳鸽"等。广州的名师梁贤代表中国参加了巴拿马国际烹饪赛会，荣获"世界厨王"称号。

5）中餐随着华侨的足迹走向世界

鸦片战争以后，帝国主义列强残酷掠夺劳工，使数百万华人背井离乡、流散海外。民国年间通过外交、贸易、宗教、军事、文化等渠道，出国的人更多。为了谋生，约1/3的侨胞利用仅有的技术，经营着家庭式的餐馆来维持生活，并代代相传，同时把中国烹饪介绍给各国，使中餐逐渐走向世界。为了迎合当地消费者的需求，中餐在海外逐渐形成了3种趋势：一是为华侨、留学生提供正宗的中餐（包括各地风味）；二是为中国侨民和部分外国人提供改良的中餐（迎合消费者需求）；三是根据外国人的饮食特点和个人需求，提供变相的中餐（中名西实）。无论哪种中餐均起到了宣传的作用，扩大了中餐的影响力。孙中山先生在《建国方略》和《三民主义》中，多处提及这种盛况："近年华侨所到之地，则中国饮食之风盛传。""凡美国城市，几无一无中国菜馆者。美人之嗜中国味者，举国若狂。""中国烹调之术不独遍传于美洲，而欧洲各国之大都会亦渐有中国菜馆矣。"

🍽 2.2.5 新中国时期

新中国成立后，人民当家做主，生产力得到解放，国民经济得到了快速发展。物质资源逐步丰富，人民的生活质量也得到了改善和提高。特别是旅游事业的快速发展和国际交往的增多，促使餐饮业飞速发展，烹饪技艺不断提高，烹饪理论研究不断完善。这个时期可以分为3个阶段。

一是复苏阶段，即1949—1956年。由于政局稳定，经济逐步复苏，各方面取得了突破性的发展。餐饮业也不例外，店家得到了恢复，名菜得到挖掘与整理，如20世纪50年代中期，广州举办了"名菜名点展览会"，展出菜点种类有数千之多。

二是动荡阶段，即1967—1976年，由于政治运动和自然灾害，经济不能得到发展，食物资源处于紧张时期（凭票供应），烹饪事业的发展也受到了严重的打击。

三是发展阶段，即1977年以后。由于党的十一届三中全会的召开和改革开放的不断深入，国民经济得到了飞速发展，物质资源充足，百姓收入增多，旅游业大发展。而作为旅游业的重要组成部分，餐饮业也得到了相应的发展，而且从原来简单、便宜的大众餐饮向多层次、多方式的低、中、高档相结合的餐饮方向发展，成为市场一个新的亮点和经济建设重要的组成部分。

1）烹饪地位提高

中国烹饪文化虽然从旧石器时代已经开始，可是自从社会上有厨师的几千年来，厨师一直被认为是贱业或社会的下九流，没有社会地位。新中国成立后，人民当家做主，厨师是人民中的一分子，得到了全社会的尊重和认可，称呼也由"伙夫""厨子"，到地位平等的"炊事员""厨师"，以至现在的烹调师、面点师。称呼的变化，意味着厨师社会地位不断提高，甚至有卓越贡献的厨师获得了各级人大代表、政协委员或劳动模范光荣称号。1963年全国有109人获得特级厨师称号，1982年有800余人达到这一标准。烹饪这一行业不仅得到了社会的尊重和认可，而且收入也是相当可观的。

2）成立管理机构

几千年来，中国只有经办御膳的食官，从无管理全国餐饮业的行政机构，厨师如同散兵游勇，无人过问。新中国成立后，从中央到地方，逐级成立了饮食服务公司，通过公司的管理来保证餐饮业的健康发展，增加服务网点，更好地为顾客服务；通过公司的管理来开展技术交流，推广创新产品，使就餐者能尝试新产品；通过公司的管理来检查产品与服务质量，为顾客提供安全、卫生的食品（非常时期尤为重要）；通过公司的管理来解决职工劳保福利待遇和获得继续学习、提高技艺的机会。

我国的烹饪社团组织出现于20世纪70年代末。1979年12月，北京宣武烹饪学会成立。1987年4月，中国烹饪协会成立。1991年7月，世界中国烹饪联合会成立（2015年12月更名为世界中餐业联合会）。目前，我国每个省、自治区、直辖市都有烹饪协会、名厨联谊会等专业社团。

3）重视烹饪教育

几千年来，厨师一直以师父带徒弟的形式进行培养。新中国成立后，由于餐饮业发展较快，企业需要一大批有文化、有技术的厨师，因此，在1956年全国若干大城市相继成立了多所烹饪技校，通过教育方式来培养厨师。为了提高厨师的文化和技术水平，当时的国内贸易部在武汉、烟台、沈阳、重庆、福州、西安等地设立了10多个烹饪培训中心。为了与国际接轨，烹饪教育已形成多层次办学的形式，如职高、中技、中职、职业技术学院、烹饪专科学校、大学烹饪专业。担任烹饪教育工作的教师也被聘为讲师、副教授、教授或实验师、高级实验师。教材也由经验型总结，逐步在其他学科的影响下趋于理论型，更有利于培养学生的理论水平和操作技术，为21世纪中国烹饪的大发展提供了充足的资源和可靠的保证。

4）重视烹饪文化研究

新中国成立后，国家大力抢救烹饪文化遗产，将《调鼎集》《宋氏养生部》《齐民要术》《饮膳正要》等多部古籍整理出版。现在，每年出版烹饪文化类书籍近500种，与烹饪文化直接或间接相关的期刊就有100多种。大体分为4种类型：一是偏于理论探讨的；二是致力于传授技艺的；三是宣传烹饪文化的；四是着眼于商业营销和信息传播的。某些精品书籍甚至作为外事礼品，如《中国名菜谱》《中国小吃》《中国烹饪大全》《中国名菜集锦》《中国古典食谱》《中国菜肴大全》《中国筵席宴会大典》《中国烹饪百科全书》和《中国烹饪辞典》等。各地还相继成立了烹饪研究所、烹饪研究院，通过研究、挖掘，开发出孔府菜、组庵菜、帅府菜、大千菜等名流菜种，还开发出了符合"小"（规模与格局）、"精"（菜点数量与品质）、"全"（营养全面）、"特"（特色浓郁）、"雅"（讲究饮食卫生、注重礼仪、陶冶情操、净化心灵）的现代筵席。

5）加大交流力度

改革开放以来，为了更好地继承和发扬祖国烹饪文化的优良传统，促进中华厨艺不断创新，国家有关部门、社团曾举办了多次全国性的烹饪技术比赛，各省、自治区、直辖市组织或一些企业赞助的烹饪赛事层出不穷。与此同时，我国还举办或参加了一些世界性的烹饪比赛。这些世界性、全国性和地方性的烹饪技术比赛，在继承、发扬、开拓、创新中国烹饪技艺方面有新的突破，极大地促进了烹饪技术交流，调动了烹饪工作者学习、钻研烹饪技术的热情和积极性。此外，一些文化名城、烹饪高校和著名餐馆，也与国外友好城市的对口单位签订技艺交流合同，互派名厨指导、交流，或委托培训学员、交流烹饪书籍，或馈赠名特原料，彼此关系融洽，为中外烹饪文化交流开辟出许多"民间通道"，有利于中国烹饪早日与世界接轨并走向世界。

[任务总结]

中国烹饪是中国五千年文明历史发展的一个侧面，它的发展与社会生产力的发展相适应，是中国人民经过长期的烹饪实践的结晶。千百年来，烹调法由单一走向复合，形成众多烹调法；调味由无调味、单一调味发展到复合调味，并形成众多风味；原料由少数到多数，经过筛选、优选形成相对稳定的常用品种，并在此基础上形成固定的膳食结构；食品品种也由少到多，形成了多种多样的主食、副食和零食。

任务3 掌握中国烹饪的特点

[案例导入]

孙中山论中国烹饪

孙中山在其《建国方略》(1918年)第一章便开宗明义地指出："夫饮食者，至寻常、至易行之事也，亦人生至重要之事而不可一日或缺者也。"他认为："我中国近代文明进化，事事皆落人之后，唯饮食一道之进步，至今尚为文明各国所不及。中国所发明之食物，固大盛于欧美；而中国烹调法之精良，又非欧美所可并驾。""夫悦目之画、悦耳之音皆为美术，而悦口之味何独不然？是烹调者，亦美术之一道也。西国烹调之术莫善于法国，而西国文明亦莫高于法国。是烹调之术本于文明而生，非深孕乎文明之种族，则辨味不精；辨味不精，则烹调之术不妙。中国烹调之妙，亦足表文明进化之深也。昔者中西未通市以前，西人只知烹调一道，法国为世界之冠；及一尝中国之味，莫不以中国为冠矣。"

（资料来源：孙中山.孙中山文选［M］.北京：九州出版社，2012.）

[任务布置]

孙中山是近代中国著名的政治家，倡导革命，一生致力于推翻清政府，建立中华民国，推行民主共和。他不仅受到海内外华人的崇敬，在世界各地的政坛上也享有崇高的声誉。孙中山的著作除了可以体现他的治国理念外，还可以体察民生问题。其中《建国方略》的第一章便谈到中国烹饪，论述中国烹饪之妙。那么，中国烹饪与世界各国烹饪相比有哪些独特之处呢？本节课主要从以下几方面（图2.3）来了解中国烹饪的特点。

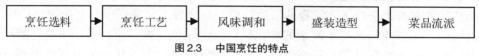

图2.3 中国烹饪的特点

[任务实施]

2.3.1 选料广博严谨，因材施艺

我国幅员辽阔，物产丰富，用于烹饪的原料范围极广，品种繁多。唐代段成式《西阳杂俎》说："物无不堪吃，唯在火候，善均五味。"食材，无论是天上飞的、地面走的、土里藏的，还是田中长的、山上生的、水里产的，禽虫鳞介、野兽家畜、果蔬菌藻、粮食蔬菜、硝矾盐碱等，几乎无所不包。有人在形容中国烹饪的选料时说："天上飞的不吃飞机，地上爬的不吃火车，四条腿的不吃桌椅，两条腿的不吃梯子。"此话虽然有点夸张，但中国烹饪选料的广泛性却是人人皆知的。据不完全统计，目前中国烹饪原料的总数已达万种以上，其中经常应用的也有3 000种左右。中国烹饪原料的广泛性是在中国杂食思想的指导下广采博取、兼收并蓄的结果。

中国烹饪的选料不仅范围广泛，而且精细严格，十分讲究。在质量上力求鲜活，讲究因时、因地，根据不同的部位选料。在规格方面，不同的菜点有不同的要求，特别是一些地方风味名菜，都讲究专料专用。如烹制川菜中的鱼香肉丝，必须选用四川郫县产的豆瓣酱和泡海椒，才能烹制出正宗的风味。烹制灯影牛肉只能选用体积大、筋膜少、肉质嫩、香味足的牛后腿肉，刀工精细，肉质薄，香味才会浓。京菜中的北京烤鸭，必须选用北京地区用人工强制填喂方法饲养的体躯肥壮、皮薄脯大的填鸭，才能烤出色泽红润、皮脆肉嫩、腴美香醇的烤鸭。此外，中国烹饪选料在安全卫生、保护国家稀有动植物、维持生态平衡等方面也有严格的要求。

中国烹饪还讲究因材施艺，即根据原料的物性特点，采用与之相适宜的烹调技法和科学组配，烹制出具有特色的美味佳肴。因材施艺是衡量烹饪技术高低的一个重要标志，也是形成菜点品种多样化的原因之一。袁枚曾总结道："小炒肉用后臀，做肉圆用前夹心，煨肉用硬短肋。炒鱼片用青鱼、季鱼，做鱼松用浑鱼、鲤鱼。蒸鸡用雏鸡，煨鸡用骟鸡，取鸡汁用老鸡……""要使清者配清，浓者配浓，柔者配柔，刚者配刚，方有和合之妙。"因材施艺包含了无穷的奥妙，贯穿于整个烹饪过程，促进了众多中国名菜名点的形成。

🍲 2.3.2　工艺讲究，技法多样

中国烹饪的工艺过程十分讲究，其主要工序包括初步加工、刀工处理、配菜、预熟处理、烹制、调味、盛装等，而每个工序中又包含若干内容。其中，以刀工和烹调技法尤显重要。

刀工技术是赋予烹饪艺术性的重要因素。精湛的刀工，能融艺术于烹饪之中，使食用与艺术相结合，给人以美的享受。中国烹饪的刀法精妙，种类众多，有切、砍、剁、片、剞、排、拍、旋、削等十几类，细分下来，不下百余种。如此多样的刀法，可以适应不同质地的原料需要，能将各种原料美化成所需形态。中国烹饪的刀工技术追求大小一致、长短一致、厚薄一致、整齐划一、互不粘连、利落美观，菜点成型后千姿百态，栩栩如生，达到观之者动容、食之者动情的艺术境地。

烹调技法处在整个烹饪工艺流程的最后阶段，在烹饪工艺流程中具有决定性作用。在技法实施过程中，烹饪原料将产生复杂的理化反应，变成色、香、味、形、质俱佳的风味特色菜点。中国烹饪技法变化多端，精细微妙，在长期发展过程中，几十类近百种烹调方法逐步形成。各地还有不少具有地方特色的技法，如川菜的小煎、小炒、干煸、干烧，鲁菜的爆、扒，苏菜的炖、煨、焐，粤菜的烤、焗、软炒等，可谓技法纷呈，千姿百态。

中国烹调技法最重火候。菜点火候不准，或食之不熟，或如同嚼蜡，香美之味荡然无存。因此火候不仅是形成菜点不同风味的重要因素，也是制作菜点成败的关键因素。中国烹饪对火候的掌握相当讲究。如为了突出菜肴鲜嫩，常用旺火短时间加热；为了突出菜肴酥软，又常用小火长时间加热。根据原料的不同性质，成菜的不同要求，火候应灵活多变。火力可大可小，火焰可高可低，火势可广可窄，火时可长可短，中国菜点之所以千奇百味，风味迥异，与恰当的火候是分不开的。

🍲 2.3.3　善于调味，变化精微

调味是中国烹饪的核心和灵魂，善于调味是中国烹饪的一大特色。调和滋味首先要有调味品，调味品使用越多越广，调制出的复合味也就越美越精妙。中国烹饪所用的调味品既

有天然的、普通的，也有复制的、特殊的，其品种之多，在世界上首屈一指。中国菜点常见的味型有咸鲜味、咸甜味、酸辣味、麻辣味、糖醋味、荔枝味、芥末味、鱼香味、怪味、姜汁味、葱油味、椒盐味等几十种。这些复合味运用于菜点烹制中，使中国菜点的味型变化无穷，互不雷同，从而使中国烹饪享有"一菜一格，百菜百味"的美誉。

中国烹饪的调味之妙不仅在于调味用料的广泛，更在于调味中精微的变化。其一，中国烹饪强调突出原料的本味，凡一物有一物之味，烹饪中要做到"使一物各献一味，一碗各成一味，嗜者舌本应接不暇，自觉心花顿开"（《随园食单》）。其二，中国烹饪注重味型的差异，调味中讲究浓淡之分，轻重之别，如咸甜味和甜咸味，两味用料基本一样，只是糖和盐的用量有所差异。咸甜味盐重些，糖少些；甜咸味则盐少些，糖多些。仅此细微的差别，却形成了两种具有截然不同风格的味型。其三，中国烹饪还特别注意调味的变化，凡调和滋味，因人、因事、因物而异，不千篇一律、一成不变，做到了"食无定味，适口者珍"，相物而施，适应食者。

2.3.4 注重造型，盛器考究

中国烹饪十分注重菜点的造型，无论是强调造型艺术的工艺菜点，还是大众化的普通菜点。如雄鹰展翅、孔雀开屏、龙凤呈祥、熊猫戏竹、金鸡报晓、骏马奔腾、布谷催春等强调象形的菜品，要求造型逼真，形象生动，以神似为主，形似为次，取妙在似与不似之间。即使一般的炒、爆、熘、炸、烩等类非整体造型的菜品，装盘也要求做到聚而不散、圆润丰满、成形精巧、朴素大方，充分强调菜形的美感。

讲究美食与美器的完美结合也是中国烹饪的一个显著特点。中国的食器精美绝伦，有若玉似冰的白瓷具，有青如云、薄如纸、声如磬的青瓷具，有紫红光亮的紫砂陶瓷具，有如银似雪的精陶瓷具。此外，还有各种银器、金器、玉器、铜器及象牙器盛具。各种盛具制作精巧，图纹精美，色调优雅，千奇百态。中国菜点配以绚丽多彩的民族盛器，显得雅致而庄重，具有强烈的民族风格，可以说是食与器的完美统一。

中国菜点与盛器的结合十分讲究，艺术性很强。菜点与盛器的色彩要求和谐，既要有对比度，又不宜过分强烈，使之达到水乳交融的绝妙境地。菜点与盛器的形态要求相宜，做到食器交融，各得其妙，"惟是宜碗者碗，宜盘者盘，宜大者大，参差其间，方觉生色"（《随园食单》）。菜点与盛器配合完美者，可以给人以生色、生香、生辉的艺术感受。

2.3.5 菜品丰富，流派众多

丰富的烹饪原料、众多的烹调技法、不同的味型变化，使中国烹饪的菜点品种浩如烟海、灿若繁星。据初步统计，我国目前的菜点总数已达数万种，仅特色名菜就有 5 000 种以上，这是世界上任何一个国家都不能比拟的。

由于各地区的自然气候、地理环境、原料生产不尽相同，各地人民的生活习惯也有很大差别，中国烹饪形成了众多的风味流派。华夏大地，无论从东到西，从南到北，每到一处，都能感受到烹饪技艺明显的地方性，各地区在烹饪技法、选料、宴席组合等方面都具有各自的特点，拥有本地的风味名菜点。如川菜擅长煎、炒、煸、烧等技法，运用辣椒调味有独到之处，能做到辣而不燥，辣得适口，辣得有轻重层次，辣得有韵味，其家常味、鱼香味、怪味、椒麻味、麻辣味等为川菜所独有。鲁菜擅长爆、炒、烧、炸、烤、扒等技法，烹制海鲜有独到之处，尤其对海珍品和小海味的烹制堪称一绝，并精于制汤，喜用葱调味。苏菜擅长炖、焖、煨、焐、蒸、烧、炒等技法，同时重视泥煨、叉烤、注重调汤，菜肴能保持原味，风味清鲜，咸中稍甜。粤菜擅长软炒、烤、炙、泡、扒等技法，以用料广博、奇异著称，善用本地特产原料，菜肴具有清鲜、嫩滑、脆爽的南国风味特色。此外，闽菜、浙菜、皖菜、湘菜、京菜、沪菜、鄂菜、秦菜等，都有自己擅长的技法和独特的风味。

[任务总结]

中国烹饪在长期发展过程中，形成了独具一格的烹调技艺与富有民族风格传统的饮食风貌。早在古代，人们就已讲究鸣钟列鼎而食，在吃的方面，已将人类的物质文明与精神文明巧妙地融会在一起，将美学引入人们的饮食生活，形成了独特的饮食文明。在烹调技艺方面，中国烹饪讲究变幻多端，能因人、因地、因时、因事而制宜，做出色、香、味、形及品种多样的各种脍炙人口、耐人寻味的美食来，吃饭、做饭用的各种饮食烹饪器具，也同样讲究，这些器具造型精美、质地上乘，既要典雅别致、美观实用，又要符合饮食卫生的要求。在当今世界上，人们也皆说"吃在中国"，并赞誉中国为"烹饪王国"。

【课堂练习】

一、单项选择题

1. 中国烹饪理论的初步问世是在（　　　　）。
   A. 夏商周到春秋战国时期　　　　　　　　B. 秦汉至隋唐时期
   C. 两宋至明清时期　　　　　　　　　　　D. 民国时期

2. 烹饪技术出现了两大分工，即炉、案的分工和红案、白案的分工是在（　　　　）。
   A. 汉代　　　　　　B. 唐代　　　　　　C. 宋代　　　　　　D. 元代

3. 器身自底部向上逐渐敞开，形若漏斗，主要用于煮饭熬粥的是（　　　　）。
   A. 鼎　　　　　　　B. 釜　　　　　　　C. 鬲　　　　　　　D. 甑

4. 中国烹饪协会成立于（　　　　）。
   A.1979 年 12 月　　B.1987 年 4 月　　C.1991 年 7 月　　D.2015 年 12 月

5. 世界中国烹饪联合会更名为世界中餐业联合会的时间是（　　　　）。
   A.1979 年 12 月　　B.1987 年 4 月　　C.1991 年 7 月　　D.2015 年 12 月

二、多项选择题

1. 下列属于中国烹饪特点的是（　　　　）。
   A. 选料广博严谨　　　B. 善于调味　　　　　C. 流派众多
   D. 盛器考究　　　　　E. 技法多样

2. 下列属于新中国时期烹饪发展特点的是（　　　　）。
   A. 厨师地位提高　　　B. 建立管理机构　　　C. 重视烹饪教育
   D. 重视烹饪文化研究　E. 加大交流力度

3. "凡味之本，水最为始。五味三材，九沸九变，火为之纪。"这句话出自（　　　　）。
   A.《周礼·天官》　　　　　　B.《礼记·内则》

C.《吕氏春秋·本味》　　　　　　　D.《黄帝内经·素问》

4."凡和，春多酸，夏多苦，秋多辛，冬多咸。调以滑甘。"出自（　　　）。

  A.《论语·述而》　　　　　　　　B.《礼记·内则》

  C.《黄帝内经·素问》　　　　　　　D.《吕氏春秋·本味》

5.下列属于清代烹饪著述的是（　　　）。

  A.《饮膳正要》　　　　　　　　B.《易牙遗意》　　　　　　　　C.《随园食单》

  D.《调鼎集》　　　　　　　　　E.《闲情偶记·饮馔部》

三、填空题

1.人类学会了用火，这是熟食的开始。人类发现了_____，这是调味品的发端。

2.孙中山在其《_____》（1918年）第一章便开宗明义地指出："夫饮食者，至寻常、至易行之事也，亦人生至重要之事而不可一日或缺者也。"

3.据《广州日报》2011年9月4日第B1版报道，科学家称烹饪历史或有_____万年。

4.《礼记·礼运》记载："昔者先王未有宫室，冬则居营窟，夏则居橧巢。未有火化，食_____。"

5.《古史考》："神农时，民食谷，释米加于_____之上而食。"

6.《清异录》所列举的"_____"，即"虀可照面，馄饨汤可注砚，饼可映字，饭可打擦擦台，湿面可穿结带，饵可作劝盏，寒具嚼着惊动十里人"。

7.在20世纪20—30年代，老北京政界的"段家菜"是指民国时期国务总理_____家的菜，银行界的"任家菜"指的是银行家_____家的菜，财政界的"王家菜"指的是民国初年财政部部长_____家的菜。

【课后思考】

1.完备意义上的烹饪应具备哪几个条件？

2.新中国成立以后，中国烹饪有哪些方面的发展？

3.中国烹饪的主要特点是什么？

4.人类用火熟食的伟大意义是什么？

5.2020年2月24日第十三届全国人大常委会第十六次会议表决通过的《关于全面禁止非法野生动物交易、革除滥食野生动物陋习、切实保障人民群众生命健康安全的决定》的内容有哪些？

【实践活动】

以小组为单位，参观一家烹饪文化方面的博物馆，写出观后感。

项目3
走进餐饮业
——永远大有可为的朝阳产业

中国烹饪的发展离不开餐饮业这片肥沃的土壤。餐饮业是一个古老而又现代的行业。说它古老，是因为远在中国的商周时期以及西方的古罗马时期就出现了餐饮业发展的萌芽；说它现代，是因为餐饮业一直在不断吸纳新的科学技术，随着市场不断变化而进行自我调整。中国餐饮业经过30多年的市场经济洗礼，逐渐演变并进入一个崭新的时代——新餐饮时代。传统餐饮与个性餐饮、中餐与西餐、快餐服务与餐桌服务之间的争锋成为这个时代的表象特征。随着中国经济及旅游业发展，餐饮业的前景被看好，经营模式向多元化发展，国际化进程加快，而且绿色餐饮势必成为时尚。为了更好地学习烹饪专业，我们来了解一下餐饮业。

知识教学目标

✧ 理解餐饮业的概念、本质、特点和作用。

✧ 掌握餐饮企业、餐饮业态的内涵和种类。

✧ 了解我国餐饮业的历史、现状和发展趋势。

能力培养目标

✧ 能够调查本地餐饮业的主要业态。

✧ 能够初步分析我国餐饮业的现状和问题。

思政教育目标

✧ 正确认识餐饮业的地位和作用，增强对本行业的热爱。

任务 1　理解餐饮业的内涵

[案例导入]

餐饮业对城市发展贡献大

中新社乌鲁木齐9月10日电（记者 刘长忠）在第二届中国市长餐饮发展论坛上，中国烹饪协会常务副会长杨柳发表演讲说，餐饮业已成为推动中国城市发展的重要力量，对城市发展的贡献越来越大。

国家统计局2009年各城市公布的统计公报显示，在GDP超过2 500亿元，人口规模在500万以上的33个城市中，18个城市的住宿餐饮业零售额超过200亿元，8个城市超过300亿元，其中上海最高，达到761.5亿元。从增长率来看，9个城市超过20%，17个城市的增速超过全国平均增长速度，其中沈阳高达27.5%。从占社会消费品零售总额的比重来看，12个城市超过14.4%的全国平均水平，7个城市在16%以上。

杨柳说，餐饮业是促进城市经济发展的重要产业。改革开放的深入，极大地促进了城市的发展。据建设部的一项统计数据显示，新中国成立时，中国有132个城市，1978年年底，发展到193个，其中人口超过100万的大城市仅有13个。目前，全国城市已经达到660多个。城市的快速发展极大地拉动餐饮消费需求，使餐饮在经济发展中的作用日益明显。

杨柳认为，餐饮业是城市产业结构升级的重要力量。她说，今年8月，李克强在服务业发展改革工作座谈会上强调，要把加快发展服务业作为转方式、调结构的战略举措。当前经济发展的突出问题就是服务业占的比重较低，增长质量不高。据国家统计局数据，1985年服务业占GDP的38.3%、服务业就业人数占就业总人数的16.8%。2009年分别上升为42.6%和34%左右，25年间分别提高了4.3%和约17%。在产业升级过程中，服务业将会成为城市发展的重要标志。

（资料来源：中国新闻网，2010-09-11.）

[任务布置]

餐饮业是生命力最旺盛的消费产业，古今中外，无论政治兴衰治乱，经济荣枯消长，餐饮业都永远有它生存发展的空间。作为一名烹饪工作者，将来从事的行业就是餐饮业。那么，到底什么是餐饮业？现代餐饮业的本质特性是什么？它有哪些特点？餐饮业有哪些重要作用呢？下面，我们来学习餐饮业的基本知识（图3.1）。

什么是餐饮业？ → 餐饮业的本质特性是什么？ → 餐饮业有哪些特点？ → 餐饮业有哪些重要作用？

图3.1　餐饮业的内涵学习提纲

[任务实施]

3.1.1　餐饮业的定义与本质特性

1）餐饮业的定义

餐饮业是利用生产和经营场所、餐饮设备，对食物进行现场烹饪，并出售给消费者的生产经营性服务行业。

餐饮业是一个历史悠久的行业。从古至今，其为人们提供就餐服务的社会功能一直没有改变。随着社会生产力发展，人们生活水平不断提高，整个社会在政治、经济、贸易、旅游、科技、文化等方面的相互交流日益频繁，家务劳动社会化程度日益提高，现代餐饮业早就不是一般人印象里"卖吃的"或"卖好吃的"那种粗浅的概念了。在企业的基本结构上，它比开工厂、办公司更复杂。在经营和管理的难度上，它甚至比高科技的电脑业、网络业更棘手。

2）餐饮业的本质特性

（1）既是制造业、销售业又是服务业

餐饮业在制造业方面的特性十分明确。厨师要有足够的经验与功力，这是技术。厨房要有流畅的采购、储藏、准备食物的作业，这是原料。各种烹饪和排烟、排水的设备是机器。接到客人点用的菜单后要在一定的时间内按品质、数量、生产流程将美食制作出来，这是订单生产。而火候地道、口味出众的某些菜点经常被客人点用并传播出去，又是它的品牌或品质信誉。这么一整套内涵，和一间食品工厂根本没有区别，所以餐饮业的制造业色彩最浓厚。餐饮业毕竟是提供饮食的行业，没有高品质的食物就绝对不会有源源不断的客流，制造永远要摆在第一位。

20世纪五六十年代之前，餐厅通常聘有几位底子深、经验老的外场干部。这些外场干部最主要的工作，不是招呼上门来的客人或指挥现场的服务人员，而是向各桌顾客推荐菜肴，搭配酒水。由于他们对自己餐厅厨师的专长、食材的成本了如指掌，而且具备极专业的菜肴搭配技能，往往既能推荐得恰到好处，让顾客花了钱还觉得很有面子，又能使餐厅获得最大的利益。后来，随着外场干部慢慢转型，销售、推荐功能逐渐丧失了。某些规模较大的餐厅虽然设有点菜员或点菜师，但这些点菜员或点菜师多半是一些对厨房作业不了解、经验也不够丰富的年轻女孩，公关作用大于销售功能，不能让餐厅获得最大的经营效益。实际上，餐饮业具有销售业的性质，一定要把销售业的精神加在经营方式当中，并发挥到极致。服饰业惯常做季节性的销售，懂得优先处理进价低、利润高的商品，而且非常注重销售技巧、搭配技巧，实际上，这种做法才是餐饮业应该有的营业模式。

至于餐饮业具有服务业的特质，那就十分明显了。上餐厅用餐之所以和在家用餐不同，而且应该支付高几倍的费用，原因之一正是餐厅能够提供令人舒适的服务。但餐饮业绝不是单纯的服务业，这点概念一定要非常清楚。它的灵魂是制造业，经营性质是销售业，服务只不过使产品更有价值，使顾客满意度更高而已。

（2）是销售美食不是供应饭菜

汽车巨人艾科卡和许多企业管理专家鼓励人们开餐厅，所持的论点都是"不管政治、经济如何变化，景气是好是坏，人都要吃饭，所以餐饮业永远不愁没有生意做"。局外人会觉得很有说服力，甚至奉为真理。可实际上这样的论点并不完全正确，起码显得有些老套过时。

最原始的餐饮业，就是人们在古装电视连续剧里看到的，为服务出门在外的行旅过客而出现的酒家客栈。后来随着文明演进和都市商业发展，餐饮业逐渐分成了两个主要领域：一个领域提供酒水饭菜，为不方便回家吃饭的人们填饱肚子；另一个领域提供舒适优雅的环境、精致可口的食物和亲切周到的服务，不仅让人吃饱喝足，还能够获得口感、情趣和

人际关系上的满足。1 000多年来，餐饮业这两个领域并行发展，谁也不能并吞谁，谁也不能取代谁。在严格的意义上，它们其实已蜕变成了两个互不相属的行业，一个是供应饭菜的饭馆业，一个是出售美食及其附加享受的餐厅酒楼业，只是两者共用着餐饮业这个行业名称。

时至今日，饭馆和餐厅酒楼还是并肩而立的两种业态。饭馆的开办、供餐内容、经营方式往往是偶然形成的，并没有一定的规则可循。加上经营利润低、劳动量大而且职业尊严不高，饭馆通常不是受过良好中高等烹饪职业教育者的志趣所在。现代餐饮业专指出售美食及其附加享受的餐厅酒楼。美食是什么？向来众说纷纭。《餐饮经营百战百胜》的作者李泽治认为，美食的标准是："好的材料经过好的手艺人，用好的方法烹调出来，而能带给人视觉、嗅觉、味觉的高度享受。"好吃而且能带给人身心舒畅的感受，人们才乐意花比在家用餐和上饭馆填饱肚子高几倍的代价来享受，并且还觉得称值、愉快。餐饮业者如果能向这个标准努力，一定能长久受到顾客肯定，获得源源不绝的利益。

（3）一种高度专业性的行业

任何行业都有它的专业性，由具备专业背景的人来经营，虽然不能保证成功，但至少可以避开许多不必要的风险和损耗，成功机会较大。反之，完全没有经验的人，凭着理想和兴趣勇往直前，也不见得就不会成功，但过程中受的挫折、教训以及损失一定会很多很大，也许在开花结果之前，就因缺乏经验被这些挫折给打倒了。餐饮业是制造业、销售业、服务业三合一的综合体，所以它的专业性又高又复杂。因此，想在餐饮业有所作为的人，一定要对这个行业的专业性了如指掌，并存有敬畏之心。

3.1.2 餐饮业的特点

餐饮业是制造业加销售业加服务业的综合体，但它在产业、消费需求和市场竞争3方面又表现出了明显的特殊性。

1）产业特点

（1）劳动密集型产业

餐饮业是劳动力最密集的服务业之一，一线或二线部门都需要投入大量人力，劳动力是餐饮业维持正常运行的必备投入要素，实现人力资源的优化配置是餐饮业管理和经营的关键任务。

（2）产业关联性大，敏感性强

餐饮业的关联产业众多，主要是带动性非常强的旅游业和食品加工业，由旅游引发的餐饮消费是餐饮业重要的收入来源，而食品加工的质量决定着餐饮产品的质量，表现出"一荣俱荣，一损俱损"的敏感性特征。随着社交活动频繁发生和新业态外资企业加入，餐饮业的关联产业也会逐渐增多。

（3）产品的产销同时性和易腐性

餐饮业的产品与服务业的产品在特征上具有某些共性，如产销同时性和不可储存性。一般制造业产品的生产和销售不会发生在同一时点上，而食品是组成餐饮业的关键要素，食品的易腐性导致成品不能长时间存放，餐饮业必须是一个产品现卖现做的产业。

（4）餐饮产品的强模仿性和强替代性

同一客人对餐饮产品的风味需求并不是一成不变的，由于产品高度雷同和存在明显的功能替代性，大多数餐饮产品都面临着被模仿或被替代的危机。因此，重视产品的质量，做出自己的风格和特色、重视产权保护，是餐饮企业面对激烈市场竞争的良方。

（5）产业向规模化和特许连锁经营的方向发展

单体餐饮企业几乎都采用经营者自营方式，即资本大多数来自企业的股东。其优点在于资金获取较容易，但取得的资金数量非常有限，企业的规模扩张和长远发展受到限制。而餐饮连锁店这种经营方式，很好地解决了资金不足问题。因此，近年来，连锁名店、特色店和老字号连锁企业在餐饮市场上纷纷涌现，并表现出了强大的生命力。

2）消费需求特点

（1）需求的层次性

个体需求层次的差异会导致不同人对餐饮消费的需求有所不同，但在同一层次上，消费者更愿意选择环境舒适、氛围好、服务质量高的餐馆就餐。现代人餐饮消费不仅满足一种基本的生存需求，更追求高质量、高层次且富有文化的精神享受。

（2）需求的多样性

社会、文化、健康、职业、家庭结构和收入等因素都会对消费需求产生影响，不同消费者对餐饮产品的要求不尽相同。因此，餐饮产品也必须朝多样化的方向发展，兼容并蓄，以迎合不同餐饮消费者多样化的消费需求，从而经营的适应性提高。

（3）需求的可诱导性

餐饮消费需求是可以被诱导的。通过适当的手段，某些原来并不被接受的餐饮产品可以成为部分人的消费需求，且当这种餐饮消费成为主流或时尚时，部分人的消费需求很有可能会演变成大众化需求。

（4）需求的安全卫生性

饮食是人的生活必需品，它与人体的安全、健康有着直接关系。曾一度出现的疯牛病、禽流感、福寿螺、苏丹红添加剂等食品安全事故，引起了社会的广泛关注。现代人外出就餐除了不仅看重菜品的色、香、味外，更注重其营养价值、科学搭配，还有餐饮场所的卫生状况等。

（5）需求的社会性

餐饮不仅是一种个人的生理需求，是一种最基本的需要，而且随着社会经济发展，餐饮已成为现代人沟通彼此、联系情感的一种行之有效的方法和手段。因此，社交是人们餐饮消费的一个重要动因，社会性的需要日益凸显。

（6）需求的趋时性

餐饮消费需求与气候、时令、节庆、假日等密切相关。除一日三餐的消费需求量外，每年不同节令假日人们都会对餐饮消费产生新的需求，随着气候变化、季节更替，人们对一些专业餐饮店形成明显的需求，如火锅店的需求高峰一般在秋冬季，而冷饮店的需求高峰大多集中在夏季。餐饮消费需求的季节淡旺规律，为餐饮企业处理淡旺季人员的合理流动和设备使用效率最大化出了一道难题。

3）市场竞争特点

（1）餐饮供给市场的低门槛性

餐饮供给市场可进入性强是餐饮业一个显著的业态特点，尽管市场竞争风险依旧，但由于其产业客源市场之大、进入门槛相对较低，餐饮市场成为目前市场中竞争最为激烈的一个子市场。

（2）餐饮需求市场的广泛性与竞争性

客源的广泛性和竞争性是并存的。餐饮业的客源市场广泛，国内外各类型的旅游者、机关团体、企事业单位、政府机构、当地居民等都是餐饮企业的接待对象。这就要求餐饮企业在经营范围上要有所区别或侧重。然而，餐饮产品的强模仿性和强替代性决定了纷繁复杂的餐饮产品一定会出现交汇，这些交汇部分就是餐饮业市场竞争的主战场。

（3）餐饮企业选址的重要性

从空间角度看，餐饮企业的竞争主要是生产同档次、品种类似产品的企业间的竞争，这种竞争通常又以周边近距离且处在同一商圈的相关餐饮企业表现得最为突出。因此，餐饮企业应尽量选择位于集客率良好的地区，即交通便利、人口集中、流动量大的地区。正确的选址和优越的区位条件，是企业获得竞争优势的先决条件。

（4）外来餐饮形式的强冲击性

国外特色餐饮拥有完善的烹调制作标准，标准化、规范化、制度化、程序化进程相当高，这有利于它的跨地域发展和向外传播。目前已打入国内市场的外国餐饮主要有正餐和快餐两种形式：国外正餐包括葡国菜、法国菜、越南菜、泰国菜、日韩特色料理等；快餐则以肯德基、麦当劳、必胜客等为代表，它们占据了市场的主导地位。随着外来餐饮不断涌入，本土餐饮市场的机遇和挑战并存。

3.1.3 餐饮业的作用

1）餐饮业是拉动国民经济增长的重要力量

从需求角度看，国民经济主要依靠投资需求、出口需求和消费需求拉动，其中消费需求具有持久、稳定的特点，经济增长也由原来的投资驱动、生产导向逐步转向消费驱动。餐饮业是为消费者提供一日三餐基本生活需求的服务行业，是涉及人们每天基本生活的经营性消费行业。餐饮产业对国民经济的重要作用日益明显。

2）餐饮业是扩大社会就业的重要途径

餐饮业既是劳动密集型、可以提供大量就业岗位的行业，又是中小企业占多数、投入较少、上马较快、劳动力成本相对较低的行业。餐饮业还可以吸收和容纳多层次的就业人员，从高级经营管理人员和烹饪大师、服务大师，到一般水平的烹饪、服务人员，乃至洗碗工、洗菜工、清扫工等。这对于解决我国当前日益突出的就业矛盾和"三农"问题具有重要的现实意义。

3）餐饮业是旅游消费的重要组成部分

餐饮业解决旅游六要素中"吃"的问题。中国不仅具有源远流长的饮食文化，而且历来就有追求美食的传统和习惯。中华民族不仅创造了世界第一的餐饮美誉，而且也将饮食文化发挥得淋漓尽致。历史悠久、颇具特色的中国饮食文化在世界享有很高的美誉和知名度，是中华民族一项宝贵的财富资源。大力发展餐饮业，广泛宣传饮食文化，可以不断提升中国旅游在国际市场上的吸引力，能激发国内居民的旅游热情。美食一条街、小吃一条街、饮食文化节、休闲餐饮、旅游餐饮等吸引了人们的眼球，对旅游业来说功不可没。

4）餐饮业加快我国全面建成小康社会的步伐

提高人们生活水平是全面建成小康社会的出发点和落脚点，"吃得好，穿得好，住得好，玩得好"已成为多数老百姓心目中的小康标准。方便、快捷、营养、健康的饮食，不仅能在很大程度上满足居民物质上的需求，而且能使居民有更多时间和精力去参与其他娱乐休闲活动。中高档餐饮的集中消费地往往成为最能体现区域价值、真实反映区域发展以及广泛聚集人气的区域。

5）餐饮业的发展对相关产业具有很强的带动作用

餐饮业的发展，需要国民经济提供基础设施、生产技术设备、物资用品和各种食品原材料，这必然促进轻工业、建筑、装修、交通、食品原材料和副食品生产等相关行业发展。繁荣的餐饮业对发展地方经济、增加农民收入，具有较大的促进作用，可以加快种植业、养殖业、加工业、手工业等产业专业化、现代化发展，进一步延伸餐饮经济的链条作用。

6）餐饮业是弘扬中国饮食文化的重要行业

中国餐饮业融合了中华民族的民族性格特征、文化艺术传统和饮食审美风尚，其生产工艺、炊具器皿、文化品位、饮食习俗具有鲜明的文化特质。餐饮业是弘扬中国传统文化、增强中国在世界影响力的重要载体，担负着弘扬我国饮食文化、促进对外交流的重要作用。

[任务总结]

"民以食为天"。餐饮业是一个重要的生活环境和投资环境产业，是国民经济发展新的增长点，也是扩大内需的重要支柱之一。餐饮业是居民休闲消费、社交消费、喜庆消费和旅游消费的重要组成部分，是发展市场经济、从事商务活动的重要场所和吸纳社会就业的重要渠道。改革开放40多年，餐饮业在我国有了持续、快速的发展，餐饮业在国民经济中的地位和作用愈显重要。餐饮业从"有为"进而开始"有位"。

任务 2　　了解餐饮业的结构

[案例导入]

快餐和高端餐饮业绩分化

2014年4月23日，肯德基和必胜客的母公司百胜餐饮集团公布的第一季度财报显示，百胜在华同店销售额第一财政季度增9%。其中，肯德基在华同店销售额增11%，必胜客增8%。且由于在华销售业绩的改善，百胜第一财政季度利润增18%。

22日晚间，麦当劳也公布了一季度财报，全球市场净利润比去年同期下滑5%逊于预期，但亚太区、中东和非洲地区同店销售增长0.8%。其中，中国市场的表现提振了地区业绩。

据记者了解，受2012年年底以来爆发的鸡肉供应链事件和禽流感的影响，肯德基、麦当劳去年在华的同店销售收入曾大幅下滑。分析认为，上述负面因素影响的逐渐消除，加上今年以来不断推出的各种优惠促销活动，使得业绩出现了"转正"迹象。

另一方面，从A股上市餐企的一季度业绩来看，虽已努力从高端向大众转型，但实现业绩增长依然"压力山大"。23日，西安饮食（000721）公布的一季报显示，营业收入同比下滑

9.41%仅1.28亿元，而归属于上市公司股东的扣除非经常性损益的净利润亏损1863.4万元，和去年同期相比下滑713.58%。湘鄂情（002306）近期公告称一季度酒楼业务亏损4500万元左右，较原先预计的4000万元亏损进一步扩大，目前公司股票仍处于重大事项继续停牌的状态。

中国烹饪协会发布报告显示，2013年全国餐饮收入同比增速创20多年以来的增幅最低值。其中，限额以上餐饮收入出现近10年来首次负增长。广州地区饮食行业协会秘书长符波则告诉本报记者，预计一季度广州地区餐饮业收入同比增幅约在10%，目前新开餐厅走高端路线的少，以大众餐厅和特色主题餐厅为主。

今年餐饮业将面临"大洗牌"成为行业共识。有餐饮企业负责人表示，由于高端餐饮业具有高房租、高长期待摊费用（主要为酒楼开办装修投资），高人工费用的特点，转型毛利较薄的大众餐饮将使资金实力不雄厚的餐企面临淘汰。另一方面，企业"一窝蜂"涌入大众市场将使同质化现象进一步凸显，竞争更加趋于白热化。据记者了解，仅快餐市场方面，麦当劳预计今年在华新开300家门店，真功夫和永和大王预计分别新开100家。

（资料来源：广州日报，2014-04-24.）

[任务布置]

餐饮企业是一个为社会公众提供餐饮服务具有一定独立性的、资本运动经济实体。餐饮企业作为餐饮业的基本构成要素与表现形式，其业态类型较多。不同类型的餐饮企业，其经营管理运作模式与管理追求目标既有共同性，又有差异性。那么，餐饮业由哪些类型的企业构成，又有哪些业态呢？下面，我们来了解餐饮业的结构（图3.2）。

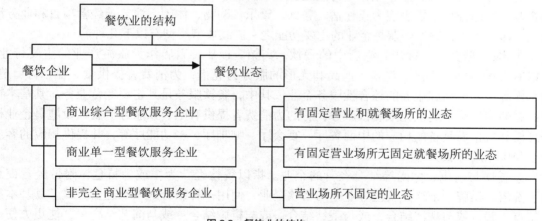

图3.2 餐饮业的结构

[任务实施]

3.2.1 餐饮企业的内涵及种类

1）餐饮企业的内涵

任何行业都是由若干相对稳定的经济实体构成的，这些经济实体就是一般意义上的企业。餐饮企业是凭借自身具有的场所、设施、设备及服务等条件，通过出售菜品和饮料并以优质服务来满足顾客饮食需求，从而谋得一定利益的经济实体。餐饮企业的内涵有以下3点。

（1）固定的场所

餐饮企业应该具有一定的餐饮空间和营业场所，具备一定的接待能力。餐饮企业的规模、质量不同，对场所的要求也不同。

（2）提供食品、饮料和服务

食品、饮料是餐饮企业最基本的产品，食品和饮料的品质、数量、品种等直接影响顾客利益，也是餐饮企业竞争制胜的前提条件。服务是保证，尽管服务并不能掩盖或完全弥补餐饮产品的不足，但如何提供优质的服务，赢得顾客的满意度、追随度、美誉度，往往是现代餐饮企业竞争的焦点。

（3）以盈利为目的

餐饮企业与其他企业一样，都以盈利为经营目的，利润始终是企业追求的中心。因此，每个餐饮企业都应积极努力地扩大客源市场，降低成本，提高资金运营效率和效益，提高产品质量，使企业更具特色和魅力。

2）餐饮企业的种类

近年来，随着社会经济和科技文化飞速发展、人们生活水平的提高和生活方式的改变，国际和国内的餐饮业得到了前所未有的发展。餐饮业的规模也因此越来越大，其构成越来越复杂，职能也越来越广泛。餐饮企业主要有以下几种类型。

（1）商业综合型餐饮服务企业

商业综合型餐饮服务企业，即为满足餐饮市场需求和获取商业利润而销售餐饮产品的工商企业。其综合型主要表现为集住宿、餐饮、康乐、购物、休闲、演艺等经营项目和业务活动于一体，其中，餐饮经营是企业的主要功能之一。其典型类型有以下几种。

① 综合型宾馆、饭店、酒店中的餐饮。宾馆、饭店、酒店作为旅游产业的主要行业，是以有形的空间、设施、设备、产品和无形的服务为凭借，为消费者提供食、住、行、游、购、娱等多种产品和服务的综合性服务企业。其中，餐饮服务是其主要经营业务。其基本特点：有的为消费者提供无限餐饮服务，有的为消费者提供有限餐饮服务。餐饮设施是企业根据规模和规格而具备的相应的中西餐厅、宴会厅、咖啡厅、多功能厅等，并提供相应的客房送餐与康乐用餐服务等。

②餐饮与娱乐、休闲等结合经营的企业。指以餐饮经营为主或为特色，附带经营夜总会、洗浴、棋牌、茶饮、演艺等业务的餐饮企业，使用一种组合式联动经营方式。其基本经营特点：餐饮或与洗浴结合，或与茶饮结合，或与棋牌结合，或与演艺结合等，能更方便地满足餐饮消费者多元化的消费需求，有利于目标客源的细分，能更好地扩大营业收入，一定程度形成了商业的良性循环。

③购物中心式的新型餐饮。这是指当今世界最高级商业组织模式——Shopping Mall（大型购物中心），是一种紧密与品牌餐饮结合形成的新型购物式餐饮。所谓大型购物中心，是指在一个毗邻的建筑群中或一个大型的建筑物中，由一个管理机构组织、协调和规划，把一系列的零售商店与各类服务机构组织在一起，提供购物、旅游、娱乐、餐饮、康体、文化、艺术等各种服务的一站式消费中心。大型购物中心餐饮主要包括品牌性的中西特色风味小吃和美食，休闲茶吧、水吧、咖啡吧式餐饮，中外品牌餐饮，西餐及高级茶餐厅等。

（2）商业单一型餐饮服务企业

商业单一型餐饮服务企业，是指以经营餐饮为手段，以获取商业利润为目的的餐饮企业。一般为独立经营，规模可大可小，以提供某种风味食品为主，并可以用连锁方式发展。地理位置、经营定位、技术力量和服务水平是影响该类企业经营的重要因素。其典型类型有以下3种。

①主题式餐饮企业。餐饮企业将特定的文化和艺术融入餐饮的建筑、环境、布局、菜单和服务等设计中，使消费者在餐饮消费的过程中感受特定文化或艺术带来的精神享受。同时，也使文化艺术所体现的"主题"和"概念"深入人心，从而得到消费者的认可。主题式餐饮企业的最大特点：赋予企业某种主题，并围绕这种主题构建具有全方位差异性的企业氛围和经营体系，从而营造出一种无法模仿和复制的独特魅力和个性特征，实现提升企业产品品质和品位的目的。独特性、文化性、新颖性是主题餐饮企业生存与发展的基础。

②风味式餐饮企业。指经营具有典型地域性特色或民族特色的菜点、酒水，并以其特定口味、风味与服务来吸引目标客源的特色餐饮企业。其最大的特点：引入了独特的自然、文化资源以及现代科技成果。其基本特点：专门经营某一单一风味的系列菜点，菜点的种类较少，但风味特色突出，如海鲜餐馆、素食餐馆等；或专门经营具有地方风味的某一菜系的菜点，如川菜餐厅、粤菜餐馆、潮州小吃坊等；或经营某一国家或民族的风味菜点，如法国餐馆、韩国料理等。

③连锁餐饮企业。指多家餐馆以某种特定方式联系在一起的餐饮企业，或由多家单位组成的公司组织中的分支机构。连锁餐饮企业近年来发展迅速，它以能够分散风险、发展集约化经营为核心。其基本经营形式有直营经营、特许经营和自由连锁经营。其基本特点：有的连锁企业是同一个所有者，拥有两家或几家餐馆，虽然风格各异，但因所有者相同，因此冠以连锁经营的名称；有的共同使用同一名称，有相同的门店、相同的菜单、相同的产品并且集中或联合采购，统一配送，经营管理程序基本一致，有区域性或全国性连锁总部。

（3）非完全商业型餐饮服务企业

非完全商业型餐饮服务企业，指在诸如公共性或民营的工商企业、医院、学校、幼儿园或监狱等机构内，为某一特定人群提供有限食品服务的营利性、非营利性或非完全营利性餐饮服务企业。

①学校餐饮服务机构。其基本特点：以师生员工和一定的外来人员作为特定服务对象；服务设施多样化，特别是现代化高标准食堂，既有配送中心、综合食堂，也有风味餐厅、特色餐厅或宴会厅、多功能厅等；目标利润期望值较小，以微盈利为主，有限服务方式；其设施可以由学校经营，也可由外部承包商代为经营；现代化经营管理手段逐步加强，经营性属性与服务属性日益突出，经营方式与经营目标要受限于学校。

②医院餐饮服务机构。其基本特点：以各类医务人员、病人和一定的外来人员为主要服务对象；综合餐饮设施多样化，特别是现代大型综合性医院，具有普通餐厅、综合食堂、小吃部、营养医疗配送中心等多类固定餐饮设施，提供病房送餐有限服务；不同规模、档次和类型的医院各自赢利性差异较大，经营目标不一致；经营方式与经营目标要受限于医院。

③工商企业餐饮服务机构。指工矿企业、银行、保险公司等工商企业的餐饮设施，旨在配套、支持、保证工商企业的经营活动和生产运作不间断，少受影响，或为提高工作效率，有效改善员工生活福利而提供的餐饮服务。其基本特点：以各低、中、高级员工作为主要服务对象；餐饮设施门类配置齐全，档次差异性较大，有高、中、低档餐饮设施；经营管理模式日益现代化、集团化，直管或委托式管理模式较为突出；有限服务与有偿服务和福利性服务相结合。

3.2.2 餐饮业态的构成

1）业态的内涵

"业态"一词来源于日本，出现在 20 世纪 60 年代，20 世纪 80 年代引入中国，最先应用在零售业。国家市场监督管理总局、国家标准化管理委员会联合颁布的国家标准《零售业态分类》（GB/T 18106—2021）中把零售业态定义为"为满足不同的消费需求，商品零售经营者对相应要素进行组合而形成的不同经营形态"。这一定义同样适用于餐饮业。

餐饮业态是指餐饮经营者为满足不同的消费需求，以经营餐饮产品的重点和提供服务方式的不同，而采取不同的经营形态。餐饮业态有 3 层含义：第一，我的店是什么形态的店？即业态的选择问题。第二，我的店是给谁开的？即市场定位（目标消费者群的确定）问题。第三，我的店卖什么？即商品（主力商品）问题。

餐饮业态是餐饮市场竞争的产物，是餐饮企业的组织形式、经营方式适应生产力发展水平和消费需求不断变化的必然结果。

2）餐饮业态的分类

从餐饮的提供方式来看，餐饮业态总体上可以分为具有固定的营业场所和就餐场所的餐饮业态、具有固定营业场所但不提供就餐场所的餐饮业态和营业场所不固定的餐饮业态 3 种类型（表 3.1）。

表 3.1　餐饮业态分类

业　态		描　述
具有固定的营业场所和就餐场所的餐饮业态	正餐店	为消费者提供中西式菜肴，兼供酒水饮料，由服务员送餐上桌
	快餐店	为消费者提供方便快捷的产品，兼供茶水饮料，一般由消费者自行领取食物。主要面向流动人口及注重时间的消费者，具有交易方便、供应快捷、质量标准、简洁实惠等特点
	火锅店	主要以不同热源的火锅为炊具烹制食品，一般由消费者自行涮取食物
	休闲餐厅	提供中西菜肴及酒、咖啡、茶、果蔬饮料，集饮食、休闲、娱乐、洽谈、表演、健身等多种功能于一体。具有环境舒适、服务灵活、时间随意等特点
	自助餐厅	以自助方式提供餐饮的餐饮业态
	食堂	学校、医院、机关、企事业单位等通过自营、合作或外包等，为内部人员提供餐饮服务
具有固定营业场所，但一般不提供就餐场所的餐饮业态	熟食店	现场制作，销售主食、熟肉制品等产品。品种一般较集中，主要面向附近居民
	饮品店	现场制作，销售饮品、甜点。品种一般较集中，主要面向流动人员
	配送服务	根据消费者订购要求，将食品送到指定地点，品种一般较集中
营业场所不固定的餐饮业态	流动食摊	设备简易，品种单一，现场烹制，一般提供限时餐饮服务，不提供就餐场所，主要面向流动人员
	移动餐车	不提供就餐场所，在相对封闭的餐车内进行储藏、简单清洗、制作加工、垃圾处理，一般提供限时餐饮服务。产品较为集中，主要面向社区居民
	运输业移动餐厅	在飞机、火车、轮船等运输工具的前进中提供餐饮服务，产品较为集中，主要面向旅行者

餐饮业的构成十分复杂，种类繁多。从餐饮企业的客源市场而言，各餐饮企业面向不同的消费阶层，拥有各自的目标市场。从餐饮企业的规模大小而言，从营业面积达几千平方米的大型餐馆到临街十几平方米的小饮食店，各自为营。从餐饮企业经营的产品而言，从经营正餐到面点小吃，从高档豪华的宴席到便捷快速的套餐，应有尽有。此外，餐饮业态也是动态的，处于不断变迁与创新的过程中。从根本原因来看，这种动力源于社会经济发展、科学技术进步以及餐饮市场的发育程度，从直接原因来看就是消费需求不断变化。

任务3　了解我国餐饮业的历史、现状和发展趋势

[案例导入]

北京胡同里"中国餐饮个体第一家"

北京王府井附近一条胡同里，藏着一家门脸如普通住家的饭馆。店内20来平方米的内外套间，能摆放10来张桌椅。

其貌不扬的饭店，门头上悬着"悦宾饭店"4个字，门口竖着一块见证中国40多年改革开放进程的招牌——"中国餐饮个体第一家"。

曾在北京某高级官员家专职做菜的刘桂仙，当年和在北京内燃机厂上班的丈夫每月工资六七十元，可5个孩子中有3个没有工作，家里常常入不敷出。要强的她，决定靠手艺开饭馆养家糊口。

1980年，北京只对修理业、手工业的个体经营活动有所放开，其他行业没有相关政策。虽然有为数不多的几家饭馆，但都属国有并由国家经营。刘桂仙为了申请一个营业执照，在工商局里"静坐"了一个月。北京东城区工商局的人不忍看她天天等候，但也着实犯难。

最后，工商局的负责人"家访"她，认为她真的想干，又执着，不但"顶雷"发文件当"执照"，还又干了件新鲜事儿：做保人帮刘桂仙贷款500元。

等把住所改成店堂，布置一新，刘桂仙手里只剩下36元。

可要长期开饭店，就有一个绕不开的粮油供给难题：国营饭店有粮油指标，如没有相关政策，谁给私营饭店粮油指标？

这时候，刘桂仙的事情已被众多媒体关注，而东城区工商局再一次伸出援手，想办法帮她找东城区粮食局，让她以唯一的"试验户"——不以此为政策，不以此为规矩，获得了粮油指标批条。

饭馆开张做什么菜呢？在那个凭票供应的时代，刘桂仙在集市上发现了唯一一样不用票的肉类食品：鸭肉。36块钱，她全买了鸭子，准备做出七八种不同的菜。

1980年9月30日，"个体饭馆"开张的消息不胫而走。营业第一天，一向清静的翠花胡同里挤得水泄不通，有抱着小孩儿来看热闹的，有排队争着尝鲜的。有中国人，还有外国人（都是记者）。经过盘点，第一天营业就赚了38元钱，这差不多等同于当时一个高级工人的月收入。

之后，她这里"外宾"不断。美国大使馆的人慕名而来，在这里包桌吃地道的北京菜，还为悦宾饭店画了很多地图，标明从使馆区到悦宾饭店的路线，然后分发给其他使馆。

1980年秋，美国合众国际社记者写了一篇报道，称"在中国共产党的心脏，美味食品和私人工商业正在狭窄的胡同里恢复元气"。

饭店生意火了，刘桂仙也火了。不过，当时有报纸批评悦宾饭店"社会主义制度的国家，做私人买卖不伦不类"。对于流言蜚语，刘桂仙不放在心上。她说，自己不做亏心事，就是想着把饭菜做好，让客人吃好。

2000年，尝到富裕甜头的刘桂仙，在胡同里又开了一家"悦仙饭店"，营业执照一星期就审批下来，所有食品供应一点儿不用发愁。两个店共有20来张桌子，管理风格无异，迎着熟脸熟客和慕名而来的人。

如今，接待过70多国驻华使节、接待过无数媒体的七旬老太太，虽然不掌勺了，但差不多每天早上9点钟到饭馆，查查饭菜质量、卫生，观察观察店员情绪，下午3点离开。她说，入嘴的东西决不能掉以轻心。

（资料来源：中国新闻网，2008-11-16.）

[任务布置]

餐饮业大约起源于人类文明的初期，伴随着人类社会分工的进一步细化和城市的出现逐渐发展起来。那么，我国餐饮业经历了怎样的发展历史？现状如何？存在哪些问题？未来的发展趋势又是怎样的呢？下面，我们来了解我国餐饮业的历史和现状（图3.3）。

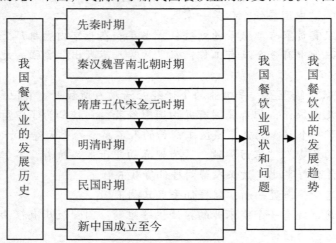

图3.3　我国餐饮业的历史和现状学习内容

[任务实施]

3.3.1　我国餐饮业的发展历史

1）先秦时期

先秦时期，由于社会生产力发展，一定的剩余产品交换开始了，原始的贸易兴起，市场形成。据史料记载，商代的都邑市场出现了制作饮食产品的经营者和店铺，如当时的孟津市粥、齐鲁市脯、宋城酤酒等都是有影响的餐饮经营活动。到周代，供人饮食和留宿的客栈在都邑之间出现了。《周礼·地官·遗人》言："凡园野之道，十里有庐，庐有饮食。"这是中国早期的客栈式餐饮。至春秋、战国时期，各种饮食店铺和专门以烹饪为业的厨师不断增加，并展开了相应竞争。《韩非子·外储说右上》言："宋人有酤酒者，斗概甚平，遇客甚谨，为酒甚美，悬旗甚高，然而不售。"虽为形容但足以说明，饮食店铺要生存必须提供优质的食品和服务，并要有招揽客人的方式。

2）秦汉魏晋南北朝时期

秦始皇统一六国，并将六国贵族和富豪 12 万户迁到咸阳附近和巴蜀之后，一些大的商埠形成。到了汉初，饮食市场更趋活跃，就连刘邦的家乡丰邑——一个并不显眼的小镇，也拥有屠贩、沽酒、卖饼、斗鸡、蹴鞠等行业。

西汉时期城镇建设迅速，长安城内设有"西市""东市"和"槐市"。"九市开场，货别隧分，人不得顾，车不得旋"（班固《两都赋》），"壤货方至，鸟集鳞萃，鬻者兼赢，求者不匮"（张衡《西京赋》）。在这种情况下，出售食品、脂浆的商家自然有利可图，不少人因此致富，室有千金。此外，洛阳、邯郸、临淄、宛（河南安阳的古称）、成都、江陵、吴（苏州）、合肥、番禺（广州）等交通枢纽，也"熟食遍列，殽旃成市"（《盐铁论》）。《汉书》载："栾布穷困，赁佣于齐，为酒家保""酒家开肆，待客设酒垆，故以垆为肆"。这说明当时出现了较为正规的酒楼。

到了南北朝时期，洛阳大市"周回八里""多诸工商货殖之民""天下难得之货，咸悉在焉"。建康（现南京）人口超过百万，商业相当发达。南方的番禺是个重要商港，有人说："广州刺史，但经城门一过，便得三千万也。"这时，农村"草市"出现了。可以说是"舟车所通，足迹所履，莫不商贩焉"。这众多商贩是饮食市场的常客，由于他们频繁流动，餐馆酒肆随之也兴盛起来。至北魏，西域的少数民族很多在中原地区经营餐饮，《羽林郎》载："胡姬年十五，春日独当垆。"

3）隋唐五代宋金元时期

这一时期，餐饮业快速发展，不同的经营业态、档次和规模的餐饮店铺、酒馆和客栈形成，且营业时间打破昼夜局限。隋代，数万户各地的富商迁入洛阳，丰都、大同、通远三大市场迅速形成。《大业杂记》记载：丰都市"其内一百二十行，三千余肆……适楼延阁，互相临映，招致商旅，玲奇山积。"隋炀帝为了宣扬声威，还命令商人整修市容，接待"胡客"。"胡客"经过酒肆，店主邀请入座，醉饱出门，不收分文。可见这时的酒楼是可以接待外宾的。

唐代的长安更加雄伟，有的街道宽达百米，其商行主要集中在万年县东市和长安县西市，有行业 200 种，商户 2 万多。其他如洛阳、扬州、广州、泉州、楚州、洪州、荆州、明州、成都和汴州，也大都是"店肆如林""十里长街市井连"。据唐《通典》载："东至宋（今商丘）、汴，西至岐州，夹路列店肆待客，酒馔丰溢。每店皆有驴赁客乘，倏忽数十里，谓之驿驴。南诣荆、襄，北至太原、范阳，西至蜀川、凉府，皆有店肆，以供商旅。远适数千里，不持寸刃。"

北宋的开封，有 160 多种商行，服饰各别，一看便知。其中，各种酒楼"纵横万数，莫知其极"。每天从南熏门进猪，"每群万数"，从新郑门等处进鱼，有"数千担"之多。真是"八荒争凑，万国咸通，集四海之珍奇，皆归市易，会寰区之异味，悉在庖厨"（《东京梦华录》）了。它的 72 家"正店"，大都可以同时开出上百桌筵席，讲究用银质餐具待客。

南宋时虽然战乱频仍，但在赵宋王朝的刻意经营下，都城临安也显出异常的繁华。"处处有茶坊、酒肆、面店、果子、彩帛、绒线、香烛、油酱、食米、下饭鱼肉鲞腊等铺""买卖昼夜不绝"。西湖中游船如织，沿湖的酒肆鳞次栉比。

元代交通畅达。意大利人马可·波罗称赞北京是 13 世纪世界上最富庶的都市，"城内外人户繁多……皆有华屋巨室……百物输入之众，有如川流不息""外国巨价异物及百物之输入此城者，世界诸城无能与比"。

4）明清时期

明代，除名都古城继续发展外，还出现了辛集、潍坊、佛山、朱仙镇、汉口和景德镇等新兴城市。佛山，被称作"海内巨镇"，景德镇被誉为"陶瓷之乡"。至于小集镇，更如雨后春笋，仅苏、松、杭、嘉、湖五府地区，就出现万人乡镇好几十个，它们大都以丝织、棉纺驰名，这也刺激了餐饮业的发展。

清代，封建都市灿若繁星，竞相争辉。在帝王之都北京，宣武、正阳、崇文三门以外异常繁华。大栅栏一带，小商摊贩，蜂攒蚁聚，茶楼酒肆，鳞次栉比。至于隆福寺庙会和王府井商场，更是商贾载欣载奔的敛财之地。

锦绣水都苏州，"阊门内外，居货山积，行人水流。列肆招牌，灿若云锦。"在临摹实景画成的《盛世滋生图》中，仅店铺就有 230 余家，真是"山海所产之珍奇，外国所通之货币，四方往来；千万里之商贾，骈肩辐辏"。

文化名城扬州，更是"日掷千金"的所在。《桃花扇》的作者孔尚任说："东南繁荣扬州起，水陆物力盛罗绮。朱橘黄橙香者橼，蔗仙糖狮如茨地。一客已开十丈筵，客客对列成肆市。"

人间天堂杭州，《儒林外史》说："五步一楼，十步一阁……卖酒的青帘高扬，卖茶的红炭满炉，仕女游人，络绎不绝，真是'三十六家花酒店，七十二家管弦楼'……肴馔之盛，品种之丰，更是可观！"

至于虎踞龙盘的南京，吴敬梓这样记述道："城内几十条大街，几百条小巷，都是人烟凑集，金粉楼台""大街小巷，合共起来，大小酒楼有六七百座，茶社有一千余处""当年说每日进来有百牛千猪万担粮，到这时候，何止一千头牛，一万头猪，粮食更无其数"。

5）民国时期

民国时期，随着西式餐饮不断输入及其影响的日益扩大，中国餐饮业已打破旧有格局，中菜中点的独霸地位动摇了。西菜、西点、洋糖、洋烟、洋酒大量出现于中国餐饮市场，与中国川、鲁、粤、淮扬等各大菜系的美味佳肴，中式糕点，传统茅台、西凤等名酒交相辉映。全国各地都出现了西餐馆和西式点心店，西餐西饮成了时髦食品，成为中国餐饮市场的一个有机组成部分。总之，"旧辙已破，新轨已立"，中西餐饮珠联璧合，共同构成了民国餐饮业的新格局。

（1）大都市出现西餐馆

随着来华洋人越来越多，对西式菜肴的需求也就越来越大。在大城市，在西风西俗浓熏力染之下，中上层人士多以吃西餐西菜为荣，在这双重因素之下，西餐馆在中国逐渐多了起来。

中国最早的西餐馆，出现于鸦片战争前的广州。民国初年，广州的西菜馆主要集中在东堤大沙头和沙基谷埠等繁华地带。以后，则移至陈塘十八甫，以及惠爱路、财厅路、昌兴街等地。

上海于1843年11月正式开埠，此后洋人纷至沓来，"来游之人……外洋则二十有四国"，西菜馆的重心很快就移到那里了。到了民国，上海的西菜馆开始普遍向社会开放，此前则主要面向洋人食客。德大西菜社是较早面向中国食客的西菜馆，该菜馆向客人提供德式西餐，其主菜是"德大牛排"，状似蝴蝶，外焦里嫩，外熟里生，味道腥鲜。

西菜馆落足北京，是在清末，但数量不多。进入民国，到了1914年，北京较出名的西菜馆只有4家。以后则有所发展，到1920年发展到12家。这些西菜馆，被北京人称为番菜馆或大菜馆，"有为外国人设者及为中国人设者两种。中国人设者多在前门西一带，趋时者每在此宴客，其价每人每食一元，点菜每件自一角五六分至二三角不等。"（邱钟麟：《新北京指南》第二编，撷华书局，1914年版）。

（2）中西式糕点并存

当时，中式、西式糕点在当时市场上则旗鼓相当。其主要原因在于，双方的食品都以面、糖、油为主要原料，配以蛋品、果仁等辅料，经过烘烤而成，虽然其用料的比重、制作的简繁、外形的朴奢、食品的名称有所不同，但是中点在口味上以香、甜、咸为主，西点则突出奶、糖、蛋、果酱的味道，各有各的爱好者和适应者，因此也就各有各的市场。

6）新中国成立后

新中国成立初期，我国餐饮业的发展经历了10年公私合营、10年停滞不前，行业整体萎靡不振、青黄不接。随着改革开放，我国餐饮业也实现了长足发展。从1978年改革开放到2018年，40年间，餐饮业规模从54.8亿元，增长到42 716亿元，增长了779.5倍。人均餐饮消费从不足6元，增长到3 073元，增长了512倍。全国餐饮业营业网点从不足12万个到超过745.5万个，增长了约62倍。餐饮从业人数从104.4万人到如今约3 000万人，增长了28.7倍。改革开放以来，我国餐饮业发展经历了以下3个阶段。

（1）混沌探索阶段（1978年12月—1992年春）

这一时期，从经济体制上来说，虽然开始了改革开放，但是市场经济体制尚未确定，市场经济的主体地位也没有确立，餐饮业的发展主要是摸着石头过河。在初期，餐饮业的行业格局以政府招待系统事业单位、全民和集体所有制饮食服务公司企业等为主体，部分个体饮食店为补充（社会餐饮尚未成型）。下馆子是接待的最高标准，餐饮消费注重"实惠＋特色"，"味重脂浓、辛辣香咸"成为菜品评价的基本标准。1987年，我国颁布了《旅游涉外饭店星级的划分与评定》标准，涉外餐饮、星级饭店快速崛起。在后期，随着涉外接待、旅游业发展，涉外餐饮、星级饭店快速崛起，洋快餐在这一时期也被引入中国。1987年，肯德基进入中国，在北京前门开设第一家西式快餐连锁餐厅；1990年，麦当劳在中国大陆（深圳）开设第一家餐厅；1990年必胜客进入中国市场，在北京开设第一家中国分店。

（2）数量型扩张阶段（1992—2012年）

1992年，邓小平南方谈话后，以经济建设为中心的市场经济体制得到确定，百废待兴的中国大地，急需投资建设来拉动经济发展，各级政府单位的工作重心转移到了招商引资、发展经济上，在这一时期，推动经济增长的关键力量是"政府和企业家"；餐饮的强社交属性，使商务就餐成为"招商引资、发展经济"的重要工作场景，餐饮与时代同步，并成为时代发展的助推器。

从1992年起，我国餐饮业的发展进入量价齐升的黄金时代：复合增长率达15%以上，到 2012 年末我国餐饮业的销售规模达到了 2.3 万亿元。这一时期，我国餐饮业的核心消费人群是政商务人群，高端餐饮成长迅速，并且形成了很大规模，"粤菜、排场、环境"是政商餐饮消费的三大特征；餐饮店进入了"色、香、味、型、器、意、养"以及服务环境等方面的全面竞争阶段；大众餐饮在政商餐饮的启蒙影响下，也取得了长足发展，无论是"消费频次、市场规模"，还是"就餐环境"都取得了显著的成绩。

（3）品牌意识崛起阶段（2013—2020 年）

2012 年 12 月 4 日，中共中央政治局召开会议，审议通过了中央政治局关于改进工作作风、密切联系群众的八项规定。公款吃喝、单位宴请之风得到了刹停。政务宴请、政商结合宴请，开始退出历史舞台。中高端餐饮市场萎缩，"实体小店"餐饮巨浪回潮，大众消费趋势坚弥。消费者更愿意选择知名品牌和体验更好的餐饮店，重视顾客体验感和品牌实力的餐饮更受到顾客喜爱。在这一时期，餐饮业增长率振荡徘徊，由 15% 降至 10% 左右，年销售规模由 2.5 万亿元增长至 2019 年的 46 721 亿元。

2020 年春节，突如其来的新冠肺炎疫情，使我国餐饮业遭到重创。疫情期间，78% 的餐饮企业营业收入损失达 100% 以上；9% 的企业营收损失达到九成以上；7% 的企业营收损失在七成到九成之间；营收损失在七成以下的仅为 5%。随着疫情得到控制和形势逐渐好转，餐饮行业逐步复苏，国内进入疫情防控常态化时期。疫情推动线上业务发展加快，餐饮半成品及"方便食品"大受欢迎，餐饮企业更加注重食品安全问题，"触网式"营销推广引起热潮，餐饮行业扩张步伐变缓，转型升级步伐加快。

3.3.2 中国餐饮业的现状和问题

1）中国餐饮业的基本现状

经过改革开放 40 多年的发展，我国餐饮业目前初步形成了投资主体多元化、经营业态多样化、经营方式连锁化、品牌建设特色化、市场需求大众化的新格局，正在从传统产业向现代产业转型。国家统计局数据显示，2019 年全国餐饮收入实现 46 721 亿元，同比增长 9.4%，高于 2018 年的 7.7%。特别是餐饮业为社会就业作出了突出贡献，实现社会就业 3 000 万人左右，约占就业总人口的 3%，每年新增就业岗位 200 多万个，这些岗位 80% 以上是提供给流动人口的。此外，更为重要的是餐饮业作为先导产业，对我国农产品的出路作出了巨大贡献，四川省、云南省、重庆市、湖南省、安徽省和陕西省等都在建设与餐饮业相配套的农产品基地，构建从农田到餐桌的产业链。

此外，餐饮业的发展还呈现出以下 3 个特点。

（1）家庭和个人的餐饮消费需求迅速增长

消费观念从以"在家就餐"为主向"在外就餐"转变。消费形式由单一餐饮消费向餐饮组合消费转变，文化与餐饮的融合已经成为一种新的经营趋势和新的消费时尚。

（2）假日市场消费成为餐饮业新的经济增长点

不少餐饮企业抓住假日商机，发展大众化餐饮，取得了明显的效果。商务部公布的统计数据显示，2019 年 10 月 1—7 日，全国零售和餐饮企业实现销售额 1.52 万亿元，同比增长 8.5%。节俭、健康的大众化消费依然是节日市场的亮点。国庆黄金周期间，大众化餐饮消费越来越旺，价格适中的家常菜、平价自助餐等成为不少市民节日聚餐的首选。吉林大众化餐饮企业营业额同比增长 20% 左右，天津餐饮企业平价菜品销售比重达 80%。特色餐饮人气爆棚，京城不少老字号餐饮企业推出具有怀旧味道和纪念意义的"年代菜"。同时，敬老宴为节日餐饮市场注入了浓浓的温情。

（3）大型餐饮企业扩张步伐明显减慢

根据中国烹饪协会《2013 年度中国餐饮百强企业分析报告》，2013 年，餐饮百强企业中仅 9 家餐饮企业在某一城市或一省内经营，62 家企业业务覆盖多个省区，实行跨省多门店连锁经营，此外，29 家企业是多业态、跨区域的集团经营。从门店数量来看，2013 年餐饮百强企业中，4 家大型企业的连锁门店超过 1 000 家，8 家企业门店数在 500 ~ 1 000 家，接近一半的企业连锁门店数都集中在 100 ~ 500 家，100 家以下的企业有 37 家，比上年减少了 10 家。在严峻的市场形势下，餐饮百强企业扩张步伐有所放缓，7 家百强企业收缩了城市布局，撤出部分城市，14 家企业关闭了部分门店，其中以餐馆酒楼、火锅企业居多。2013 年，湘鄂情关闭旗下 8 家门店，这些门店均为湘鄂情 100% 控股，关闭门店数占其门店总数的三成以上。

2）当前我国餐饮业发展面临的问题

当前，经济全球化的推动，中国餐饮企业可以学习国际餐饮集团的先进技术和管理经验，在市场竞争中与国际餐饮集团共同成长。与此同时，国家扩大消费的方针、加快服务业发展的战略导向为餐饮业发展提供了新的市场空间。如商务部于 2009 年 1 月发布了《全国餐饮业发展规划（2009—2013）》，2014 年 5 月发布了《关于加快发展大众化餐饮的指导意见》（服贸函〔2014〕265 号），2014 年 9 月颁布了《餐饮业经营管理办法（试行）》（商务部国家发展改革委部令 2014 年第 4 号），2016 年 3 月发布《商务部关于推动餐饮业转型发展的指导意见》（商服贸发〔2016〕71 号），2018 年 5 月印发《商务部等 9 部门关于推动绿色餐饮发展的若干意见》（商服贸发〔2018〕177 号），从多方面引导餐饮业发展。但是，要真正实现我国餐饮业持续健康发展，还应该清醒看到当前我国餐饮业的诸多问题。

（1）行业整合度差

目前，我国餐饮业总体仍处于小、散、弱的状态，90% 以上的餐饮企业为小企业。同时，上下游产业不发达，食品安全隐患依然存在。中国餐饮业上游的供货商不成熟，不能有力地支撑餐饮业顺利发展。餐饮业上游的农业、牧业、农副产品食品初加工分散并且整体技术低下，这是我国食品安全问题发生概率加大的重要原因，上游环节对各种原料、辅料食品监管不到位，使得食品安全责任难以归属，也抑制了餐饮业的产业化进程。

我国餐饮产业集中度不高，人力、资本和技术资源没得到充分合理利用。产业技术不规范，生产技术以师傅的经验为主，缺乏标准化和规范化。企业生产经营分散、封闭，没有形成产业化规模，与国际知名餐饮公司相比，中国公司的企业规模、盈利能力、管理水平和经验都有较大的差距，这种差距在海外市场上也得到体现。据世界中餐业联合会统计，在世界各国的餐饮市场中，中餐企业规模小、价格低、服务和产品质量有待提升，这远远反映不了中餐的真实水平，与中国博大精深的餐饮文化不成正比。

（2）品牌意识比较淡薄

面对白热化的市场竞争和个性化的市场需求，中国不少餐饮企业已经有了品牌意识，但大多数餐饮企业的品牌建设只是管理层的共识，尚未转化成全体员工一致认同的文化、精神和目标。不少企业不是凭借科学管理、产品开发、人才培训、市场开拓、资本运作来提高企业知名度，创企业品牌，而是靠盲目跟风、低价位、豪华店堂、新颖店名、特异包装吸引消费者。现今，名店和强店都很少有自己的当家名菜，没有著名品牌已经成为许多餐饮企业继续做大做强的瓶颈。

（3）经营管理体制落后

由于本土餐饮企业绝大多数是传统的企业经营模式，或处于初中期发展阶段的私营企业，这决定了餐饮业经营管理体制的落后。不能引进现代管理体制并加以吸收，是制约餐饮业发展的根本。管理的缺陷主要表现：第一，缺乏完善的决策监督机制，决策的科学性和合理性低；第二，用人机制以人际关系为依托，难以构造合理的人才结构；第三，所有权结构单一，无法满足规模经济的需要。

（4）产品创新不足

目前餐饮企业产品创新中还存在诸多问题，主要有以下几方面。一是缺少产品创新的开发和研究机构，限制了餐饮的产品创新；二是餐饮企业管理层缺乏创新意识及创新知识，餐饮业创新涉及的知识面相当广，没有丰富的知识和专业指导，餐饮业就很难有创新突破；三是餐饮行业中，产品创新只停留在菜点更新的浅层次上，未提高到核心产品、形式产品、附加产品的广义产品层次上。

（5）从业人员素质参差不齐

传统观念认为餐饮业从事的是伺候人的工作，社会地位低下，很多人不愿意进入餐饮行业。同时，较低的经济收入和高负荷的劳动强度也阻碍了劳动力供给。2007年，餐饮业城镇单位就业人员每周工作60小时左右，平均劳动报酬为15 464元，在所有服务业中位列末尾，仅是金融业报酬的35%。束缚的观念、较低的待遇，使餐饮业从业人员多数是低文化层次的群体，其中初中、高中文化水平人员居多，拥有大专以上学历的专业技术人员和管理人员虽然近几年有所增加，但在数量上，还远远满足不了发展的需要；在质量上，由于产学研结合不紧密，高学历人才从事研究开发、企业管理、市场营销等核心技术能力上仍显不足。加上很多餐饮企业以追逐"利润最大化"为主要目标，不注重长期营销，较少注重培训，没有科学的人力资源管理制度，行业人才流失严重，这在很大程度上制约了行业进一步发展。

🔔 3.3.3 中国餐饮业的发展趋势

餐饮业在经过了千百年的发展之后仍拥有强大的市场站位，这不是偶然，而是必然。所谓民以食为天，吃是人们生活的第一大要事，所以餐饮业是绝对不会过时的行业。不过，虽然餐饮业不会过时，但是却会随着人们生活习惯的转变和市场行业的变化发生一些变化，这就是餐饮行业未来的发展趋势。

1）大众化

纵观国际餐饮业的发展趋势及国内餐饮市场的需求变化，随着人们餐饮消费观念日趋成熟，大众消费将成为餐饮市场的消费主体。大众化餐饮是指面向广大普通消费者，以便利快捷、卫生安全、经济实惠等为主要特点的现代餐饮，日益成为学生、上班族、旅游者和家庭的主要餐饮之一。大众化经营是广大餐饮业最大的目标追求。目前，每一个成功的餐饮业，始终坚持价格实惠、规模适度、装潢简约、服务温馨的经营原则，面向工薪阶层和流动人口中的低收入者，不断挖掘内在潜力，利用典型的东方原料和国人的餐饮习惯，开发自己的特色食品——乡土菜、民族菜和地方风味小吃等，实行薄利多销、诚信经营，努力扩大大众化市场。

2) 绿色化

工业社会带来的化学污染和人们过分消费导致的富贵病，促使餐饮消费者更加追求营养、健康的餐饮产品。在餐饮消费中，人们不仅仅满足于数量上的充足，在食品的品质上也提出了更高的要求，即餐饮消费由数量型消费向品质型消费转变。绿色食品已成为食品消费的主旋律，绿色餐饮逐渐兴起。各种天然、美味、营养的粗粮系列、野菜系列、豆腐系列、森林蔬菜系列、海洋蔬菜系列等日益受到餐饮消费者的追捧。田园风味、乡土风味、森林风味、海洋风味也成为消费时尚。

3) 文明化

提高餐饮业的饮食文化品位，增加饮食文化附加值，已成为我国餐饮业竞争的重要趋势。人们对物质的需求是无限的，对文化的需求是无限的。随着生活质量不断提高，人们越来越追求精神文化享受，越来越追求饮食文化的亲和力，因此餐饮业越来越注重提高餐饮业的文明化。

4) 社会化

新世纪，餐饮业将爆发一场真正的革命——社会化的餐饮大变局。据统计，在 20 世纪，国人在餐馆就餐者每日充其量不过 10% 左右，而到了 21 世纪，越来越多的人改变以家庭饮食为主的习惯，告别厨房，追求社会化的就餐方式。社会化的就餐比例将逐步上升到 50% 以上，大大超过传统的居家饮食。

5) 创新化

每一个成功的餐饮业都在突出自己的经营特色，针对顾客的传统饮食习惯和口味需求，在保持传统特色的前提下，不断开发创造新的菜品，使顾客常吃常新。近年来，菜品创新力度加大，地方菜纷纷崛起，名菜品、名菜系的相互融合更加明显。

6) 产业化

产业化是指通过资源整合，逐步建立集餐饮设备、餐饮产品开发、餐饮经营、餐饮建筑装饰和餐饮原材料供应等一体化的较完整的产业链，发挥餐饮业对种植业、养殖业、加工业、建筑业等相关产业的带动作用。随着行业规模不断扩大和餐饮社会化不断深入，开拓经营、延伸经营与连锁配送、烹饪工业化等趋势日益明显，餐饮产业一体化推进，将加快行业发展和进步，为餐饮产业化奠定基础。

7) 规模化

餐饮业是资金密集型行业，原材料、能源、房租及劳动力成本提高与企业利润空间越来越小的矛盾，决定着餐饮业必然要引入规模经营。经营规模化是指中国餐饮企业应积极迈入连锁化、集团化发展的步伐，以大型龙头企业带动中等规模企业的整合与联动，以资产为纽带，以特色为灵魂，以品牌为旗帜，以创新为源泉，以管理为基础，迅速打造以民营资本为主体的集团公司，以此推进中国餐饮产业跨越式发展。当然，任何餐饮企业选择规模扩张前，一定要认真地考虑和评价自身的企业状况以及经营模式的优势和风险，进而做出合理的选择。

8）品牌化

当前餐饮业的一个重要趋势就是品牌化。麦当劳、肯德基等国际知名企业所以能够占领国际餐饮市场，首先得益于它的品牌。中国餐饮业欲显自身风采，参与市场竞争，就必须强化品牌意识，高度重视品牌建设，打造一批具有代表性的"名师""名菜""名店"，形成整体的品牌形象。

9）信息化

2014年4月19日，中国烹饪协会发布的《2013年中国餐饮产业信息化调查报告》认为，当前全国餐饮业信息化应用处于初级阶段，信息化明显滞后，仅相当于国内零售业8～10年前的水平。云计算、物联网和移动互联网终端普及和应用，为餐饮业从中寻找提升效率、拓展业务提供了有效途径，为餐饮业经营管理水平提高创造了有利条件。这要求餐饮经营者通过引入包含预订管理、点单管理、收银管理、厨房打印系统、厨房控制系统、采购管理、库存管理、财务管理、成本核算、会员管理、客户关系管理、POS点菜系统、IC卡点菜系统、连锁配送管理系统、分析决策等子系统的专业餐饮管理系统，更快捷、更灵活地处理企业的每一件事情，小到前台后台，大到统计分析。此外，还要求人员素质不断提高，一大批具有现代意识的企业家将脱颖而出，企业职工的文化素质和业务水平显著提高，一批为企业发展战略服务的专家、学者作为企业特聘的智囊团也将出现，从而最终实现信息系统准确理解和正确驾驭，完成"电脑"与"人脑"完美结合。

对餐饮企业来说，如何通过信息来预测市场需求，了解客人情况和竞争对手的状况，以此调整餐饮经营策略和产品生产结构，对合理开展商业竞争将起到重要作用。向管理要效益，信息化是必要的手段。餐饮企业要建立信息中心，与行业、地区的专业和相关信息网络（如"餐饮在线"、中国餐饮网、"餐饮世界"、中国食品网、中国餐馆网、中国旅游网、中国旅游信息网、中国饭店网等）建立密切的联系，充分利用网络信息，使餐饮企业始终站在餐饮行业的最前端，把握市场竞争的脉搏。此外，餐饮企业也要注意利用网络来宣传企业、宣传产品。

[任务总结]

餐饮业的发展受到历史文化、气候环境、经济发展水平、宗教信仰和传统习惯等诸多因素影响。从演进路径来看，我国餐饮业萌芽于商周，演化在秦汉，经过魏晋南北朝的发展，到隋唐时期已比较繁荣。两宋时期，餐饮业又获得了较大发展，形成了相对完整的体系。元明两朝继续推进，到清朝中叶餐饮业已十分繁荣。随着我国改革开放进一步深入，社会主义市场经济体制逐步建立，我国餐饮业已由单纯的价格、产品质量竞争发展到产品与企业品牌、文化品位的竞争，由单店、单一业态竞争发展到多业态、连锁化、集团化、规模化竞争，由在本地发展到跨地区、跨省市，由民营企业与国有企业竞争为主发展到民营企业之间竞争，进而发展到国内企业与外资企业竞争，继续保持繁荣兴旺和较高的增长势头。

【课堂练习】

一、单项选择题

1. 餐饮业是利用餐饮设施为客人提供餐饮实物产品和（　　　）的生产经营性行业。

A. 餐饮服务   B. 物质基础   C. 社会基础   D. 环境基础

2. "业态"泛指（   ）。

    A. 企业经营的范围   B. 企业经营的品种

    C. 企业经营的形态   D. 企业经营的方式

3. 下列不属于有固定营业场所无就餐场所餐饮业态的是（   ）。

    A. 火锅店   B. 食堂   C. 运输业移动餐厅   D. 熟食店

4. 从 1978 年改革开放到 2018 年，我国餐饮业规模增长了（   ）。

    A. 700 多倍   B. 600 多倍   C. 500 多倍   D. 400 多倍

5. 进入中国的第一家西式快餐连锁餐厅是（   ）。

    A. 德克士   B. 肯德基   C. 麦当劳   D. 必胜客

二、多项选择题

1. 下列属于餐饮消费需求特点的是（   ）。

    A. 层次性   B. 多样性   C. 可诱导性

    D. 安全卫生性   E. 趋时性

2. 下列属于非完全商业型餐饮服务企业的有（   ）。

    A. 学校餐饮服务机构   B. 医院餐饮服务机构   C. 酒店餐饮服务机构

    D. 大型购物中心餐饮服务机构   E. 演艺中心餐饮服务机构

3. 关于餐饮企业的内涵，下列说法正确的是（   ）。

    A. 餐饮企业都有固定的营业场所   B. 餐饮企业提供菜点、饮料和餐饮服务

    C. 宾馆、酒店和购物中心都是餐饮企业   D. 有的餐饮企业不以营利为经营目的

    E. 餐饮企业是经济实体

4. 下列属于餐饮业态的是（   ）。

    A. 食堂   B. 熟食店   C. 饮品店

    D. 流动食摊   E. 移动餐车

5. 下列属于我国餐饮业发展趋势的是（   ）。

    A. 文明化   B. 产业化   C. 规模化

    D. 品牌化   E. 信息化

三、填空题

1. 餐饮业是_____的一个综合体。

2. 从演进路径来看，我国餐饮业萌芽于_____，演化在_____，经过 _____ 的发展，到_____时期已比较繁荣。

3. 餐饮企业与其他企业一样，都以_____为经营目的，_____始终是企业追求的中心。

4. 2019 年全国餐饮收入_____亿元，同比增长____%。2020 年全国餐饮收入_____亿元，同比增长____%。

5. _____年，麦当劳在中国深圳开设第一家餐厅；_____年必胜客进入中国市场，在北京开设第一家中国分店。

【课后思考】

1. 餐饮业的本质特性是什么?
2. 餐饮业的作用有哪些?
3. 当前我国餐饮业发展面临的问题有哪些?
4. 中国餐饮业现代化的发展趋势是什么?
5. 2020 年新冠肺炎疫情对我国餐饮业有哪些影响?

【实践活动】

以小组为单位，调查本地餐饮业的现状和问题。

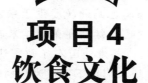

项目4
饮食文化
——国家文化软实力的重要组成部分

餐饮业是文化产业，文化是餐饮业发展的一座宝藏。饮食文化是一个国家和民族物质文明和精神文明发展的标志，是一个民族文化本质特征的集中体现，也是考察一个民族的历史文化与心理特征的社会化石。中国饮食文化源远流长，独具特色，是中国文化的基本元素，也是国家文化软实力的重要组成部分。

知识教学目标

✧ 理解饮食文化的概念、特点和层次结构，了解饮食文化的分类。

✧ 清楚饮食民俗文化的概念和种类，掌握饮食民俗的特征、功能和影响。

✧ 掌握烹饪风味流派的定义、特点、划分和成因，了解不同风味流派的主要内容。

✧ 知道筵宴的特点、种类，把握筵宴食品的基本构成和上席程序。

✧ 了解中国饮食文化遗产的构成，掌握饮食非物质文化遗产的概念、特点和饮食类国家级非物质文化遗产项目种类。

能力培养目标

✧ 培养观察能力和比较社会事务的能力，能够区分不同烹饪风味流派的特征。

✧ 提高收集、整理、分析和使用资料的能力，能够对饮食类非物质文化遗产项目进行初步调查。

思政教育目标

✧ 通过学习中国饮食文化，提升学生热爱祖国、热爱家乡的情感，激发学生的民族自豪感和自信心。

✧ 通过学习中国饮食文化和自然环境的关系，培养学生探寻人文现象和自然现象之间关系的兴趣。

任务1 理解饮食文化的概念和特点

[案例导入]

从文化支撑到民族认同和国家形象传播
————纪录片《舌尖上的中国》和《寿司之神》的比较

2014年4月23日，安倍晋三与奥巴马的晚宴设于东京银座地下的寿司餐厅。这家寿司店毫不起眼，仅有10个席位，但它已连续两年荣获《米其林指南》三颗星最高评鉴。这场晚宴作为日本"寿司外交"的肇始，成为外国人了解、认识这个国家的窗口。从美食到国家，这是最简单、直接的方式，却给人们留下了极为深刻的印象。由大卫·贾柏导演的日本纪录片《寿司之神》纪录的就是这家寿司店，反映了寿司制作者倾其一生坚持努力从不妥协的精神。《寿司之神》通过对日本最具代表性的食物"寿司"的制作记录，向人们展现日本人的职业精神，其间渗透日本文化、习俗、人与自然关系等问题并通过人物故事娓娓道来，将观看者从敬畏寿司的制作者成功地带入到对日本文化和日本人的认同中。

中国在2012年4月拍摄的《舌尖上的中国》以享誉海外的中国美食作为拍摄主题，"用美食讲述百味人生，用一种温和的方式讨论一个国家的变迁"，通过中国各地的美食将凝结在人与人之间、与故乡、国家间的感情和盘托出，一经播出即引起各界的广泛关注，第二季延续"舌尖"神话，收视率稳居同时段第一。《舌尖2》关注"人与事物关系"外，重点放在了制作美食的人物背后的故事、人物间关系和情感表达上，给海内外的受众了解中国及其文化敞开全新的探索之门。《舌尖上的中国》节目组希望通过中华美食的多个侧面，感受食物给中国人生活带来的仪式、伦理、趣味等文化特质，其实也就是我们这个大一统国家的黏合剂，它会引发人们很多关于文化传承、家庭观念、人与自然如何和谐相处的更深的思考。

（资料来源：现代传播（中国传媒大学学报），2014, 36(7)：103–105.）

[任务布置]

中华民族历史悠久，源远流长，孕育出璀璨的饮食文化。中国饮食文化博大精深，其丰富、和谐、统一、多样更加彰显出中华民族的历史渊源与文化理念。中国饮食文化浓郁的中华文化特色和丰厚的文化内涵也成为中华民族文明的一项标志，对世界了解中国有着重要的借鉴和启示意义。在四海华人对华夏文化的继承与传播中，中国饮食文化发挥了不可替代的重要作用。那么，什么是饮食文化？饮食文化的内涵和特征是什么？下面，我们来学习本节内容（图4.1）。

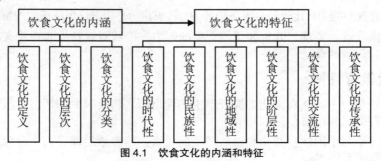

图4.1　饮食文化的内涵和特征

🍽 4.1.1 饮食文化的内涵

1）饮食文化的概念

饮食是人类生存的第一需要。动物要生存，也必须饮食，然而，只有人类才有饮食文化。因为动物只能靠自身的锐牙利爪，从自然界获取现成的食物，而人类靠大脑和双手，发明制造工具，依靠工具获取自然界的食物，或耕种食物原料，并制造烹饪器具加工食物。这样一来，人类就和动物在饮食原料的获得、加工以及进食上产生了根本的区别，即人通过有意识的劳动，获取或生产食物原料，并建立起与之相适应的饮食方式、制度规范，形成了一定的意识形态、饮食风俗，从而形成了饮食文化。

饮食文化的概念有狭义和广义之分。狭义的饮食文化是与烹饪文化相对的。一般来讲，烹饪文化是人们在长期的饮食品（主要是菜点）的生产加工过程中创造和积累的物质财富和精神财富的总和，是关于人类的饮食怎么做以及为什么做的学问，它包括了饮食品产生过程中涉及的原料、加工工具、烹饪能源、烹饪工艺等。狭义的饮食文化，则是人们在长期的饮食消费过程中创造和积累的物质财富和精神财富的总和，是关于人类在什么条件下吃、吃什么、怎么吃、为什么吃、吃了以后怎么样的学问，涉及饮食品种、饮食器具、饮食习俗、饮食服务、饮食管理、饮食审美等。简而言之，烹饪文化是在生产加工饮食品的过程中产生的，是一种生产文化；而狭义的饮食文化是在消费饮食品的过程中产生的，是一种消费文化。

但是，饮食品的生产和消费是紧密相连的，没有烹饪生产，就没有饮食消费，烹饪和烹饪文化是饮食与饮食文化的前提，饮食文化是由烹饪文化派生而来的。因此，将饮食品的生产和消费联系起来，人们在习惯上常常用广义的饮食文化加以概括和阐述。具体而言，广义的饮食文化包含烹饪文化和狭义的饮食文化，是人们在长期的饮食品的生产与消费实践过程中所创造并积累的物质财富和精神财富的总和。包括3个部分：一是对饮食原料的加工生产，即在制成产品的过程中形成的各种文化；二是制成的产品，即饮食品所涉及的各方面文化；三是对饮食品的消费，即在吃和喝的过程中产生的各种文化。

由此可见，饮食文化与烹饪文化是既相互联系又相互区别的两个概念，两者不能混同。

2）饮食文化的层次结构

饮食文化是人类文化大系统中的一个子系统，它是由若干要素相互结合、相互作用形成的多层次结构系统。关于饮食文化层次结构的划分，有二分法、三分法、四分法等。二分法指物质层面和精神层面（非物质层面）；三分法指物质层面、制度层面、精神层面；四分法则是在3个层面之后加上行为习俗层面。

（1）物质层面的饮食文化

物质层面的饮食文化指人们在饮食过程中所涉及的一切物质性的东西，如烹调用的炉灶、锅铲、烹饪原料，制成的产品，进食时用的餐具、用具，包含了饮食生产工具文化、饮食原料文化、饮食产品文化、饮食器具文化、饮食设施设备器具文化等。它是形成饮食精神文化层和制度文化层的基础条件，它所折射出的是人们的饮食理念、思想和意识等。

（2）制度层面的饮食文化

制度层面的饮食文化指与饮食有关的一切制度，如一日两餐或三餐进食制度（食制）、各种宴会制度。中国古代与"礼"紧密结合的"乡饮酒礼""公食大夫礼"，我国颁布实施的《中国营养改善行动计划》《食品安全法》《消费者权益保护法》中涉及饮食方面的各项规定都属于这个范畴。

（3）行为层面的饮食文化

行为层面的饮食文化指在饮食过程中形成的行为原则、标准和模式等，如古代定亲的"吃茶"，民间春节初一吃饺子或年糕，端午节吃粽子，中秋节吃月饼等，以及一些由动作行为表现出来的技艺等，如烹调切配中的刀工、雕刻、装盘、调味，火候掌握，烧、煸、扒、炒、爆等技艺。它主要包括饮食加工技艺文化、饮食风尚、习俗、民俗文化、饮食生产管理和销售文化、饮食消费文化等。

（4）社会心理层面的饮食文化

社会心理层面的饮食文化指在饮食过程中形成的价值观念、审美情趣、思维方式等，是饮食文化的核心和灵魂，是形成饮食文化制度层、行为层和物质层的基础。如饮食中反映出的人们的要求、愿望、情趣、风尚。人们见面常先问"吃了没有"，食品优劣判断的标准是"好吃不好吃""味道如何""感觉怎么样"，还有在饮食中发展形成的与政治、哲学、艺术、宗教、科学等有关的意识形态，如"治大国若烹小鲜"所反映的国家治理观念、饮食文学、制曲酿酒理论、烹调理论、饮食养生理论、饮食心理文化、饮食意识文化，都属于社会心理层面的饮食文化。

物质、制度、行为和社会心理4个层次，形成了饮食文化由表层到深层的有序结构。其中，物质层是饮食文化的外在表现，是精神层和制度层的物质载体，所表现的是饮食文化的程度，构成饮食文化的硬件外壳。行为层是一种处在浅层的活动，构成饮食文化的软件外壳。制度层制约和规范着其他3个层次的建设，是饮食文化的骨架，没有严格的规章制度，饮食文化建设就无从谈起。精神层则是物质层、行为层和制度层的思想内涵，是饮食文化的核心和灵魂。

3）饮食文化的种类

第一，以时代特征和主要烹制方法区分，有旧石器时代晚期火烹饮食文化、陶器时代水烹饮食文化与汽烹饮食文化、铜铁器时代油烹饮食文化、电气时代机械烹饮食文化及自动化烹饮食文化。

第二，以地域特征和农业生产布局区分，有黄河流域麦畜作饮食文化、长江流域稻鱼作饮食文化、辽河流域豆粱作饮食文化、珠江流域芋果作饮食文化、蒙新青藏牧区肉乳作饮食文化、滇黔桂粤山区虫菌作饮食文化、东南沿海滩涂区海鲜作饮食文化、西北边陲林原区野味作饮食文化。

第三，以餐饮品种和餐饮器皿区分，有筵宴文化、小吃文化、快餐文化、药膳文化、现代食品工业文化、茶文化、酒文化、乳文化、食虫文化、盐文化、酱文化、豆品文化、保健饮品文化、外来食品文化等，以及骨石器饮食文化、竹木器饮食文化、箸匙器饮食文化、钟鼎器饮食文化、漆器饮食文化、陶瓷器饮食文化、金银玉牙器饮食文化、金属化工制品器饮食文化等。

第四，以消费对象和层次区分，有神鬼饮食文化、帝王饮食文化、官绅饮食文化、商贾饮食文化、文士饮食文化、军卒饮食文化、僧道饮食文化、绿林饮食文化、游侠饮食文化、乞丐饮食文化、匠伕饮食文化、市民饮食文化、耕农饮食文化、优伶饮食文化、观光客饮食文化等。

第五，以民俗风情和社会功能区分，有居家饮食文化、宴宾饮食文化、寿庆饮食文化、婚嫁饮食文化、丧葬饮食文化、祭奠饮食文化、年节饮食文化、郊游饮食文化、民族饮食文化、宗教饮食文化、仿古饮食文化、拟外饮食文化、车船饮食文化、茶坊饮食文化、公关饮食文化、厨行饮食文化等。

这些饮食文化，既有民族的区别、阶层的差异，又有历史传承性和地域文化性，并且涉及农业开发、手工业生产、商业贸易、科学研究、城镇交通、工艺美术、中医食疗、营养卫生、文学艺术、娱乐杂兴、语言文字、人际交往、伦理道德、社会风气、宗教信仰、民族关系、文化交流等诸多方面，形成一个涵盖面极大、纵横交叉、多学科交融的知识体系。

4.1.2 饮食文化的特征

饮食文化是人类整体文化的一个组成部分，因此它具有一切文化现象的共性。但饮食文化又有其独特的个性，否则便不成其为大文化的一个具体门类。饮食文化的特征，大体上有如下几点。

1) 时代性

文化的时代性表现在它的具体形态随着时代背景而改变，就像古希腊哲学家所说的那样，"每天的太阳都是新的"。即使是一些永恒的范畴也具有短暂的相对的因素，但这并不是说，世界上就没有永恒的东西，而是说，永恒性寓于时代性之中。

同样，饮食文化也是如此，其中既有永恒性的因素，也有短暂性的因素。因此，饮食文化的时代性不仅表现在人们饮食礼仪和饮食习俗等方面，更多地表现在饮食活动所涉及的科学技术问题上，如人类对食物资源的认识和筛选活动，肯定是一个永恒性的命题，只要地球上有人类，这类活动就不会停止。然而食物品种不断改良，营养与卫生安全知识不断深化，食品制作技术改进等，却又是日新月异的。同样在社会生活领域内，人们的饮食习俗有相对的稳定性，移风易俗现象却又不断地出现。

饮食文化的时代性主要表现在3个方面：首先，由于社会生产力发展，随着烹饪器具不断改进，饮食文化呈现出不同的特点。其次，社会生产力发展和科技进步，也改变着人类的饮食结构，不同的时代，有着不同的饮食结构。再次，随着社会发展，饮食的功能、作用也呈现出时代特点。

知识链接

从"吃"看新中国成立 70 年变迁

中国有句古话叫"民以食为天"。开门七件事，柴米油盐酱醋茶，每一件事都和吃有关。新中国 70 年的变迁轨迹，也浓缩在了国人的饮食方式上。

1949—1959 年：限量吃。中华人民共和国成立初期，因为物资供应紧张，饮食结构比较单一，以土豆、玉米等杂粮为主，勉强解决温饱问题。米面粮油凭票供应，每家每户的粮油票都按人数定量发放。只有逢年过节，会凭票购买一些肉类、糕点糖果等来解馋，但量都不多。

1959—1969年：饿肚子。因为"三年自然灾害"，20世纪60年代初的人们基本吃不饱饭。萝卜、大白菜占据了老百姓的餐桌，甚至野菜、树叶都成了充饥的食物。

1969—1979年：能吃饱。20世纪70年代主食以玉米面、高粱面等粗粮为主，菜是老三样——土豆、萝卜、大白菜。吃饱问题基本解决，逢年过节还可以吃到大米、白面、红烧肉。这一时期还有了爆米花、棉花糖、麦乳精等小零食和营养品。

1979—1989年：吃味道。1980年实行大包干到户的生产责任制，粮食生产有了明显的增长。随着改革开放经济建设发展，市场物资逐步增多，粮票逐渐退出历史舞台。这时人们的餐桌日益丰富起来，生活水平从温饱走向小康，开始由吃饱肚转为吃得香。人们开始走出家门享受外面专业大厨的烹饪味道。1980年，北京第一家个体饭馆"悦宾饭馆"开业。

1989—1999年：吃品质。20世纪90年代人们生活水平快速提高，菜肴的种类和档次有了大幅提升，人们开始追求吃出品质。20世纪90年代中期开始，鲍鱼、海参出现在餐桌，全国各大菜系也互相渗透，南菜北做。菜品定价经济实惠、装修低调淳朴的川菜馆，深受务实的大众消费者喜爱。同时，西餐逐渐进入中国并被国人接受，"肯德基""麦当劳"等洋快餐迅速发展。大街小巷可以看到各种档次和风味的餐厅，百姓进餐馆尝鲜不再是遥不可及的事情。

1999—2009年：吃多样。21世纪，人们对于吃的要求也越来越高，不仅要吃好，更要吃得多样。水果蔬菜的需求增加，百姓餐桌上的花样也多了起来。餐饮不再是单一的饮食功能，聚会、宴请等场景消费开始流行，要求菜品的种类丰富多样，满足不同人群的喜好的口味。21世纪初，一家主营川菜并辅以粤菜及谭家官府菜的大型连锁餐饮企业"俏江南"诞生，短短7年间，迅速发展成为遍布全国的餐饮集团。与此同时，已经消失的粗粮也受到青睐回到餐桌，重新成为中国人饭桌上的新宠。

2009—2019年：吃体验。这一时期，餐饮行业发展突飞猛进，吃与生活方式结合得越发紧密，人们更加注重吃的便捷性与特色化，现代生活方式对餐饮消费有着更加深入的渗透。坐等美食送上门，成为越来越多人的餐饮消费选择。随着现代社会生活节奏加快，人们花在一日三餐上的时间在进一步减少。与此同时，互联网的影响已经像毛细血管般渗入各个行业。《中国外卖O2O行业市场前瞻与投资战略规划分析报告》显示，截至2018年底，中国餐饮外卖用户达4.06亿，餐饮外卖行业以18.4%的同比增速超过了传统餐饮，美团成为全国最大的餐饮消费平台。此外，细分型的餐饮品类占据了更大市场。原来餐饮店追求菜品越多越好，最好既有川菜又有粤菜，而现在小而美、有主打单品的餐饮店正在成为新宠，下午茶、夜宵等非正餐时段的餐饮消费增速也在不断加快。

如今，人们对于单品餐饮的消费呈爆发式增长，一道菜开火一家餐厅成为餐饮品类赛道上的新常态。以酸菜鱼、小龙虾等作为招牌的单品餐厅越来越多，而且各个单品品类均出现了代表性品牌，比如"探鱼""堕落小龙虾"等。小龙虾成为近几年迅速崛起的网红美食，2018年全国共有将近10万家小龙虾店，上下游市场已达2 600亿元规模，相较去年增长了600亿元。单品餐饮之所以受青睐，从消费端来看，源于单品消费的目的性消费强、决策成本低、体验感好。《中国餐饮报告2018》显示，在面对大而全和小而美的餐厅时，63.3%的消费者会倾向于选择后者，而94.7%的消费者会为了某一个特定的产品或口味去一家餐厅消费。外卖餐饮带来的便利性体验，加上单品餐饮带来的特色化体验，已成为当今人们餐饮消费的新趋势。

（资料来源：红餐网，2019-10-02.）

2）民族性

饮食文化的时代性是从历史时期作纵向观察的结果，如果我们从横向观察，在相同的社会形态中，各个地区、各个民族在饮食文化形态上也有着显著的差异，这便是饮食文化的民族性。饮食文化的民族性，既是地域自然生态环境因素决定的，也是文化生态因素决定的，因此也是由一定生产力水平所决定的。

从古至今，各民族生产、生活环境的差异以及受宗教观念影响和本民族传统观念熏陶，导致了饮食文化不同。如汉代蔡文姬远嫁匈奴，过不惯游牧生活，哀叹："饮时肉酪兮不能餐，冰霜凛凛兮身苦寒。"这就是她在饮食上表现出来的与本民族（或本地区）的人的共同心理素质，也是一种民族感情的流露。同一种饮食，被某一民族视为美味珍肴，而被另一民族列为忌食。羊肉是蒙古、回纥（维吾尔）、匈奴等民族喜食的美味，西南地区的傣族却忌食羊肉。汉族喜食猪肉，而伊斯兰教的民族遵守《古兰经》的规定，将猪肉纳入禁食之列。有的民族对食物有所取舍，或者就餐方式别致，是受了传统观念影响的结果。如苗族中的田姓崇奉狗，并视其为自己的图腾信仰，故平时禁食狗肉。蒙古族崇尚白，认为白色象征纯洁、洁净、吉祥，因此，春节这天，白色的奶制品是必备的食物。壮族妇女在大年初一，天不亮就挑着水桶去河里汲取新水，用水熬煮竹叶、葱花、生姜等，据说喝了它，人会变得聪明等。可见各民族的饮食文化心态均带有鲜明的地方和民族特征。

3）地域性

文化的地方性是民族性特征的延伸，即在同一个民族或同一个国家内，由于人群生活的地理环境不同，文化就有相对的差异，这一点在饮食文化方面的表现尤为突出。如在我国，不同地区的饮食（包括食物品种、加工方法和食俗等）有很大的差异，而且有较长远的历史渊源。在我国当代的饮食文化界，关于菜系问题的争论相当激烈，而这个问题的产生正是由饮食文化的地方性特征所决定的。

4）阶层性

在阶级社会中，不同的阶级和阶层在饮食文化活动中的需求和心态截然不同，甚至大相径庭。所谓"金樽美酒千人血，桌上佳肴万姓膏""朱门酒肉臭，路有冻死骨"之类的描述，就非常深刻地揭露了这一点。历史上，一般下层人民，如农民、手工业者和市民等，通过饮食文化活动，首先企盼的是生理需求，即只求温饱和生存自立而已。即使在年节和喜庆日子，偶尔交往宴请，也不过实现社会交往需求，以建立和保持人际关系以及与社会的"和谐"，从而使自身的存在发展有某种"安全感"。但在社会的最高统治者如皇室、王公、贵族等人那里，饮宴等各种形式的饮食文化活动，主要是显示其自身的权势和荣华富贵的形式。而富商大贾们宴请官员和同僚，主要实现的是其自身的优越、富贵的社会地位，进而力图改变自己的不良形象。当然，在历代饮食文化心态中，还有一些值得注意的逆向需求和停滞需求的现象。如两汉、魏晋、隋唐、明清时期，某些带有浓重的"忧患意识"和"清高意识"的知识分子，通过饮酒、品茶（唐代及唐代以后）赋诗等饮食文化活动，往往首先追求的是自我实现需要，追求至高的"精神享受"和"理想实现"，而对生理需求则不甚看重。

5）交流性

饮食文化的民族性和地方性，实际上就是饮食文化继承性的表现。古往今来，凡是优秀的饮食文化传统，都会继承下去，其中又以科学技术的继承性最强。但是任何形式的继承，都不可能拒绝不同文化形态之间的交流，饮食文化也是如此。实际上，人们今天习惯了的饮食文化形态，和原始的饮食文化相比，可以说已经面目全非了。这种变化的原因，一方面来自内部的进化；另一方面则来自外部的影响和融合，这就是饮食文化的交流性。对于一个国家、一个民族、一个地区，这种交流性都是普遍存在的。

饮食文化的交流，会受到政治制度和观念形态影响，中国长期的封建社会，常常奉行闭关锁国政策，交流速度比较慢，但由于战争或者其他因素，有时也是相当快的。以北方少数民族为例，自秦汉以后，在长城内外，进行了几乎没有休止的战争，结果加速了汉族饮食文化扩散，同时也把这些少数民族自己的饮食文化向汉族聚居地区扩散，融合成统一的现今存在于我国北方的饮食文化形态。饮食文化交流，完全是因人群之间相互接触而产生的，相互接触多了，对双方的饮食习惯等便会相互适应。

6）传承性

从变迁的角度来看，在诸种文化事项中，饮食文化的传承性或持续性也许是最强的。今天现存的饮食文化格局，是经几千年甚至上万年融会渐变形成的。布罗代尔在其著名的《15—18世纪的物质文明、经济和资本主义》一书中曾指出，在食物历史上，一千年时间也不一定出现什么变化。人的食物大体上发生过两次革命：第一次革命在旧石器时代末，随着捕猎活动发展，人由"杂食动物"转变为"食肉动物"。第二次革命即新石器时代的农业革命，越来越多人转向植物型食物。张光直在研究了中国的饮食文化史之后认为：在中国历史的这一方面，延续性大大地超过了其变异性。

[任务总结]

饮食文化的概念有狭义和广义之分，它与烹饪文化既有联系又有区别。饮食文化是由若干要素相互结合、相互作用形成的多层次结构系统，依据不同的标准，可以分为不同的种类。饮食文化的特征有时代性、民族性、地域性、阶层性、交流性、传承性等。

任务2　了解饮食民俗文化的特征

[案例导入]

九门小吃重张　民俗美食节开幕

北京商报讯（记者吴颖）此前纠纷不断的九门小吃近日完成易主，正式亮相。正式易主后的九门小吃尽管牌匾照旧，但是公司的名称已经改为北京京华九门餐饮管理有限公司。伴随着重张，1月25日上午，马年九门小吃民俗美食节在后海孝友胡同一号九门小吃一店及地安门外烟袋斜街甲75号九门小吃二店同时开幕。

北京商报记者了解到，马年九门小吃民俗美食节由北京京华九门餐饮管理有限公司、什刹海商会主办，北京楚天情文化传媒有限公司承办，美食节将延续到 2 月 15 日。现制现卖是九门小吃的特色。在这里，爆肚冯、奶酪魏、年糕钱、羊头马、月盛斋等 22 家老字号企业当场制作 100 多种传统美食，艾窝窝、褡裢火烧、驴打滚等老北京传统小吃都能吃到。除了小吃现做现卖之外，美食节期间还有老北京琴书、京韵大鼓等传统民间曲艺表演为您助兴。

九门小吃总经理杨铁良介绍，这里的人个个身怀厨艺绝技，将在现场让食客感受来自京都文化的独特魅力。九门小吃不仅有 300 多个花样翻新的小吃品种，还极大拓宽了华夏小吃的覆盖面，除地道的北京特色小吃外，还包括回、满、汉、宫廷御膳等传统美食。据介绍，老北京的美食文化源远流长，京城九门的历史同样厚重。九门小吃就源于北京九个城门的典故。与其他小吃迥然不同的是，九门小吃融合了京都民俗特色和皇室文化。

（资料来源：北京商报，2014-01-28.）

[任务布置]

饮食是人类生活方式的一个重要组成部分，是人类生存和改造身体素质的首要物质基础，也是社会发展的前提。在我国，不同地区、不同民族由于各自特殊的历史、地理条件和经济文化因素，在漫长的历史进程中形成了各具特色的饮食民俗。饮食民俗已经成为中国悠久文化的重要方面，体现着中国社会和文化的特点，也成了重要的旅游资源，为国内外所叹服。作为一名烹饪工作者，了解饮食民俗的基本知识（图 4.2），对将来做好烹饪工作具有重要意义。

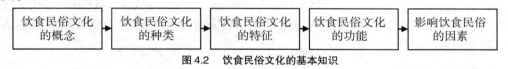

图 4.2　饮食民俗文化的基本知识

[任务实施]

4.2.1　饮食民俗文化的概念

1）民俗

"民俗"一词在中国古代社会早已有之。《管子·正世》有"料事务，察民俗"；《汉书·董仲舒传》也说"变民风，化民俗"；《荀子·富国》将"俗"注解为"民之风俗也"。民俗就是一定地域的特定人群在生产、生活和生存发展中形成的行为和思想的习惯性事象，也就是大家习以为常进而能够自觉奉行的惯制。惯制并不是法律规定的，而是民间约定俗成的，靠惯性的力量维系的。

民俗包括两方面含义：首先，这种文化事项必须是产生并传承于民间的。那些只存在于官方而不存在于民间的文化事项，那些与民间社会并非直接关联的文化事项，即使具有世代相袭特点，也不算民俗。其次，民俗必须具有世代相袭特点。那些虽然产生于民间，但在成为广大民间社会所接受的"民俗"之前便已迅速解体的文化事项，也不应被纳入民俗学研究范畴。

2）民俗文化

民俗是一种文化现象，所以民俗即民俗文化。民俗文化是广大劳动人民所创造和传承的民间文化，是在共同地域经历了历史沉淀和传承的文化传统，是历史发展的产物。它的产生和发展与人们一定的物质生活水平、生活内容、生活方式、自然环境、政治气候以及发展等因素有一定关系。这种具有民族的、时代的文化，既有物质的标志、制度的规范，又有具体社会行为、风尚习惯的鲜活体现。

民俗文化大体上包括存在于民间的物质文化、社会组织、意识形态和口头语言等各种社会习惯、风尚事物。物质文化，一般包括它的各种品类及其生产活动两方面。它是由人类的衣、食、住、行和工艺制作等物化形式，以及主体在物化过程中的文化传承活动所构成的。传统的民居形式、服饰传统和农耕方式等，都是物质文化的内容。社会组织，指人类社会集团中氏族、家属、宗族、村落、乡镇、市镇以及各种民间组织包括民间职业集团的总称。当它们彼此的关系通过某种约定俗成的方式固定下来成为维护民间人际关系和生存方式的纽带时，它们也就进入了民俗文化的范畴。意识形态，涉及民间宗教、伦理、礼仪和艺术等，是在物质文化和社会组织的基础上形成的精神民俗部分。此外，还有口头语言，口头语言不属于以上3类，它是人际关系的媒介，是许多文化的载体，是一种民俗传承的特殊符号。

民俗文化，作为民间最广泛的传承文化，以它悠久的历史、深厚的内涵和特有的功能，在社会发展的历史长河中，始终制约和影响着人类群体的思维观念和物质生产、生活方式。在实现社会主义现代化的过程中，一切先进的思维观念，包括各种新的风尚、习俗及民俗文化观念，也必然会伴随着先进生产力发展而不断产生、发展。它紧跟时代前进步伐，发展迅速，传播面广，变化纷繁，而且具有巨大的引导性和感染力，在各个经济领域和生活领域里，不断影响和推动社会发展。

3）饮食民俗文化

饮食民俗是人类饮食文化中的社会性规定和约定俗成的社会行为，是诸多风俗中最活跃、最持久、最有特色、最具群众性和生命力的重要分支之一。历代的风物志、风俗志、风土志、风俗画、地方志、行业志以及正史、野史、笔记小说与文学艺术作品，对此均有生动的反映。它是构成中国饮食文化的基本要素，对中华民族心理和性格形成有着潜移默化的巨大影响。

饮食民俗随着人类社会的产生而产生，伴随着经济文化发展而发展，伴随着科技进步而进步。它的形成和发展主要由中国的环境、历史、经济、政治、文化诸多方面因素所决定。从元谋人时代茹毛饮血、北京猿人时代火炙石燔到山顶洞人时代捕捞鱼虾再到河姆渡时代试种五谷以及现代的诸多菜品菜样和饮食的礼制讲究，这是一个从无到有，从初级到高级发展的过程。

🔔 4.2.2　饮食民俗的种类

饮食民俗的内容繁杂广泛，归纳起来，大致包括3个方面：一是物质系统的，如食物的种类、食法及其来历，不同地区和民族的饮食结构，日常饮食、节令饮食、仪礼饮食的特殊讲究等以及食物生产交易方面的习俗；二是行为系统的，如岁时节令方面的饮食民俗、家族和亲族方面的饮食习俗、人生礼仪方面的饮食习俗等；三是观念系统的，如信仰方面的饮食民俗等。为了便于学习，我们将中国饮食民俗分为居家日常饮食习俗、年节饮食习俗、人生仪礼食俗、宗教信仰食俗、饮食市场食俗、地方风情食俗、少数民族食俗等既有联系又各成体系的类型。

1）居家日常饮食习俗

每个家庭的三餐调配、四季食谱、祖传名菜、养生方法、口味偏好等，均与各自不同的经济来源、文化素质、家风家教和生活惯制相关。从餐制看，由于多数家庭秉承"日出而作，日入而息"古训，还不习惯夜生活，故而一日三餐为全国通制，当然也有例外。从膳食结构看，从古至今我国家庭基本上沿袭"三多三少"传统，即主副食组合中，谷食多，菜食少；菜食用料中，蔬菜多，肉品少；肉品选用上，猪肉多，其他少。这与我国的农业生产模式和中医"得谷吉昌"理论有关，以植物性食料为主体，是中国居家饮膳的突出特征之一。

我国自古便有妇女主持家中饮食的传统，这一状况现今并无多大改变，只是由于绝大多数主妇参加了工作和协助务农，将"专厨"变成"兼厨"而已。主妇值厨一般只抓3件事：采购、定食谱、掌勺，扮演的是"厨师长"。而家庭其他成员，则在主妇的指挥下，干着力所能及的辅助活。这种协同，能充分利用各成员的空闲时间，相应减轻主妇的负担，还能互相照应，嘘寒问暖，增强情感交流。

家庭饮食，历来注重洁净。厨房常扫，灶台勤抹，盘碗多洗，饭菜卫生，并且大都养成了良好的饮食习惯，极少出现食物中毒。家庭饮膳，还很注意应时当令，主辅调配，粗料细作，综合利用；三盘两碟，量尽管不多，却很精细。不少能干的主妇，还擅长调制方便小菜，随食随取，经济实惠。有些经济宽裕的大家庭，更不乏祖传的风味名食，这都是上几辈人的杰作，百年相传，以其浓郁的亲情加深着成员对家庭的眷恋。

家庭聚餐有一种宽松自由的气氛。大家辛苦做，快活吃，爱坐哪里坐哪里，想吃什么吃什么，丝毫不受繁文缛节束缚。家庭聚餐彼此有谦让的心态，成员到齐才开饭，不挑不拣不抱怨。你推我让，好一点的食品多数分给老人和孩子，洋溢着暖烘烘、热融融的骨肉之情。

2）年节饮食习俗

年节期间的饮食是具有传统文化色彩的风俗事象，主要包括节庆食品和饮宴风尚。年节饮食习俗的涵盖面大，类型众多。如以时代划分有传统节庆食俗和现代节庆食俗；以民族划分有汉族节庆食俗和少数民族节庆食俗；以季节划分有春令、夏令、秋令、冬令节庆食俗；以性质划分有历法推定食俗、农事调适食俗、宗教起源食俗、祖灵祭祀食俗、历史纪念食俗、民族传说食俗、社交娱乐食俗等。

3）人生仪礼食俗

人生仪礼又称个人生活仪礼，指人的一生中在不同生活与年龄的重要阶段所举行的不同仪式和礼节。人生仪礼活动逐渐形成了一系列饮食习俗。我国的人生仪礼食俗主要有诞生礼食俗（如三朝酒、满月酒、周岁宴、亲家宴等）、成年礼食俗（开蒙酒、割礼宴、庆十岁、冠礼席和笄礼席等）、婚嫁礼食俗、寿庆礼、丧葬礼等。人生仪礼食俗的基本特点：遍邀至亲好友参加，宾客必备盛礼祝贺（或悼念），主家循例大张宴席。人生仪礼食俗寓礼于仪，寓教于食。

4）宗教信仰食俗

宗教信仰食俗，即在原始宗教或现代宗教的制约下所形成的食禁、食性、食礼与食规。它在行动上多有某种手段或仪式，在语言文字上多有某种语汇或戒律，在心理上多有某种支配精神意识的神秘力量。其突出表现便是允许吃什么和不准吃什么，什么时候吃或不吃，以什么名义吃和按什么方式吃，并且对于这些"清规"都能运用宗教经典或神话传说进行有理有据的解释。不同的宗教信仰，有不同的饮食风俗。

5）饮食市场食俗

饮食市场食俗指菜点的生产与销售、餐饮的接待和服务、餐饮业的经营及管理、地方风味的成因与特色等方面的风情世象和行为规范，其中包括餐馆食俗、饭庄食俗、茶坊食俗、食摊食俗等。这是中国饮食文化的重要方面之一，有着数千年的食俗事象积淀。

饮食市场是菜点的生产、销售场所，主要包括供应酒食的酒店、饭铺、茶楼、食摊以及同时提供食宿的宾馆、旅社、驿站及旅店。它们是在一定的历史阶段（原始社会末期）才出现的，为的是满足流动人口和城镇居民的饮食要求。

饮食市场食俗的主要表现，一是醒目的行业标志，如酒招、行话、工装；二是经营的竞争手段，如网点相对集中，经营分级划类，延长营业时间，深入街巷里弄，承揽服务项目，重视接待礼仪；三是突出六名（料名、菜名、点名、席名、师名、店名）和一优（优质服务），以产品质量和服务质量取胜；四是以地方风味作旗帜，如用"六名一优"烘托，用店堂装饰陪衬，用乡土人情熏染等。

6）地方风情食俗

地方风情食俗是受经济地理、风土物产、历史变迁和文化传承影响，在一定自然区域内形成的宏观饮食习惯。我国疆域辽阔，气候各异，地形复杂，物产有别。人们择食多是就地取材，久之，便出现了以乡土原料为主体的地方菜点，产生了相应的饮食习俗。例如，北方产麦，面食品花样就多，南方出稻，米制品品种就全，于是，北方人爱吃饺子、南方人爱吃粽子，就成为一种普遍的饮食习惯。又如，山西人爱醋，山东人爱葱，四川人爱辣椒，浙江人爱黄酒，也是气候、地形和物产因素决定的，世代相袭，便成为饮食上的风味差异。《清稗类钞》说："食品之有专嗜者，食性不同，由于习尚也。"这都是对地方食俗成因的合理解释。有意思的是，地方食俗一旦形成，便有极强的传承性与排他性，有时甚至到了"当局者迷"的程度。比如，任你摆出千般美味，西安的"乡党"首先挑的是羊肉泡馍；面对五光十色的早点，武汉人总觉得只有热干面才最过瘾；现在四川人无论搬到哪里，泡菜坛子总随户口同迁。这正是地方食俗的"魔棍"发出的"神力"。

7）少数民族食俗

少数民族食俗指各有传承或祖训、特别讲究忌讳、分别流传在55个少数民族内部的特殊食俗。其始因有的是民族起源和英雄传说，有的是生产方式和生活方式，有的是信仰膜拜和礼俗品德，有的是文化艺术和心理感情，还有的是以上各方面综合作用。在众多食俗中，综合作用产生的食俗最为复杂又最具特色。

🔔 4.2.3 饮食民俗的特征和功能

1）饮食民俗的特征

（1）集体性和社会性

饮食民俗并不是个别人或少数人的习俗，而是社会上、集体中绝大多数人共同的习俗。

尽管在饮食民俗的演变过程中，一些饮食习性与爱好最初表现在少数人身上，但只有当这些内容被大多数人模仿接受之后才能被称为民俗。

（2）地域性和民族性

常言道："十里不同风，百里不同俗。"这讲的就是民俗的地区差异性，不同的地域会有不同的饮食民俗。民族是具有共同语言、共同地域、共同经济生活、共同文化、共同心理特征的民众共同体，是民俗的载体。往往具有共同或相近习俗的人群组成民族，换言之，不同的民族有不同的饮食民俗，人们往往以民族为单位来了解饮食民俗。当然，人口众多的民族，由于地域差异等原因，其内部的风俗习惯差异也是明显的。

（3）传承性和播布性

传承性指民俗一旦形成便会世代相袭，不会因为改朝换代或社会的变革而立即中断。正因为这一特性，一些古老的民俗得以延续下来。播布性是说一定地域、一定民族的民俗会随着不同地域不同民族的相互往来而向外扩散。因此，在一些相邻的民族或相近的地域单位之间会有一些相似的民俗。

（4）稳定性和变异性

民俗是被绝大多数人遵从的习惯，一旦形成就有较强的稳定性，往往核心的东西多少年不变或变化很小。即使是一些落后的不合理的习俗，由于在民间根深蒂固，改变起来也很困难。当然，任何民俗都不是绝对不变的，随着社会发展和时代变迁以及与外界交流，民俗也会在潜移默化中发生改变。这种变异往往先从少数人做起，逐渐被周围的人认可，是一个相对缓慢的过程。

2）饮食民俗的功能

（1）凝聚功能

文化具有凝聚力，这种凝聚力存在于同一种文化的人之中。饮食民俗作为文化的一部分，也具有凝聚力。信仰或崇拜同一神灵的人们之间，具有很强的凝聚力。如祭祀灶神，将祭同一灶神的若干家庭凝聚起来；祭祀祖先，加强了该祖各支子孙之间的凝聚力。

（2）纪念功能

历史上，人们惯用一些食品纪念一定的事件，表达对人或事的一种留恋怀念的感情。如端午节吃粽子是为了纪念屈原，寒食节吃凉食是为了纪念介子推等。

（3）教育功能

丰富多彩的食俗事象，不仅可以传授生产技能与生活知识（如采集食料、制作炊具、学习烹调、料理家务），而且可以帮助后代了解社会、了解世界，学会生存的本领，能够在社会上自立、自强。通过食俗活动潜移默化地进行传统教育，还能增强民族自豪感和民族自信心，形成良好的民族心理和民族性格。我国许多少数民族团结互助、豪爽待客的民风，在很大程度上都与食俗的长久熏陶有关。

（4）实用功能

饮食民俗的实用功能，指它在日常生活中对社会生产、生活所能起到的较直接的作用。如婚礼中的聘礼需要食物，结婚宴席，生子报喜送红蛋等。

（5）娱乐功能

许多食俗都与社交、欢聚、游乐、竞技相结合，带有浓厚的娱乐性。特别是年节文化食俗、人生仪礼食俗、公关礼仪食俗和少数民族食俗，多以社群形式出现，表现了健康向上的审美观念，洋溢着活泼欢快的情调，从中可以获取乐趣，调节个人的物质生活与精神生活。

4.2.4 影响饮食民俗的因素

1）地理环境

饮食民俗形成和发展与人们生活的地理环境有着密不可分的关系。地域和气候不同，农副产品的种类、品性不同，食性和食趣自然也不同。"东辣西酸，南甜北咸"大致概括了我国不同地域的饮食特点。这既反映了气候、土壤对人们饮食习惯和口味的影响，同时也说明了食品调理是人们适应自然环境的重要手段。

2）经济条件

食俗形成和变异也受到社会生产发展状况所制约。我国北方以种植小麦为主，南方以种植水稻为主，故形成了"北面南米"的格局。秦岭、淮河以北适宜种植小麦和谷子等耐旱作物，人们日常生活中的主要食品，以面制品为主。馒头、包子、花卷、饺子、烙饼、锅贴等，都离不开面粉。南方盛产稻米，风味食品大都用米制成。米粉、糕团、粽子、汤圆、油堆、糍粑、沙糕等，都是米制品，粥和饭的品种繁多。

3）传统文化

传统文化对饮食民俗形成和发展具有深刻的影响，不同地域的饮食民俗和风味食品蕴藏着一个民族的信仰、心理、性格、审美情趣、历史文化等内涵。《礼记·曲礼》记载："共食不饱，共饭不泽手。"又如《周礼·春官·大宗伯》记载："以乡燕（宴）之礼，亲四方之宾客"，"以饮食之礼，亲宗族兄弟"。《左传·成公十二年》记载："飨以训恭俭，燕以示慈惠。"这些礼仪体现了餐的卫生要求和谦恭礼让的人际关系以及中国人对饮食的重视。元宵节吃元宵，端午节吃粽子，中秋节吃月饼，重阳节吃重阳糕，腊八节吃腊八粥，祭灶吃灶糖，春节吃年糕，没有哪个节庆不以吃喝为特色。这些饮食文化成为文化传承的主要代表。从婚丧喜庆到喜怒哀乐，无不以吃喝为高潮，吃喝成为中国人团结群体、整合关系的润滑剂和增凝剂。

中餐菜肴注重色、香、味、形、器、名等整体效果，讲究调和之美。在饮食方式上采用筷子和共餐制，这些反映了我国古代哲学中"和"这个范畴对民族饮食思想的影响。天有五行，人有五脏，食有五味，人通过"养"获得天地之气，吃什么，不吃什么，都要遵照阴阳搭配的原则。

4）文化交流

民族之间、区域之间的文化交流，大大丰富和影响着我国的饮食民俗。《尚书·旅獒》中就指出："四夷咸宾，无有远迩，毕献方物，惟服食器用。"文化交流首先从引进食物开始，3 000多年前周武王时，西南少数民族就将茶作为贡品输送到中原。自从汉代张骞出使西域，西域与中原交通被打通，西域的葡萄、石榴、核桃、黄瓜、蚕豆、香菜、胡萝卜、葱、蒜等瓜果蔬菜，源源不断地被输入中国，成为百姓日常喜爱的食品。

维吾尔族的"烤羊肉串"、傣族的"竹筒饭"、满族的"萨其玛"等食品，如今已成为各民族都认同和欢迎的食品；信奉伊斯兰教的各民族之清真菜、清真小吃、清真糕点等，更遍及我国大江南北；北方少数民族食用的茶叶、豆腐、麻花等也是长期文化交流的结果。近现代中西方文化交流日渐频繁，不仅带来了蛋糕、奶油、牛排、面包等西式菜点，而且带来了西方一些先进的烹饪设施、饮食方式，这些无疑也为中国古老的饮食文化注入了新的活力。

5) 科技进步

在原始社会，由于生产力低下，科学技术落后，人们完全依赖自然，过着茹毛饮血的饮食生活，"烹饪"是人类学会用火以后开始的。随着科学技术进步、食物品种增多以及各种炊具出现，烹饪方法由少渐多，技艺由简单到复杂，从而促进了饮食文化发展。现代科学技术和交通迅速发展，在促进各地饮食文化交流的同时，也促使各地饮食文化的自然背景发生很大变化。20世纪80年代，地处华北平原的北京市冬季蔬菜品种少，因此价格低廉、易储存的大白菜成为居民饭桌上的"当家菜"。每年一到初冬，千家万户齐出动，买菜、晾菜、储菜，成为一幅繁忙而有致的风俗画。如今随着冬季大棚蔬菜栽培技术出现，曾经的"当家菜"已成为"平常菜"，白菜和其他各种蔬菜瓜果一起摆上市场柜台，丰富着老百姓的餐桌。

6) 宗教信仰

宗教信仰对饮食文化具有较大影响，主要表现在教义的规定和有关宗教习俗方面。我国大部分民族的佛教是茹素的，这种茹素的饮食风俗大大推动了我国的蔬菜、瓜果类栽培以及豆制品、面筋制品技术发展，并且开创了我国饮食文化中净素菜烹饪的一大流派。古刹大多在名山，而名山大都有好茶好水，这对我国种茶、制茶、品茶的习俗也有所促进。此外，我国汉族地区曾广泛流传吃"腊八粥"，这也与佛祖释迦牟尼的传说有关。

此外，不少食俗是从原始的信仰崇拜演变而来的。如蒙古族尚白以马奶为贵；高山族造船后举行"抛船"盛典，宴请工匠和村民；水族在供奉司雨的"霞神"完毕后，才能分享祭品；还有穆斯林过"斋月"，广州商人正月请"春酒"，厨师八月十三朝拜"詹王"等食俗。

7) 政治影响

饮食民俗时常受到政治形势影响，尤其受当权者的好恶和施政方针影响。唐朝皇帝姓李，由于避讳字与鲤同音，下令禁止捕食鲤鱼，加上唐王朝崇奉道教，视鲤鱼为神仙的坐骑，故而唐人多不食鲤鱼，唐代也极少见鲤鱼。许多时令节庆的饮食风俗，起因往往带有浓郁的政治色彩。

[任务总结]

饮食民俗是人类饮食文化中的社会性规定和约定俗成的社会行为，它是诸多风俗中最活跃、最持久、最有特色、最具群众性和生命力的一个重要分支。历代的风物志、风俗志、风土志、风俗画、地方志、行业志以及正史、野史、笔记小说与文学艺术作品，对此均有生动的反映。

饮食民俗的种类很多，如居家日常饮食习俗、年节饮食习俗、人生仪礼食俗、宗教信仰食俗、饮食市场食俗、地方风情食俗、少数民族食俗等。饮食民俗具有集体性和社会性、地域性和民族性、传承性和播布性、稳定性和变异性等特征，具有凝聚功能、纪念功能、教育功能、实用功能和娱乐功能。影响饮食民俗的因素也很多，如地理环境、经济条件、传统文化、文化交流、科技进步、宗教信仰、政治等。

任务3 掌握烹饪风味流派的特点

[案例导入]

何必为"八大菜系之母"叫板

2月1日，央视新闻发微博称"豫菜是中国各大菜系的渊源，烹饪界的许多权威人士认为，豫菜是八大菜系的'母亲'"。此微博发出后引来不少争议，陕西一位网友则直接叫板央视新闻，表示"天下之菜源于陕，始于周秦盛于唐"。

不管豫菜是八大菜系之母也好，还是天下之菜起源于陕西也罢，这些都是客观存在的，没有必要你争我斗。

无论是四大菜系八大菜系，还是各大菜系的起源，都是中华美食文化的重要组成部分，也是我国饮食文化多样性的具体体现。随着时代的变迁，很多饮食、烹饪技术已时过境迁、物是人非，其地域特点逐渐模糊，没有明确的分界线。即使是这样，中华饮食文化的精髓却是亘古不变的。认识到了这一点，所谓的谁是八大菜系之母，抑或是四大菜系之父之争也就自然化解了。

（资料来源：中国食品安全报，2014-02-13.）

[任务布置]

"菜系"的概念出现于20世纪70年代，流行于80至90年代。迄今已有"四系"说、"五系"说、"六系"说、"八系"说、"十系"说、"十二系"说、"十四系"说、"十六系"说、"十八系"说、"十九系"说、"二十系"说、"三水四系"说、"34系"说等。不少说法中，又包含几种不同的观点，而且还有产生更多新说法的趋势。菜系讨论和争论的实质则是中国烹饪地方风味流派的认识和表述的科学性问题。下面，我们来学习烹饪风味流派的有关知识（图4.3）。

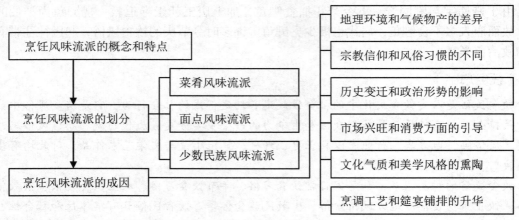

图4.3 烹饪风味流派知识构架

🍲 4.3.1 烹饪风味流派的概念和特点

1）烹饪风味流派的概念

（1）风味

"风味"一词有4个基本含义：一为美味，指一地特有之食品口味；二为风度、风采；三为事物特有的色彩和趣味；四为直意即风的味道、风中的味道，它的含义与口味无关，专指气味。在烹饪学中，风味指"食品入口前后对人体的视觉、味觉、嗅觉和触觉等器官的刺激，引起人对它的综合印象"（王子辉《中国饮食文化研究》）或"关于食品的色香味形的综合特征"（季鸿崑《烹饪技术科学原理》）。风味是一种感觉或感觉现象，所以对风味的理解、评价往往带有强烈的个人的、地区的和民族的倾向。

中国地域辽阔，民族众多。由于地理、气候、物产、经济、文化、信仰以及烹饪技法等方面的影响，各地的烹饪文化也体现出明显的差异性。一方面表现在所烹饪的菜点的实体上，如四川菜的麻辣、山东菜的咸鲜、广东菜的清爽、陕西菜的浓厚等，都是用本地原料烹制符合当地人口味的结果。另一方面则表现在风格的差异上，即不同地区、不同民族的历史和文化的差异，影响烹饪师独特的品位和表现手法，如造型设计是现实性还是象征性，色调是清淡还是浓重，是华丽还是素雅，手法是粗犷还是精致等。所有这些特点，是能够感觉到、概括出来的，是各不相同迥然有异的。我们称这种特色为地方风味和民族风味。

（2）风味流派

烹饪风味流派是烹饪文化发展到成熟阶段的产物。在烹饪尚处于朴素幼稚的初级阶段，固然有不同的菜点和口味，但并不能称作流派。只有出现了大量烹饪师和许多不同菜点，其中某些烹饪师以其独到的风格技艺制作出的菜点有鲜明风味差异，并受到人们广泛赞赏。他们在长期坚持过程中，逐渐形成一种习惯性差异，而这种差异往往又成了某个地区菜点中特别好吃的"群味"，为人们所注目，且有些人又群起而仿效；或有些烹饪师共同在某一方面（诸如原料、烹饪技法和口味等）有新的开拓，对烹饪的创作和发展产生了一定的影响，从而有意无意地形成了一个群体时，才能称其为流派。

烹饪风味流派主要指在一定区域范围内的一些烹饪师在原料选择、烹调技艺、表现手法和菜点风味特色等方面，经过长期的文化积累、历史的筛选演变，出现相近或相近的特征，而自觉或不自觉地形成的烹饪派别。这种派别通常在一定时期内能够产生较大影响，并为本地区、本民族以及外地区、外民族所注目和效仿。

（3）烹饪门派

门派是按某一个"流派"内的师门划分的，不是所有师门都能成为门派。门派的形成，首先要有一定数量的代表产品，并形成了独特的烹饪艺术风格。其次要得到消费者广泛认可，且师徒传承三代以上。不同的厨艺风格，是构成门派特色的核心要素，有些小师门同属于一个门派。门派的命名以开创者的姓氏为主，如张派、王派、李派、赵派等，这就如同京剧艺术的梅派、程派、荀派、尚派等。

2）烹饪风味流派的特点

烹饪风味流派，作为一个客观存在的事物，必然有着量的限制和质的规定。从历史和现状看，凡社会认同的烹饪风味流派，一般具有以下几个特点。

（1）特异的乡土原料

菜品是烹饪风味流派的表现形式，而原料则是构成菜品的基本要素。如果原料特异，乡土气息浓郁，菜品风味往往别具一格，颇具吸引力。所以不少风味流派所在地，都十分注重开发和运用当地名特烹饪原料。中国有句俗话："靠山吃山，靠水吃水。"其含义就包括了中国烹饪原料选择的地方性。因为人们选择食物多就地取材，如沿海多选海鲜鱼虾，内地多选山珍家禽，牧区多选牛羊。即便鱼菜，也多就地选用，不尽相同，如东北多取大马哈鱼，两湖地区多取长江中游和洞庭湖所产鳊鱼、蛔鱼，广东、福建多取海产墨鱼，四川则用岩鱼、鲇鱼等。烹饪风味流派大多在长时期内一贯如此，很少变更。这除了不愿舍近求远、增加费用外，主要还是这个地区的烹饪师对常选用的原料质地、性味等比较熟悉，烹调时运用自如。所以某种原料一经选用，确有特色而使人嗜食，就坚持长期选用，从而保持了烹饪风味流派的相对稳定性。如川菜选用郫县豆瓣调味，烹制出的菜点醇香而微带辣甜，受到广大群众喜爱，所以就坚持使用，使四川风味流派的个性特别突出而稳定，并为人们普遍承认和接受。

（2）独到的烹调风格

中国烹饪是手工性很强的技艺，烹制时的独特性比食品工业表现更为突出，诸如火力大小、水多少、调味品的使用等，全由手工掌握，所烹制的菜点不可能完全一样。一个成熟的烹饪师，既能较好地继承前代的烹饪技艺，又能进行独创活动，所烹制的菜点总有自己的风格。不同的风味流派，同样都有自己独到（精于或偏于）的烹调风格。清代袁枚《随园食单》记述做猪肚"滚油爆炒，以极脆为佳，此北人法也，南人白水加酒煨两炷香，以极烂为度"说明南北两种截然不同的烹调方法和风格。与此相似的还有莲藕，南北做法也不一样，北方常爆炒和滚水余焯，吃起来脆嫩，南方常蒸煮，吃起来软糯。再以鲁、川、苏、粤几个烹饪风味流派而论，鲁菜擅长爆、扒、熻等，菜品普遍水准卓越，其风格大方高贵，旷达洒脱；川菜善用小炒、干煸、干烧等，味型较多，富于变化，家常名菜居多，其风格大众气息最为浓郁；淮扬菜偏于烧、煨、炖、焖等，精于刀工，菜品较为精致，其风格清新、温文尔雅；粤菜在焗软炸等方面独具一格，菜品多有开拓创新，其风格豪迈新奇。所有这些独到的烹调风格成为各烹饪风味流派的重要特点。

（3）风味鲜明的特色菜点

中国菜点品种繁多，不同的烹饪风味流派，无不具有自己个性鲜明的菜点。无论是普通菜还是高档菜，大众菜还是筵席菜，菜肴还是面点、点心，都具有比较突出的风味特色。《全国风俗传》说："食物之习性，各地有殊，南喜肥鲜，北嗜生嚼。"《清稗类钞》记述了清末部分地区不同菜点的风味特色："苏州人之饮食——尤喜多脂肪，烹饪方法皆五味调和，惟多用糖，又喜加五香"，"闽粤人之饮食——食品多海味，餐食必佐以汤，粤人又好啖生物，不求火候也"，"鄂人之饮食——喜辛辣品，虽食前方丈，珍错满前，无椒芥不下箸也"。说明不同烹饪风味流派内涵的核心是个性突出、特色鲜明的一系列风味菜点。如鲁菜烹饪师善于做高热量、高蛋白的菜肴，并以汤调味闻名遐迩，偏于咸鲜浓厚口味的菜式占主要位置；川菜烹饪师长于烹制重油重味的菜式，且富于变化，偏于麻辣的菜式居多；粤菜烹饪师善用鲜活原料，追求原味，偏于鲜、爽、滑的特色菜式相当丰富。

（4）一定数量的有影响的厨师群体

形成烹饪风味流派，必须有一个由一定数量有影响力的烹饪大师、名师为代表组成的厨师群体。这个厨师群体或大或小，但必须要有基本相同或相近的烹饪思想倾向和烹饪技术修养。只有一个或几个厨师，无论其成就有多大，水平有多高，也不能称为一个流派。而离开了高水平厨师群体的开创、创新，没有一批有共同或相近风味特色的菜点，也就谈不上形成风味流派。

4.3.2 烹饪风味流派的划分

1）菜肴风味流派

从历史发展、文化积淀和风味特征来看，在我国菜风味流派中，最著名的是川、鲁、苏、粤四大菜肴风味流派，即长江中上游地区的川菜风味、黄河流域的鲁菜风味、长江下游地区的苏（淮扬）菜风味和珠江流域的粤菜风味。此外，还有浙菜风味、湘菜风味、闽菜风味、徽菜风味、鄂菜风味、京菜风味、沪菜风味等。

（1）川菜风味流派

①构成。由上河邦（以成都、乐山地区为中心，也叫蓉派川菜）、下河邦（以重庆、万州地区为中心，也叫喻派川菜）、小河帮（以自贡、宜宾地区为中心，也称盐帮菜）等流派构成。

②特点。选料广泛，精料精做，工艺有独创性，菜式适应性强，清、鲜、醇、浓并重，以善用麻辣著称。川菜雅俗共赏，居家饮膳色彩和平民生活气息浓烈，享有"味在四川"之誉。

③代表菜。如毛肚火锅、宫保鸡丁、樟茶鸭子、麻婆豆腐、清蒸江团、干烧岩鲤、河水豆花、开水白菜、家常海参、鱼香腰花、干煸牛肉丝、峨眉雪魔芋等。

（2）鲁菜风味流派

①构成。由鲁中及黄河下游风味（以济南为中心，含泰安、潍坊、淄博、德州、惠民、聊城、东营等）、胶东风味（含福山、青岛、烟台）、鲁南及鲁西南风味（含临沂、济宁、枣庄、菏泽等）、孔府风味等构成。

②特点。鲜咸、纯正、葱香突出；重视火候，善于制汤和用汤，海鲜菜尤见功力；装盘丰满，造型大方；菜名朴实，敦厚庄重；受儒家学派饮食传统影响较深。

③代表菜。如德州脱骨扒鸡、九转大肠、清汤燕菜、奶汤鸡脯、葱烧海参、清蒸加吉鱼、油爆双脆、青州全蝎、泰安豆腐、博山烤肉、糖醋鲤鱼等。

（3）苏菜风味流派

①构成。由金陵风味、淮扬风味（含扬州、镇江、淮安、淮阴）、姑苏风味（含苏州、无锡）、徐海风味构成。

②特点。清鲜、平和、微甜，组配严谨，刀法精妙，色调秀雅，菜形艳丽；因料施艺，四季有别，筵席水平高；园林文化和文人雅士的气质浓郁。

③代表菜。如松鼠鳜鱼、大煮干丝、清炖蟹黄狮子头、三套鸭、清蒸鲫鱼、炖菜核、水晶肴蹄、梁溪脆鳝、拆烩鱼头、镜箱豆腐、将军过桥、金陵桂花鸭等。

（4）粤菜风味流派。

①构成。由广府风味（以广州为中心，含珠江三角洲和肇庆、韶关、湛江等）、潮汕风味（以潮州为中心，含汕头、海丰）、东江风味（即客家风味）构成。

②特点。生猛、鲜淡、清美；用料奇特而广博；技法广集中西之长，且趋时而变，勇于创新；点心精巧，大菜华贵，富于商品经济色彩和热带风情。民间素有"食在广州"称誉。

③代表菜。如金龙脆皮乳猪、红烧大裙翅、盐焗鸡、鼎湖上素、蚝油网鲍片、大良炒牛奶、白云猪手、烧鹅、炖禾虫、咕咾肉、南海大龙虾等。

2）面点风味流派

我国面点根据地理区域和饮食文化形成，大致可分为"南味""北味"两大风味，这两大风味又可以以"京式面点""苏式面点""广式面点"为主要代表。

（1）京式面点流派

京式面点起源于我国黄河以北的广大地区，以北京为代表。由于北京是首都，又长期受宫廷饮食习惯影响，特别是在清朝时期，大批厨师被引入北京，这才逐步形成了风味独特的京式面点。

①风味特色。京式面点多以面粉为主要原料，最擅长面食品制作，这和京式面点所包括的地域及所处的地理位置有很大关系。京式面点的主要特点：口味鲜咸，柔软松嫩，在包馅制品中，多以水打馅。其馅心肉嫩汁多，具有独特风味。其"四大面食"是抻面、刀削面、拨鱼面、小刀面。不仅制作技术精湛，还口味爽滑、筋道，深受广大人民喜爱。

②代表品种。京八件、清油饼、都一处烧卖、狗不理包子、肉末烧饼、千层糕、猫耳面、艾窝窝等。

（2）苏式面点流派

从地理位置上讲，它包括长江中下游苏、沪、浙一带，在历史上，这一带曾经是南北运河的交通枢纽，加之主要粮食作物为水稻，因此，这里的厨师不仅擅长米面制品，而且擅长面食品制作。也就是说，苏式面点既具有南方风味，也具有北方特点。

①风味特色。苏式面点以苏州为代表，在制作上，讲究形态与造型，比较有名的是苏式面点中的船点，这种点心形态多样，飞禽走兽、花鸟鱼虫均能在船点中得以体现，其形态非常逼真，色彩艳丽，栩栩如生，经常被誉为食品中的艺术珍品。

苏式面点的主要特点：讲究味道，调制的馅心重口味，口味厚，色泽深，略带甜；在调馅时，讲究馅心掺冻，制成品汁多肥嫩，味道鲜美。

②代表品种。淮安文楼的汤包、扬州的三丁包子、镇江的蟹黄汤包、无锡的小笼包等制品，都是典型的掺冻品种。

（3）广式面点流派

广式面点起源于广东地区，以广州市为代表，包括珠江流域及南部沿海地区制作的面点制品。

①风味特色。广式面点以常用的淀粉类制品为主，并充分利用荸荠、土豆、山药、菱角、绿豆、薯类及海鲜类等作为坯皮原料，特别能够吸收南北众家之长，并借鉴西式面点的制作工艺，采用拿来主义并加以改进，结合当地人的饮食习惯逐步自成体系。这一点特别值得我们学习。我们要学会广州人的精明、爱学习和善于变通的灵活思维，更好地将本地面点发扬光大。广式面点重糖轻油、皮薄鲜嫩、清香滑爽。

②代表品种。叉烧包、虾饺、娥姐粉果、广式月饼、莲蓉甘露酥、萨其玛等。

3）少数民族风味流派

我国是一个多民族的国家，人们习惯上把除汉族以外的其他民族统称为少数民族。各少数民族由于居住地区的自然环境、生产活动、生活方式、历史进程、宗教信仰、风俗习惯的差异，其饮食来源、制作、器具、礼俗、饮食观念和思想等也迥然不同，从而各自形成了烹饪文化模式，曾出现了不少著名的风味流派，如满族风味、蒙古族风味、藏族风味、傣族风味等。

（1）满族风味

①风味特色。用料多为家畜、家禽，主要烹调方法有白煮和生烤，口味偏重鲜、咸、香，口感重嫩滑。菜品多为整只或大块，吃时用手撕或用刀割食，带有萨满教神祭的遗俗。

②代表品种。努尔哈赤黄金肉、白肉血肠、阿玛尊肉、烤鹿腿、猪手把肉、酸菜等。

（2）蒙古族风味

①风味特色。一是先白后红。白指白食，乳及乳制品；红指红食，肉及肉制品。这种称呼极富色彩感和生动性。蒙古人以白为尊，视乳为高贵吉祥之物，红食要以白食为先导。二是以饮为主。茶是蒙古人的面子，又是蒙古人的主食。"宁可一日无饭，不可一日无茶。"蒙古人从小吃惯稀的东西。三是轻便简朴，重酥烂，喜咸鲜，油多色深量足，带有草原粗犷饮食文化的独特风味。

②代表品种。烤全羊、烤羊腿、手扒羊肉、烤羊尾、炖羊肉、羊肉火锅、炒骆驼丝、烤田鼠、太极鳝鱼等。

（3）藏族风味

①风味特色。料多为牛羊、昆虫、菌菇等。重视酥油入馔，习惯于生制、风干、腌食、火烤、油炸和略煮。调味重盐，也加些野生香料。口感鲜嫩，份足量大。

②代表品种。手抓羊肉、生牛肉、火上烤肝、油炸虫草、油松茸、煎奶渣、"藏北三珍"（夏草黄芪炖雪鸡、赛夏蘑菇炖羊肉、人参果拌酥油大米饭）、竹叶火锅等。

（4）傣族风味

①风味特色。用料广博，动、植物皆被采用。制菜精细，煎、炒、熘无所不用。口味偏好酸香清淡，昆虫食品在国外与墨西哥虫菜齐名。菜肴奇异自成系统，有热带风情和民族特色。

②代表品种。苦汁牛肉、烤煎青苔、五香烤傣鲤、菠萝爆肉片、炒牛皮、鱼虾酱、凉拌白蚁蛋、油煎干蝉、狗肉火锅等。

🍲 4.3.3　烹饪风味流派的成因

我国烹饪风味流派形成的原因是多方面的。既有自然的因素，也有历史的因素；既有政治的因素，也有文化方面的因素，更有厨师们辛勤创造的因素。归纳起来大致有如下几方面。

1）地理环境和气候物产

地理环境、气候及物产是形成烹饪风味流派的关键性因素。自然地理不同、气候水土差异，必然形成物产不同、风俗各异的地域性格局。一方水土养一方人，一地人偏爱一种味。地理环境决定物产，物产决定食性并影响烹饪，从而便形成了烹饪风味流派。

2）宗教信仰和风俗习惯

宗教是人类文化发展过程的必然阶段。种种饮食习俗与文化现象，往往是由宗教的哲理衍生出来的，并折射出一个民族的文化心理。由于各宗教教规教义不同，信徒生活方式也有区别，饮食禁忌更是形形色色。另外，由于食礼、食规、食癖等是千百年习染熏陶造成的，有稳固的传承性，这在一定程度上也影响着烹饪风味的形成。

3) 历史变迁和政治形势

从我国历史上看，一些古城古邑曾是国家政治中心、经济中心和文化中心，西安、洛阳、开封、杭州、南京、北京是驰名的古都，广州、福州、上海、武汉、成都、济南是繁华的商埠。古代，这些大都市的人口相对集中，商业分外繁荣，加之历代统治者讲究饮食，宫廷御膳，官府排宴，商贾逐味，文人雅集，这些不仅大大地刺激了当地烹饪技术提高和发展，也对菜系生成产生过积极而深远的影响。苏菜中保留着"十里春风的艳彩"，鄂菜中能看到"九省通衢"的踪影，川菜体现了"天府之国"的风貌，粤菜有"门户开放"后的遗痕，这些更能说明这一问题。

4) 市场需求和消费需求

生产力发展是经济繁荣的重要前提，而经济一经繁荣，市场贸易、市肆饮食也就兴旺起来，与之相应的稳定的消费群体也便应运而生，这是风味流派形成发展的重要条件。如同各种商品都是为了满足一部分人的需要而生产一样，各类菜肴也是迎合一部分食客的嗜好而问世的。乡情、食性和菜肴风味水乳交融，就影响一个地区烹饪风味的发展趋向。

5) 文化气质和美学风格

文化气质和美学风格是烹饪风味流派的灵魂。像中原文化的雄壮之美，便孕育出宫廷美学风格，形成典雅的宫廷菜；江南文化的优雅之美，便孕育出文士美学风格，形成小巧精工的苏扬菜；华南文化的艳丽之美，便孕育出商贾美学风格，形成华贵富丽的广东菜；西南文化的质朴之美，便孕育出平民美学风格，形成灵秀实惠的巴蜀菜；塞北文化的粗犷之美，便孕育出牧民美学风格，形成豪放洒脱的蒙古族"红食"及"白食"等。

6) 烹调工艺和筵宴变化

这是烹饪风味流派形成的内因，常起决定性作用。只有烹调工艺好、名菜美点多、筵宴铺排精，才能具有强大实力，在激烈的市场竞争中保持优势，获得较高的社会声誉。从古到今，一些影响大的烹饪风味流派无不跨越省、市、区界，朝气蓬勃，向四方拓展。显然这是"技术优势""名牌效应"在起作用。这方面，四大菜系享誉南北便是生动的例证。

[任务总结]

烹饪风味流派是烹饪文化发展到成熟阶段的产物。从历史和现状看，举凡社会认同的烹饪风味流派一般都有特异的乡土原料、独到的烹调风格、风味鲜明的特色菜和一定数量有影响的厨师群体。川、鲁、苏、粤、浙、闽、湘、徽等风味各有千秋，其形成的原因是多方面的，既有自然的因素，也有历史的因素；既有政治的因素，也有文化方面的因素，更有历代烹饪工作者和美食家辛勤创造的因素。

任务4　弄清筵宴文化的内涵

[案例导入]

乾清三宴

明清的乾清宫，举行过多次宴会，可以说是不胜枚举。乾清宫是后三宫之首，明清两代皇帝都曾经把这里作为寝宫，在这里居住、召见大臣、批阅奏章、处理日常政务、接见外国使节、举行筵宴。特别是在康乾盛世，康熙和乾隆两位皇帝，都曾经在乾清宫，举办过规模宏大的千叟宴。什么叫千叟宴？什么样的人才能参加千叟宴？筵席之上，都会准备哪些食物？在推杯换盏间，又会发生哪些鲜为人知的故事？今天，让我们一同走近乾清宫，一同领略皇家的绝世盛宴——康熙大宴、乾隆大宴和嘉庆大宴。

千叟宴是清朝宫廷的大宴之一，创始于康熙皇帝。康熙五十二年农历三月，康熙皇帝玄烨60寿诞，他在畅春园举办了第一次千叟宴，宴请从天下来京师为自己祝寿的老人。康熙六十一年农历正月，康熙帝年届69岁，为了预庆自己70岁生日，他在乾清宫举办了第二次千叟宴，当时12岁的弘历作为皇孙参加了这次宴会。千叟宴宏大的场面给幼小的弘历留下了深刻印象。他继位后，效法其祖父，也举办了两次千叟宴。第一次是在乾隆五十年正月，为了纪念继位50周年，75岁的弘历在乾清宫举办了第一次千叟宴。嘉庆元年正月，弘历退位，作为太上皇，他在宁寿宫皇极殿举办了第二次千叟宴，这一次宴会成了历史上千叟宴的绝唱。

（参见北京社会科学院研究员、中国紫禁城学会副会长阎崇年先生在百家讲坛系列节目《大故宫》第一部第十九集所讲的《乾清三宴》）

[任务布置]

中国筵宴源远流长，早在3 000多年前便已出现，是我国饮食文化宝贵遗产的组成部分，也是烹饪技艺的集中反映和饮馔文明发展的标志。本节首先学习筵宴的概念、特点、种类，然后了解筵宴食品的基本格局和举办筵宴的主要环节。下面，我们来学习筵宴文化的基本知识（图4.4）。

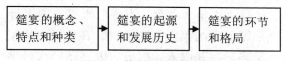

图4.4　筵宴文化的基本知识

[任务实施]

4.4.1　了解筵宴的特点和种类

1）筵宴的概念

筵宴，古称宴集、宴娱、宴飨，是礼仪性、社交性的饮食活动，是筵席和宴会的合称。筵席与宴会词义相近，但也有一些差异。

（1）筵席

筵席，古称"燕饮"或"会饮"，现在叫酒席或宴席，是宴饮活动时食用的成套菜点及其台面的统称。古人宴客多席地而坐，"筵"与"席"原来都是铺在地上的竹、草编制的坐具或垫具，后来才演变成酒席的专称。

（2）宴会

宴会又称酒会、会饮，是因民间习俗与社交礼仪的需要而举行的以饮食为中心的餐会，是政府机关、社会团体、企事业单位或个人为了表示欢迎、答谢、祝贺等社交目的以及庆贺重大节日而举行的一种隆重、正式的饮食活动。现代宴会是最高级的餐饮形式，也是饮食文化的综合表现形式。其形式有国宴、专宴、便宴、家宴等，与饮宴、娱乐、社交、晤谈相结合。故此，普通的聚饮大多只叫筵席而不称作宴会。

（3）筵宴

筵宴是筵席宴会的简称。筵宴现今渗透到了社会生活的各领域，大至国际交往，小至生儿育女，成为中华饮食文化社会生活的主旋律。随着经济发展，生活条件改善以及国内、国际交流日益频繁，筵宴越来越受到人们的重视和利用，宴会频繁地出现在社会生活的各方面。由于宴会必备筵席，两者性质和功能相近，因此常被合称为筵宴。由此可见，筵宴是千百年延续下来的一个流转性的历史术语。

2）筵宴的特点

由于筵宴具有聚餐和社交特性，且有一定的程式规格，因此它与一般日常餐饮有着明显的区别。

（1）聚餐式

筵宴是多人围坐进餐、交谈、餐宴的一种饮食方式。人数根据需要可多可少，有十来人的，也有几百人、几千人甚至上万人的。进餐有围在桌子周围的，也有站立的、可以在餐厅内自由走动的；有在室内的，也有在室外的。正规宴席的赴宴者有主要宾客、随行人员、陪客和主人，主人是宴席的东道主，主要宾客是宴席的中心人物，随行人员是伴随主宾而来的客人，陪客是主人请来陪伴客人的人。

（2）规格化

从内容上讲，筵宴是按照一定规格质量和程序组配起来的一整套食品。它要求全桌食品成龙配套，应时当令，制作精美，调配均衡，食具雅丽，仪程井然，服务周到热情。冷碟、热炒、大菜、甜品、汤品、饭菜、主食、点心、水果、酒水等，均按一定质量和比例分类组合、前后衔接，整桌席面上的菜点依次推进，在色泽、味型、质地、形状、营养以及盛装餐具方面，力求丰富多彩，并因人、因事、因宴席档次科学设定。与此同时，在宴席场景的装饰上，在宴席节奏的掌握上，在接待人员的选用上，在服务程序的配合上都有一定规格。

（3）社交性

从作用上讲，举办筵宴都有一定目的，或是婚丧寿庆，或是亲朋聚会，或是乔迁开业，或是酬谢恩情，或是国家大典，或是欢度佳节。通过它，可以增进友谊，密切关系。

（4）礼仪性

古代许多大宴，都有钟鼓奏乐、诗歌答奉、仕女献舞和艺人助兴。现代宴席在继承过程中仍保留了许多健康、合理的礼节与仪式，崇尚"尊重、谦恭、礼让"的核心主旨并没有变。如发送请柬，车马迎宾，门前恭候，问安致意，献烟敬茶，专人陪伴；入席彼此礼坐，斟酒杯盏高举，布菜"请"字当先，退席"谢"字出口；还有仪容的修饰，衣冠的整洁，表情的谦恭，谈吐的文雅，气氛的融洽，相处的真诚；以及餐室的布置，台面点缀，上菜程序，菜品命名；还有嘘寒问暖，尊老爱幼，女士优先，照顾伤残等都是礼仪的表现。此外，对于一些重大的宴席，还要注意尊重主宾所在国家或民族的风俗习惯及宗教感情。从某种意义上来说，一次宴请聚餐活动，实际上也是一次礼仪会演活动。

（5）艺术性

筵宴的艺术性体现在多方面，其中有席单的设计艺术、菜点食品的组配艺术、原料的加工艺术、盛器与食品的配合艺术、冷拼雕刻的造型与装饰艺术、餐室美化和台面点缀艺术、服务的语言艺术技巧、着装艺术方面等多方面的内容。古往今来，我国筵宴场面典雅而隆重，菜品丰富而精美，充分体现了中华饮食的博大精深。

3）筵宴的种类

从古至今，中国出现了难以计数的筵宴，其种类和名品繁多，并且始终处于变化之中。

（1）以筵宴的性质和举办者为依据进行分类

①国宴。国宴指国家元首、政府首脑以国家和政府的名义为国家庆典或款待国宾及其他贵宾而举行的筵宴。它是所有筵宴中规格和档次最高、礼仪最隆重的。唐朝的闻喜宴、宋朝的春秋大宴以及清朝的定鼎宴、千叟宴等都是国宴，都有隆重的礼仪。当今的国宴也非常注重礼仪的隆重、陈设的庄严、菜点和服务的高水平。筵宴场所通常要悬挂国旗、国徽，设主宾席，按宾主身份排列席次和座次，请柬、菜单、坐席卡都标有国徽。开宴前，主宾要致辞、祝酒、奏国歌等。筵宴菜单则根据宴请对象的具体情况精心制定，并且菜用精湛的烹饪技艺制作而成，处处体现高规格与高档次。

②家宴。家宴指人们在家中以个人名义款待亲友及其他宾客而举行的筵宴。它追求轻松愉快、自在随意的气氛，不太拘于严格的礼仪，馔肴的烹制主要根据进餐者的意愿、口味爱好等进行，品种和数量没有统一的模式，丰俭由人。清朝李渔曾谈到他对家宴的感受："若夫家庭小饮与燕闲独酌，其为乐也，全在天机逗露之中，形迹消忘之内。有饮宴之实事，无酬酢之虚文。睹儿女啼笑，认作斑斓之舞。听妻孥劝诫，若闻金缕之歌。"

③公宴。公宴则介于国宴与家宴两者之间。它是地方政府及社会各机构、团体等以相应的名义为各种各样的公事款待相关宾客而举行的筵宴。其规格、礼仪等基本上都低于国宴，但仍然十分注重规格、仪式，非常讲究馔肴的丰盛。

（2）按筵宴的菜式组成划分

①中式筵宴。中式筵宴的菜品以传统的中国菜肴及地方风味为主，所用的酒水餐具以中国生产的为主，在餐厅的环境布置、台面设计、餐具摆放等方面，富有中国浓郁的民族特色，服务的礼节礼仪及程序等方面按中国传统的方式进行。中式筵宴是我国古今最为常见的一种筵宴类型。

②西式筵宴。西式筵宴的菜品以欧美菜式为主，所用的酒水、餐具以欧美生产的为主，筵宴厅堂的环境布局与风格、台面设计、餐具用品及所使用刀、叉等餐具均突出西洋格调，餐桌一般多为长方形桌。服务礼节礼仪及程序等方面按西方人的生活习惯及服务方式进行。目前西式筵宴在我国一些涉外酒店、驻华使馆及高档餐厅等较为流行，西式筵宴根据菜式与服务方式不同，又可以分为法式、意大利式、英式、美式、俄式筵宴等。目前，日式筵宴、

韩式筵宴也在我国逐渐兴起，均可被纳入西式筵宴或外国筵宴的范畴。

③中西合璧筵宴。中西合璧筵宴是中式筵宴与西式筵宴两种形式相结合的一种筵宴。筵宴的菜品既有中国菜肴又有西餐的菜肴，所用酒水以中式酒水为主，也用一些欧美较流行的酒水，如拿破仑XO、人头马、威士忌等，所用的餐具及用具，既有中式的，也有西式的，如筷子、刀、叉均可提供，在服务礼节礼仪及程序上，根据中、西菜品不同其方法也不一样。中西合璧筵宴因为在菜品的结构、服务等方面与中式筵宴、西式筵宴有所不同，给人一种新奇、多变的感觉，在各地常常被用来招待客人，深受宾客的欢迎。

（3）按筵宴的举办目的划分

①商务筵宴。商务筵宴主要是各类企事业单位之间，为了增进相互了解、加强沟通与合作、交流商业信息，从而达成共识和协议而举行的筵宴。这种筵宴的特点是价格比较高，在菜单设计、餐厅环境布置、上菜程序等方面均根据宾主共同偏好和特点进行精心设计。由于宾主之间往往边吃边谈，饮宴的时间相对较长，因此要控制好上菜的速度和节奏。

②婚宴。婚宴是人们在举行婚礼时为宴请前来祝贺的亲朋好友而举办的筵宴。设计婚宴时应在环境布置、台面设计、菜品制作等方面突出喜庆吉祥的气氛，还要考虑各民族不同的生活和风俗习惯。

③寿宴。寿宴也称生日宴，是人们为纪念出生日和祝愿健康长寿举办的筵宴。寿宴在餐厅环境布置、菜品命名及选择方面应以生日者的需要为主，要突出健康长寿之意。要按当地的风俗习惯来设计筵宴的程序及各种仪式，满足生日者和参宴者的精神需求和生理需求。

④迎送筵宴。迎送宴指主人为了欢迎或欢送亲朋好友而举办的筵宴，筵宴菜肴设计一般根据宾主饮食爱好而设定，筵宴环境布置要突出热情喜庆的气氛，体现主人对宾客的尊敬与重视，围绕宾主之间友谊、祝愿和思念等主题来设计。

⑤纪念筵宴。纪念筵宴主要指人们为纪念重大事件或自己密切相关的人、事而举办的筵宴，这类筵宴在餐厅环境布置上要突出纪念对象的标志，如照片、实物、音乐等，以烘托思念、缅怀的气氛。在菜单设计及餐具运用上要表现出怀旧及纪念的主题。

（4）按筵宴的历史渊源划分

按筵宴的渊源划分，可分仿唐宴、孔府宴、红楼宴、随园宴、满汉宴等，这类筵宴又称仿古筵宴，就是将古代较具特色的一些筵宴注入现代文化而产生的筵宴。这类筵宴继承了我国历代筵宴的形式、礼仪、菜品制作的优点及精华，并对其进行改进、提高和创新。这样不仅继承和弘扬中华的饮食文化，丰富我国筵宴的花色品种，而且进一步满足餐饮市场需求，创造良好的社会效益和经济效益，深受海内外人们的欢迎与青睐。

4.4.2 追寻筵宴的起源和历史

中国筵宴起源于原始聚餐和祭祀等活动，其发展历程大致经历了新石器时代的孕育萌芽时期、夏商周的初步形成时期、秦汉到唐宋的蓬勃发展时期，在明清成熟、持续兴盛，然后进入近现代繁荣创新时期。

1）筵宴的起源

（1）原始聚餐

筵宴作为一种饮食聚会，采用的是同餐共食制，这种食制的原始形态植根于人类原始社会的集体生活之中。在漫长的史前时期，人们依靠集体的力量和智慧，共同劳动，获取食物。妇女、老人和孩子主要从事采集，男子主要从事狩猎、捕鱼。共同劳动获得的收获物都是公有的，是集体财产，每一个成员都对这种财产享有平等的权利，实行共同分配和共同消费，即实行同餐共食制，也就是每一个成员拿到一份食物之后，并不能占有它，只能当时吃掉它，一切不消费的东西，都仍是集体财产。这种社会生产组织和生活单位，一方面为同餐共食制提供了基本的物质保证；另一方面在某种意义上使得同餐共食制成为加强群体成员之间联系、认同和凝聚的特殊手段。当然，同餐共食的生活方式，显然不能据此简单草率地被认定是筵宴，但是却可以追溯筵宴饮食方式的由来。

（2）原始宗教及其祭祀活动

在旧石器时代晚期的母系氏族社会，每个氏族的名称，就是这个氏族的图腾，图腾信仰是这个氏族的共同宗教。这是人类学、民族学确证的事实。图腾一词源于印第安语，它的意思是"我的亲属"。在近现代一些原始民族中，人们仍然用"我的父母""我的祖父母""兄弟姐妹"或"我们的骨肉"这样的称谓称呼图腾，笃信自己与图腾之间存在着某种血缘关系，即亲属关系。正因为如此，图腾崇拜成为母系氏族社会头等重要的事件，献祭仪式是属于氏族全体成员的共同庆典。人们像对待同族亲属一样对待图腾动物，认为私人屠杀图腾动物的行为是"非法的"，只有在氏族所有成员都参加祭典时，他们才屠杀图腾动物作为"神圣"的祭物，献祭后，依照规定，氏族内的所有人必须共享祭品，吃食图腾肉，他们相信共同食用的"神圣"祭物当到达体内后，不仅会使他们能够获得图腾的一部分勇气和力量，也使他们相互之间结成的"生死与共"的统一体更加巩固，更使他们的生命能与祭物的生命融为一个共同生命体。这是沟通和维系人与图腾之间永久神圣关联的唯一方法，因此他们每隔一段时间就要举行献祭仪式，共享一次祭物。托卡列夫指出："图腾餐是广泛流行的'圣餐'仪式的原始形式。"图腾祭祀是筵宴的起源，图腾圣餐是最初的筵宴形式。

在母系氏族社会，凭借图腾圣餐来加强氏族内部人与人之间、人与图腾之间的认同感，以达到融入那种神秘的生命之中的境界。这种聚而共食的重要意义，已不再是原初完全被动适应生存环境与基于求食本能那种意义上的共食形式。

在人类社会，宗教祭祖活动一直被看作神圣的事，人与神的沟通，通过祭祀与宴飨来实现，这种现象在我国及世界各国自古以来就普遍存在。例如，在殷商时代，"殷人尊神，率民以事神，先鬼而后礼"，在每次祭典完毕后，那些丰富的祭物（酒食），就成了殷王与陪祭臣子的一次宴飨了。在我国封建社会，各姓宗祠支祠以及乡社神庙，在祭祖时也盛行各种聚会共食制度。

2) 筵宴发展的基本轨迹

（1）夏商至春秋战国时期

根据《周礼》等书记载，虞舜时代已出现敬老的"燕礼"，每年举行多次，先祭祖，后围坐，吃些狗肉，饮点米酒。夏启继位后，不仅保留敬老宴，还曾在钓台招待众部落的首长。夏桀当政，追逐四方珍异，筵宴开始奢靡。殷商时期，宴乐在祭神活动中发展较快。荒淫无道的纣王搞起酒池肉林，开了冶游夜宴的先河。进入周代，酒宴名正言顺地为活人而设，出现"燕礼""大射礼""公食大夫礼""乡饮酒礼"等众多名目。同时周公制礼作乐，严格按等级确定筵宴的规模，筵宴较前正规多了。其中主要有以下制度。

①在筵宴边列案制度。这种制度规定，如果进食者身份高贵或是年老者，可以凭食几而

食。有的筵宴是站着进食的，比如《礼记·乡饮酒义》规定："六十者坐，五十者立侍以听政役，所以明尊长也。六十者三豆，七十者四豆，八十者五豆，九十者六豆，所以明养老也。"

②筵宴菜肴制度。西周之前，筵宴菜肴很不讲究。但是到了西周之后，筵宴菜肴就有了一定规定，春秋时期更有许多讲究，菜点的多少表示了森严的等级差别。

③献食制度。周朝时期，还在许多场合下设立了献食制度，按此规定，贵客和尊主进食，都由自己的妻妾举案献食或用仆从进食，吃一味，献一味，一味食毕，再献一味。汉代孟光举案齐眉的故事，在我国妇孺皆知。至于天子膳食，则由膳夫献食，同时还规定膳夫要先尝食，目的是表示食物无毒，可以献食于天子。这一制度，始于周秦，兴于两汉，传至南北朝，成为古代筵宴中的一种礼仪规定。

春秋时期，礼崩乐坏，士大夫也敢"味列九鼎"，席面的限制不那么严格。这时诸侯有筑台宴乐的风气，并且注重场景的陈设。例如，坐的席子就有熊席，扶的矮几有玉石做的。战国时期，宴乐更甚。据《招魂》记载，宴享亡灵的席单就有主食4种、菜品8种、点心4种和饮料3种。而《大招》记述的另一份席单中，食品则多达29种，它们组合适宜，衔接自然，使席面设计跃上了新的台阶。

（2）秦汉魏晋南北朝时期

进入秦汉，由于国力殷实，筵宴在民间也蓬勃兴起，而贵族之家则在高堂上敷设帷帐，将酒宴摆在锦幕之中。餐具中出现了风姿卓绝的漆器，并且已由一人一桌演化成两三人同席共饮。《盐铁论》记载的民间酒宴中，菜品常有10多道。在席单的编制上，讲究选料精细，调配合理，注重火候与风味，突出地方特色。枚乘在《七发》中描绘的楚地王宫盛宴，可以说明这一问题。到了汉代，西域的坐具——马扎子传入中原，在其启发下，我们的祖先制成了桌椅，将人从跪坐中解放了出来。

魏晋是个多事之秋，上层社会的筵宴不仅追求怪诞，还成为豪强斗富的手段。如以晋武帝为首的西晋士族集团，便是"每食必尽四方珍馔"。这时"文酒之风"盛行，曹操父子都以酒会网络人才，而且西域看馔也被吸收进来，出现了胡姬侍宴，这对中国筵宴演变有深远的影响。南北朝时，筵宴中又有4个新的因素：一是出现类似矮桌的条案，改善了就餐环境与卫生条件；二是推出主旨鲜明的各类专用筵宴，如登基宴、封赏宴、汤饼宴、团圆宴等；三是随着佛教流传，早期的素席被孕育出；四是筵宴与民俗逐步融合，酒礼席规更受重视。

（3）隋唐至明清时期

隋代名席有隋炀帝的龙舟大宴和免费接待少数民族及外籍商人的酒席。至盛唐及五代，筵宴进入鼎盛期，出现高桌和交椅，铺桌帷、垫椅单，开始使用细瓷餐具，礼食的情韵较前更浓厚。燕乐的场所讲究借景为用，注重情感愉悦和心理调适，将观灯、赏花、冶游、赋诗与宴饮结合起来，像"樱桃宴""游篓宴"等都别开生面。唐中宗时出现大臣拜官后向皇帝敬献"烧尾宴"的惯例，这种大宴菜品多达五六十道，为后世官场盛宴的调排奠定了基石。孕育在春秋、演化在汉魏的酒令，在此时发展甚快，士农工商无不以这种佐饮助兴的词令和游戏为乐，使得酒宴的气氛更为欢悦。

辽、宋、金、元时期，名席更多。举其要者，便有宋仁宗大享明堂宴、宋度宗寿宴、西湖船宴等。此类大席，重视铺排。例如，集英殿大筵，仅摆设就有单帏、搭席、帘幕、屏风等10余种，以饮9杯寿酒为序，上20余道菜点，演10多种大型文艺节目，动用数千人张罗。清河郡王张俊接待宋高宗及其随员，按职位高低摆出6种席面，不仅皇帝计有200余道菜点，连侍卫也"各食5味"。

明、清两朝，是中国古典筵宴的黄金时代。其突出特征如下。

①餐室富丽堂皇，进餐雅致舒适。通常使用红木制作的八仙桌、大圆桌、太师椅和鼓形凳，形成8～10人一桌的饮宴格局。出现对号入座的"席图"、看席和摆台工艺，还有面塑、高摆等以壮观瞻，并且全席餐具与金银玉牙制品配用，侍卫人员的服饰也鲜亮夺目。

②筵宴设计注重套路、气势和命名，款式多，分档细，菜品编排多系酒水冷碟、热炒大菜、饭点茶果三大梯次，常以头菜领衔。高档的多是"十六碟八簋四点心"，低档的也有"十大碗"。"盖州三套碗""洛阳水席""成都田席""春酒""文会"等特色酒宴各领风骚。

③各式全席脱颖而出，调制工艺更为精致。当时的全席包括主料全席（如全藕席）、系列全席（如野味席）、技法全席（如烧烤席）、风味全席（如谭家菜席）4类，其中清真全羊席誉满南北，满汉燕翅烧烤全席被称为"无上上品"。

④少数民族的酒筵有很大发展，各自展现出不同的民族礼俗和风情。仅据《清稗类抄》一书介绍，就有满、蒙古、回、藏、苗等族的丰盛席面10余种，这些都是研究民族史、民俗史、中国筵宴史的珍贵资料。

（4）近代以后

鸦片战争之后，由于时代浪潮冲击和西方文化的影响，中国筵宴的面貌悄然地发生着变化。一是随着西餐西点的传入，西式筵宴在沿海口岸逐步立足，其中一些菜点和食礼慢慢向中国筵宴中渗透。二是封建知识分子中的有识之士（如袁枚、徐珂等社会名流），日益发现中国筵宴中的某些积弊，对其加以针砭，发出筵宴改革的呼声。三是清末的一些留学生回国后，从卫生、实用出发，推出了"视便餐为丰而较之普通宴则俭"的改良宴会模式，该模式受到社会欢迎。四是随着清王朝灭亡，许多超级大宴（如王宫盛宴、满汉全席之类）在饮食市场上销声匿迹，人们需要新的席面对其取而代之。在这种背景下，筵宴改革的问题经过100多年酝酿思考，就被提上议事日程。

🔔 4.4.3 举办筵宴的环节和筵宴食品的格局

1）举办筵宴的主要环节

在餐饮行业里，举办筵宴通常分为筵宴预订、菜点制作、接待服务及营销管理四个前后承接的环节。

（1）筵宴预订

筵宴的预订工作属于设计环节。它多由筵宴预订部协同餐厅主管和厨师长（主厨）合作完成。其主要任务：根据客人的要求和餐馆的条件，拟定筵宴的主旨和总体规划，编排菜点名单和接待服务程序，审议餐厅布置方案和花台装饰，选定主厨和安排其他人员。凡此种种，都要简明扼要地记入筵宴预订单中，将预订单作为"筵宴施工示意图"下发给有关部门分头执行，并督促检查。

（2）菜点制作

筵宴菜点制作属于生产环节，由烹调师、面点师共同负责。这一环节应考虑原料选用、烹制的方法、菜点的风味、配套餐具、衔接上菜程序、掌握宴饮节奏以及控制餐饮成本等，至于各项协调工作，则由有经验的厨师长负责。厨师长要按照席单的要求安排好采购、炉子、案子、碟子和面点 5 方面的人员，一一落实任务，使每道菜点都能按质、按量、按时送到席上。

（3）接待服务

筵宴的接待与服务工作属于服务环节，由宴会设计师和餐厅服务员负责。它考虑的是餐室美化、餐桌布局、席位安排、台面装饰、接待规格和服务礼仪。要求做到衣饰整洁、仪容端庄、语言文雅、举止大方、态度热情、反应敏捷、主动、热忱、细心、周到。

（4）营销管理

筵宴的营销管理工作属于管理环节，多由筵宴销售管理部门负责。其岗位职责是负责筵宴的销售及管理工作，包括制订销售计划、实施营销措施、确定销售毛利率、降低生产损耗及营销成本、掌控菜点质量与服务质量以及营销结算与核算等。开展积极的营销活动、合理控制经营成本、有效吸引客源、提高设备设施的利用率、确保筵宴的质量、提高筵宴的销量、获取最大的经济效益和社会效益，是筵宴成功的重要保证。

上述 4 个环节，是筵宴系统中的 4 个有机链条，彼此相辅相成、缺一不可，其中任何一个环节出了差错，都会影响全局。四者只有协调一致、配合默契，才能使筵宴发挥出最佳效益。

2）筵宴食品的基本格局

筵宴的格局可以从广义和狭义两方面来讲，广义上讲指筵宴的饮食、服务以及其他聚会活动的编排顺序和构成比例。而从狭义上讲，指筵宴菜单中除酒水以外的饮食品种的基本构成、所占比例和编排顺序。筵宴的饮食品种包括酒水、冷碟、热菜、主食（席点小吃）、果品 5 大类，因为酒水主要根据顾客的需要选配与安排，并另行收费，主动权在客人，酒水在不同的筵宴中比例相差很大，具有较大随意性，因此一般筵宴不包括酒水类，对筵宴格局的理解是狭义的理解。

中国传统筵宴食品的结构，有"龙头、象肚、凤尾"之说，它既像古代军中的前锋、中军和后卫，又像现代交响乐中的序曲、高潮及结尾。冷菜通常以造型美丽、小巧玲珑的菜品为开场菜，起到先声夺人的作用；热菜用丰富多彩的佳肴，显示宴席最精彩的部分；饭点菜果则锦上添花，绚丽多姿。中国传统筵宴食品由以下 3 部分构成。

（1）序曲——手碟、开胃菜、头汤、冷菜

传统的完整的"序曲"内容很丰富，很讲究，包括手碟、开胃菜、头汤、冷菜等内容。手碟分为干果、蜜果、水果 3 种。现在的宴席一般就只配干果手碟，讲究的宴会往往会在菜单上将茶水和手碟的内容写出来。

开胃菜是为了使客人在正式开餐前胃口大开而配置以酸辣味、甜酸味或咸鲜味为主的冷盘，如糖醋辣椒圈、水豆豉、榨菜等。

传统筵宴的汤，按入席顺序分为首汤、二汤、配汤和座汤。首汤又叫开席汤，是岭南的风俗；二汤紧随头菜；配汤跟着荤素大菜；座汤置于大菜的末座，要求质数最好。头汤又叫首汤、开席汤，一般采用银耳羹、粟米羹、滋补鲜汤或粥品。

冷菜习惯上称冷盘（又称冷碟、冷菜、冷荤、冷盆、冷拼），形式有单盘、双拼、三拼、什锦拼盘或花拼带围碟等。它一般配置 4 道，也有 5 ~ 12 道乃至 24 道的。其荤素用料为

2 : 1，烹制常用卤、冻、熏、拌、炝、腌、醉、酿、白煮、挂霜等法，讲究刀面和装盘，要求质精形美，小巧玲珑，能起到诱发食欲的作用。

（2）主题歌——大菜、热炒菜

大菜也称行菜、正菜、主菜，是筵宴的台柱，多为 5 ~ 8 道，有时也有 10 道、12 道甚至 16 道的。大菜中包括头菜、荤素大菜、甜食和汤品 4 项。头菜即首菜——筵宴中最好的菜品，常用山珍海味和名蔬佳果配制，或扒，或酿，整只整块、整条置于大盆、大碗、大盘之中率先上席。对头菜要求香酥、爽脆、鲜嫩、肥美，其质与量必须超过所有菜品，使其发挥领衔压阵、统帅全局作用。荤素大菜一般包括肉菜、禽蛋菜、鱼鲜菜和瓜蔬菜，大都选用本地应时当令名特物料，用烧、焖、蒸、焗、炸、熏、氽等技法制成。它们紧随头菜，映衬头菜，既要与头菜相配，又不得盖压头菜。甜食通常 1 ~ 2 道，个别大宴也有 4 ~ 8 道的，品种可干可稀，冷热随季节变化，原料多为果蔬，也可以为菌耳或肉蛋，制法有拔丝、蜜汁、挂霜、糖水、煨炖、蒸酿等，其作用是调换口味，解腻醒酒。汤品按浓淡程度，有纯汤、清汤、浓汤、汤菜和乡土汤之别，可制成羹、粥、乳、汁，或清澈如水，或浓酽似奶，或肥润，或香鲜，工艺要求甚高，固有"唱戏行腔，做席靠汤"之说。筵宴的汤需要提前用鸡、鸭、鱼、肉精料反复调制，冬季的座汤常用火锅或边炉替代。

炒热菜又叫"行件"，通常为 4 ~ 6 道，在冷菜和大菜之间起承上启下作用。它主要采用煎、炒、爆、熘、炸、烹、贴的方法制作，现烹现吃，一热三鲜。热炒多系"抢火菜"，要在手艺上显功夫，以色艳味美，鲜香爽口者为佳。其量不宜太多，以防喧宾夺主。

（3）尾声——饭菜、点心、水果

饭菜是筵宴中最后上的便菜，也叫"香食"，是供下饭用的，或 2 或 4，或 6 或 8，以素为主，兼及荤鲜，也可精选名特酱菜和泡菜替代，用小碟盛装，刻意求精，可以给赴宴者留下口角吟香、口味无穷的余韵。

点心随大菜、汤品或饭菜入席，咸带咸，甜带甜，可分上，也可齐上。品种包括糕、饼、酥、卷、皮、片、包、饺、面、点、饭、粥、奶、羹，少则 1 ~ 2 道，多则 4 ~ 8 道，最多可达几十个品种。筵宴点心要求精致、小巧，并且要求造型，每件不超过 100 克为宜，越小越好，其数量每人平均 100 克就可以了。如果准备多了既影响品质，又造成浪费。

水果应该选用时令佳果和优质品种，一般要求削皮、去核、切片、插签，摆作图案，置入细瓷小碟，其功用是解腻、消食。

筵宴是一个统一的整体，它的三大部分应当干枝分明、匀称协调，在配菜时应注意冷盘、热炒菜、大菜、点心、甜菜等的成本在整个筵宴成本中的比重，以保持整个筵宴中各类菜肴质量的均衡，以防止冷盘过分好而热菜过分差或相反。

[任务总结]

在我国，宴席的发展历史十分悠久，而且形式多样。但无论哪种宴席，都是人们为了烘托各种喜庆活动、社交活动和礼仪活动的友好热烈气氛而按照一定规格精心安排的一整套菜点。简单地说，就是一组由菜肴、酒水、饭食、水果等相互配置的有机组合。随着时代发展，中国筵宴将会发挥越来越大的作用，并更好地为社会主义物质文明建设和社会主义精神文明建设服务。

任务5 调查中国饮食文化遗产项目

[案例导入]

抢救古代烹饪御膳，保护饮食文化遗产

2012年12月29日，中国御膳网和全国御膳工作委员会发起的"抢救古代烹饪御膳，保护饮食文化遗产"倡议活动在北京府邸珍宴会所启动。此活动旨在通过对我国御膳文化遗产的抢救、挖掘、保护、传承的倡导活动，弘扬对传统饮食文化和古代烹饪技艺文化的保护，也希望引起相关部门对饮食文化遗产抢救的紧迫性、必要性的高度重视，早日出台保护办法和相关政策。

会上提出了传统御膳制作技术、传统御膳自然食材的保护和替代食材的研发及转向；宫廷礼仪文化的续承；宫廷筵宴和满汉席的抢救挖掘、整理再现和保护传承；宫廷菜点小吃制作技艺的保护和传承；满族文字的抢救和传承等多项濒临流失的传统文化技艺及非物质文化遗产项目保护课题。全国御膳工作委员会主任常国章，非物质文化遗产项目单位听鹂馆，多家宫廷御膳企业代表和原仿膳饭庄国宝级御膳大师董世国，宫廷饮食文化学者周秀来，电视美食栏目主持人李铁钢大师及景长林、朱振声、郭文俊等名厨大师针对抢救保护传统御膳发言指出，当前"舌尖美食"繁多，其突出美食感观和味觉诱惑，却忽视了传统饮食中健康养生、食补祛疾的重要作用。创新元素的增加使餐饮市场混乱复杂多变，滥用添加剂、工业香料等使饮食安全得不到保证。与会代表倡议净化食品市场，要求政府部门加强监管力度，推广传统健康养生理念，引导消费者养成良好的饮食习惯。

全国御膳工作委员会主任常国章表示，宫廷御膳被誉为我国古代烹饪活化石、中华饮食之瑰宝，但目前御膳文字资料保存稀少、御膳市场混乱，御膳厨师队伍鱼龙混杂、眼高手低。对此，全国御膳工作委员会成立后将参与制定御膳技能国家标准和行业认定考评规则，并成立全国御膳专家委员会、全国御膳技能评审委员会和御厨俱乐部。将向全社会展开御膳技能人才的培训，包括御膳师、御点师、御膳指导师等，为规范御膳行业市场起到积极作用，为企业走向标准化起到指导作用，进一步提高高端餐饮品质，打造御膳文化品牌，组织并开展国内外御膳文化交流活动。常国章主任介绍，明年御膳工作委员会将举办"宫廷饮食文化讲座""御膳师培训班""清宫满汉席巡回展演"和"御膳技能表演赛"，培训班由全国知名的御膳专家和老师授课，由国宝级御膳大师亲自示范指导。

此次倡议活动还得到中国满学专家爱新觉罗·金诚、唐遹昌、文毓珣等学者支持。活动中，府邸珍宴会所董事长樊东华向与会代表介绍了府邸珍宴会所和府邸养生珍宴。

（资料来源：中国食品报，2013-01-08.）

[任务布置]

在我国，饮食文化遗产研究已取得佳绩。特别是考古工作者发掘的一些与饮食有关的石器、陶器、青铜器，使人们对几千年前的饮食情况有所了解。那么，什么是饮食文化遗产？中国饮食文化遗产有哪些类型？目前国家级的饮食非物质文化遗产项目又有哪些呢？这是我们本课需要解决的问题（图4.5）。

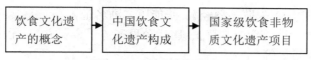

| 饮食文化遗产的概念 | → | 中国饮食文化遗产构成 | → | 国家级饮食非物质文化遗产项目 |

图4.5 中国饮食文化遗产知识

[任务实施]

4.5.1 中国饮食文化遗产概念和构成

"文化遗产",通常指某个民族、国家或群体在社会发展过程中所创造的一切精神财富和物质财富,这种精神财富和物质财富代代相传,构成了该民族、国家或群体区别于其他民族、国家或群体的重要文化特征。

文化遗产包括物质文化遗产和非物质文化遗产。物质文化遗产是具有历史、艺术和科学价值的文物,包括古遗址、古墓葬、古建筑、石窟寺、石刻、壁画、近代现代重要史迹及代表性建筑等不可移动文物,历史上各时代的重要实物、艺术品、文献、手稿、图书资料等可移动文物,以及在建筑式样、分布均匀或与环境景色结合方面具有突出普遍价值的历史文化名城(街区、村镇)。非物质文化遗产指各种以非物质形态存在的与群众生活密切相关、世代相承的传统文化表现形式,包括口头传统、传统表演艺术、民俗活动和礼仪与节庆、有关自然界和宇宙的民间传统知识和实践、传统手工艺技能等以及与上述传统文化表现形式相关的文化空间。

饮食文化遗产是世界遗产的重要组成部分,是一个民族、国家或群体在饮食生活中创造的精神财富和物质财富。中国饮食文化遗产蕴含着中华民族特有的精神价值、思维方式、想象力,体现着中华民族的生命力和创造力,是中华民族智慧的结晶,也是全人类文明的瑰宝。综合来看,中国饮食文化遗产基本上由以下3个方面构成。

1) 中国饮食典籍文献(文字记载的部分)遗产

中国饮食典籍文献广义上包括有关中国饮食的所有文字记载的材料,具体表现为以文字、图书为载体之思想、学术、观念、制度等。

(1) 食单、食谱(包括食疗)方面的著作

食单方面的有《吕氏春秋·本味》中的商代食单、《楚辞·招魂》中的楚宫食单、隋代谢讽《食经》、唐韦巨源《烧尾食单》、宋虞宗《食珍录》、司膳内人《玉食批》、陆游《老学庵笔记》所录"宴金国人使九盏"、周密《武林旧事》载宋高宗《幸清河郡王第供进御宴节次》、清李斗《扬州画舫录》记"六司百官食次"等。

食谱方面的有《礼记·内则》所记"八珍"、北魏贾思勰《齐民要术》中饮食部分,还有唐杨晔《膳夫经手录》、郑望之《膳夫录》,宋陈达叟《本心斋蔬食谱》、林洪《山家清供》、元倪瓒《云林堂饮食制度集》、浦江吴氏《中馈录》,明刘基《多能鄙事》饮馔部分、无名氏《墨娥小录》饮馔部分、松江宋诩《宋氏养生部》、吴门韩奕《易牙遗意》、古杭濂《遵生八笺》中的《饮馔服食笺》、无名氏《居家必用事类全集》饮馔部分,清朱彝尊《食宪鸿秘》、李渔《用情偶记》饮馔部分,周亮工《闽小记》饮馔部分、袁枚《随园食单》、童岳荐《童氏食规》、李代楠《醒园录》、顾仲《养小录》、曾懿《中馈录》、黄云鹄《粥谱》。又有宋陈仁玉《菌谱》、僧赞宁《笋谱》、高似孙《蟹略》、傅肱《蟹谱》,明屠本畯《海味索引》、《闽中海错疏》、顾起元《鱼品》、清陈鉴《江南鱼鲜品》、郝懿行《记海错》,唐陆羽

《茶经》，宋苏轼《酒经》、朱肱《酒经》、张能臣《酒名记》等。

食疗专著如唐代孟诜《食疗本草》、唐代孙思邈《千金要方》、元代忽思慧《饮膳正要》、明代李时珍《本草纲目》等。

（2）饮食市场方面的资料

唐以前多为零散记载，五代至宋以后，逐渐丰富，有宋孟元老《东京梦华录》、灌圃耐得翁《都城纪胜》、吴自牧《梦粱录》、周密《武林旧事》，明刘侗、于奕正《帝京景物略》，清无名氏《如梦录》、李斗《扬州画舫录》、顾良《桐桥倚棹录》，近代《成都通览》，当代邓云乡《燕京乡土记》等。

（3）饮食掌故

材料较集中的有唐段成式《酉阳杂俎》、宋陶谷《清异录》、元无名氏《馔史》等。此外，《周礼》《礼记》《诗经》《尚书》《论语》等经典及诸子、汉赋、类书、字书中也有不少饮食烹饪资料。至于湖南长沙马王堆汉墓竹简中的随葬食单，墓葬砖刻、壁画、石刻、帛画，五代顾闳中《韩熙载夜宴图》、宋张择端《清明上河图》等传世文物，皆是研究古代饮食烹饪经验不可忽视的材料。

2）中国饮食文物与遗址（可实际考证的部分）遗产

中国饮食文化中可考察与查证的部分主要在文物和遗址，而出土文物又是最重要的方面。我国历年出土的文物中有关饮食器具和反映饮食生活的陶俑、泥俑、石刻、碑刻、画像砖、画像石、绘画等，以历史事实证明了中国饮食文化的发达及其演进，全国各地博物馆都有收藏。

（1）馆藏文物

根据国家文物局公布的《2018 年度全国博物馆名录》，全国登记备案博物馆 5 354 家，建筑总面积超过 2 600 万平方米，藏品总量 4 000 余万件。所有这些博物馆几乎都有各种有关饮食的收藏以及保存的实物场景。此外，我国已经建成 100 多家饮食文化博物馆。

（2）历史遗址

进入新世纪，特别是"十一五"以来，随着我国综合国力显著提升，一些相当规模的大遗址公园开始兴建。前不久国家公布了十大文化遗址公园，如周口店北京猿人遗址展示的就是原始人类的饮食场景，河姆渡遗址公园则又是实地考察长江下游上古时代饮食文化实际的最佳场所。这些大遗址公园成为认识中国饮食历史、传承传播饮食文化最好的平台之一，是任何其他方式无法替代的。

（3）影像资料

进入近现代后，有关饮食的图片、影像资料逐渐增多，以图像、符号为载体之形制、样式、结构、尺度等的文脉成为新的饮食文化资料，就电影如《满意不满意》《小小得月楼》《满汉全席》《饮食男女》，电视剧如《天下第一楼》《食神》，话剧如《茶馆》，歌曲如《请茶歌》《祝酒歌》等，也都是反映饮食历史情况的影像音像参考材料，饮食资料图像复制、拷贝和数据存储、保护、整理，也使饮食文化和饮食科学教育普及、推广增添了新的手段与任务。

3）中国饮食非物质文化（无形文化部分）遗产

中国饮食非物质文化遗产，包括中国口头饮食文化、中国饮食习俗和中国烹饪技艺 3 方面。

（1）中国口头饮食文化遗产

中国口头饮食文化遗产相当丰富，包括饮食谚语、成语、俗语行语、歇后语等，民歌如吴歌、格萨尔王等，曲艺戏剧如梆子戏、评话、评弹、相声以及民间故事中有关饮食的内容等。

（2）中国食俗

中国食俗中有关中国民族的饮食形式、饮食仪式、饮食礼仪、饮食习惯、饮食习俗已深入中国人生活的方方面面，在岁时节庆、人际交往之中，从春节到元宵、清明、夏至、端午、中秋、重阳、冬至一直到大年夜，所有的节庆都有着非常浓重的饮食习俗，过节不仅节日有来历，几千年来还积累了无数文化内涵。

（3）中国饮食制作技艺

饮食制作技艺是人类文明的标志之一。人类饮食尤其中国饮食，具有丰富的深厚的文化属性，饮食文化主要通过有形的食品来表现其物质和精神品质，饮食制作技艺正将文化意识经由工具的操作带入食物，使原料最终成为含有文化符号、可直接食用的食品。

中国饮食制作技艺体系处在从食物原料生产起始至餐饮服务整个饮食产品链的中间阶段。它上承为人类饮食生活提供基本原料的农业、牧业、渔业生产，下接在人们进餐享用食品时提供必要的用餐服务的餐厅、餐台服务。通过初级加工、精细加工和终端加工将食材直接加工成饮食成品，为人们提供可直接食用的优质食品。

食物完整的生产加工服务有 5 个阶段。对于烹饪加工而言，食物原料生产属于提供基本食物原材料的前道生产工序，而餐台服务则是饮食消费程序的最后一道。在当今饮食生活日益社会化的进程中，为人们进餐过程提供服务已成为具有相对独立性的专门技术门类而普遍得到重视，如业界所说的"好的服务可以将稍有瑕疵的菜点大大弥补，而差的服务能把一份几乎完美的菜品搞糟"。当然，烹饪本身的环节还集中在中间的三大环节，而且初加工和精细加工这两道工序在现代工业化进程中往往可以从传统手工工艺中分离出去，衍生为一种食品工业技术。唯独饮食业的终端加工技术往往作为手工操作的烹饪技术体系中的最为核心的部分保持，于是成为烹饪技艺中最关键的内容。人们最珍重烹调大师制作的精致食品，而且在中国饮食文化中手工制品仍占绝大多数，是人类健康愉快、高质量饮食生活的源泉。在工业化机械复制和化学添加剂给人类造成众多负面影响的状态下，高超的烹饪技艺所呈献的风味性、新鲜感以及形式美弥足珍贵。

中国烹饪工艺从初加工、精细加工直至成熟定型可以划分为清理、分解、混合、优化、组配、制熟和成型 7 个技术加工步骤，而其中制熟加工相对于其他装饰、辅助性质的工艺环节无疑处在关键位置，显示其核心技术的控制作用。

4.5.2 中国饮食非物质文化遗产名录

饮食非物质文化遗产，根据级别可分为世界级、国家级、省级、市级、县级和未列入各级政府部门保护名录的烹饪非物质文化遗产。世界非物质文化遗产，审批单位为联合国教科文组织；国家非物质文化遗产，审批部门为文化和旅游部；地区非物质文化遗产，审批部门为各省市自治区相关部门。

迄今为止，国务院已经公布了 5 批国家级非物质文化遗产名录。

1）第一批国家级非物质文化遗产项目

第一批国家级非物质文化遗产项目于 2006 年发布，共计 518 项，其中，进入"传统手工技艺"的饮食品制作技艺有 9 项，为茅台酒、泸州老窖、杏花村汾酒、绍兴黄酒、清徐老陈醋、镇江香醋、武夷岩茶（大红袍）、自贡井盐、凉茶的制作技艺。

2）第二批国家级非物质文化遗产项目

第二批国家级非物质文化遗产项目于2008年发布，共计510项，其中，饮食烹饪方面的有30项，而这里面，茶、酒、盐、豆瓣酱、豆豉、腐乳、酱油、酱菜、榨菜制作技艺占16项（四川、重庆有五粮液、剑南春、古蔺郎酒、水井坊、沱牌曲酒、郫县豆瓣、永川及潼川豆豉、涪陵榨菜等）；菜肴面点制作技艺方面的占13项，有传统面食制作技艺（龙须拉面和刀削面制作技艺），茶点制作技艺（富春茶点制作技艺），周村烧饼制作技艺，月饼传统制作技艺（郭杜林晋式月饼制作技艺、安琪广式月饼制作技艺），素食制作技艺（功德林素食制作技艺），同盛祥牛羊肉泡馍制作技艺、火腿制作技艺（金华火腿腌制技艺），烤鸭技艺（全聚德挂炉烤鸭技艺、便宜坊焖炉烤鸭技艺），牛羊肉烹制技艺（东来顺涮羊肉制作技艺、鸿宾楼全羊席制作技艺、月盛斋酱烧牛羊肉制作技艺、北京烤肉制作技艺、冠云平遥牛肉传统加工技艺、烤全羊技艺），天福号酱肘子制作技艺，六味斋酱肉传统制作技艺，都一处烧卖制作技艺，聚春园佛跳墙制作技艺，真不同洛阳水席制作技艺。

3）第三批国家级非物质文化遗产项目

第三批国家级非物质文化遗产项目于2011年发布，共计191项，其中，饮食烹饪有5项，为白茶制作技艺（福鼎白茶制作技艺）、仿膳（清廷御膳）制作技艺、直隶官府菜制作技艺、孔府菜烹饪技艺、五芳斋粽子制作技艺。另外，民俗项目中的经山茶宴，扩展项目中的花茶、绿茶、黑茶、传统面食、火腿制作技艺，也有8个项目入选，如碧螺春茶制作技艺、狗不理包子制作技艺、宣威火腿制作技艺等。

4）第四批国家级非物质文化遗产代表性项目

第四批国家级非物质文化遗产代表性项目名录于2014年发布，共计298项，其中饮食烹饪类新入选10项，扩展9项。新入选的是奶制品制作技艺（察干伊德）、辽菜传统烹饪技艺、泡菜制作技艺（朝鲜族泡菜制作技艺）、老汤精配方、上海本帮菜肴传统烹饪技艺、传统制糖技艺（义乌红糖制作技艺）、豆腐传统制作技艺、德州扒鸡制作技艺、龙口粉丝传统手工生产技艺、云南蒙自过桥米线。

5）第五批国家级非物质文化遗产代表性项目

第五批国家级非物质文化遗产代表性项目名录于2021年发布，共计337项，包括新列入198项、扩展139项。其中，饮食烹饪类新入选22项，扩展12项。

[任务总结]

中国饮食文化遗产蕴含着中华民族特有的精神价值、思维方式、想象力，体现着中华民族的生命力和创造力，是各民族智慧的结晶，也是全人类文明的瑰宝。保护中华饮食文化遗产，是联结民族情感的纽带，是增进民族团结的文化基础。加强饮食文化遗产保护，是建设社会主义先进文化、贯彻落实科学发展观和构建社会主义和谐社会的必然要求。

【课堂练习】

一、单项选择题

1. 回族受伊斯兰教影响，禁食（　　　　）。

A. 冷冻动物　　　　B. 自死动物　　　　C. 飞禽动物　　　　D. 野生动物

2. 下列属于四川菜的是（　　　　）。

   A. 九转大肠　　　B. 松鼠鳜鱼　　　C. 葱烧海参　　　　D. 宫保鸡丁

3. 下列不属于江苏菜的是（　　　　）。

   A. 大煮干丝　　　B. 开水白菜　　　C. 清炖蟹黄狮子头　　D. 将军过桥

4. 下列属于广东菜的是（　　　　）。

   A. 盐焗鸡　　　　B. 梁溪脆鳝　　　C. 松仁玉米　　　　D. 东坡肉

5. 截至 2019 年，国务院先公布的国家级非物质文化遗产代表性项目有（　　　　）批。

   A. 3　　　　　　　B. 4　　　　　　　C. 5　　　　　　　D. 6

二、多项选择题

1. 饮食风俗具有（　　　　）功能。

   A. 凝聚　　　　　B. 纪念　　　　　C. 教育　　　　　D. 实用　　　　　E. 娱乐

2. 筵宴不同于日常饮食的一般聚餐，具有（　　　　）。

   A. 聚餐性　　　　B. 规格性　　　　C. 社交性　　　　D. 礼仪性　　　　E. 单一性

3. 宴席依据头菜或主菜的原料划分为（　　　　）。

   A. 燕窝席　　　　B. 素菜席　　　　C. 海参席　　　　D. 长白山珍宴　　E. 三蛇席

4. 下列属于饮食文化特征的是（　　　　）。

   A. 时代性　　　　B. 传承性　　　　C. 地域性　　　　D. 民族性　　　　E. 阶层性

5. 下列属于烹饪风味特点的是（　　　　）。

   A. 特色菜点　　　B. 乡土原料　　　C. 独到技艺　　　D. 宗教信仰　　　E. 风俗习惯

三、填空题

1. 饮食文化的结构，从内到外可分为 3 个层次，即＿＿＿＿＿、＿＿＿＿＿、＿＿＿＿＿。

2. 从地域看，我国面点一般分为京式、苏式和＿＿＿＿＿三大流派。

3. 中国传统筵宴食品由 3 个部分构成：一是冷菜和酒水；二是热炒菜和大菜；三是＿＿＿＿＿＿＿＿。

4. 中国饮食非物质文化遗产，包括中国口头饮食文化、中国饮食习俗和＿＿＿＿＿ 3 个方面。

5. 筵宴起源于原始聚餐、＿＿＿＿＿＿＿＿及其祭祀活动。

【课后思考】

1. 饮食文化有什么特点？如何分类？

2. 饮食风俗的特征和功能是什么？

3. 什么是烹饪风味流派的定义？烹饪风味流派的认定标准有哪些？

4. 我国有哪些国家级饮食非物质文化遗产项目？举几个例子详细说明。

【实践活动】

1. 以小组为单位，调查当地的饮食民俗。

2. 以小组为单位，调查当地婚宴市场的现状和问题。

项目5
烹饪工作者
——饮食文化的创造者和传承者

　　源远流长、博大精深的中国饮食文化是中华各族人民在长期实践中创造的。然而，历代烹饪工作者对于中华美食的创造无疑是不可替代的重要角色，在中国饮食文化演进的历史长河里谱写着一篇篇精彩的篇章。烹饪工作者是美味的使者，他们通过自己的辛勤劳动，用自己的心灵去创造一个个独具特色的美味传奇。

知识教学目标

✧ 了解烹饪工作者的称谓、装束和技术等级，理解烹饪工作者的职业特点和社会作用。

✧ 了解古今有代表性的名厨大师的主要事迹。

✧ 掌握烹饪工作者职业素养的主要内容。

能力培养目标

✧ 提高辨别、抵制行业不正之风的能力，为形成与其将来所从事的职业相适应的良好职业道德和职业行为习惯奠定基础。

✧ 树立敬业意识，具有工匠精神。

思政教育目标

✧ 正确认识烹饪工作者的职业特点和社会作用，增强荣誉感。

✧ 掌握职业道德基本规范，树立正确的职业道德观念。

✧ 养成崇尚先进、学习先进、追赶先进，向善求真的品德。

任务1　理解烹饪工作者的内涵

[案例导入]

潜艇厨师年薪 125.8 万元

经济在发展，不论是吃喝玩乐，处处都离不开钱，很多人也都为"白花花的银子"努力着？你知道世界上工资最高的职业是什么吗？

在澳大利亚，超过 6 年工作经验的潜艇高级厨师每年能赚约 18.7 万美元（约合人民币 125.8 万元），薪水直逼海军少将。

因为这项工作被列为"至关重要的雇员"，只要入行，潜艇厨师就能拿到每年 5.55 万美元的基本工资，但关键在于奖金，其中包括能力奖金 3.78 万美元，出海津贴 2.1 万美元，潜艇服务津贴 2.5 万美元，以及每年的考勤奖 4.7 万美元。而一名三星级的海军副司令，基本年薪为 22.9 万美元。

（资料来源：黑河日报，2014-05-28.）

[任务布置]

烹饪工作者，是以烹饪为职业、以烹制菜点为主要工作内容的人，就是厨师。厨师这一职业出现很早，大约在奴隶社会，就已经有了专职厨师。随着社会物质文明程度不断提高，厨师职业也不断发展，专职厨师队伍不断扩大。

[任务实施]

5.1.1　烹饪工作者的称谓和装束

烹饪工作者有哪些称谓，其装束有什么特点？又有哪些技术等级、职业特点、社会作用呢？我们将按照图 5.1 所示的顺序来弄清这些问题。

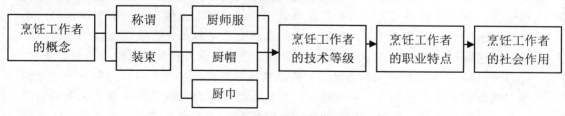

图 5.1　烹饪工作者的称谓和装束

1）厨师的称谓

厨师者，事厨者也。厨师是人类社会最古老的职业之一。在古代，我国对厨师的称呼五花八门，如庖人、膳夫、厨者……不胜枚举。按从厨部门有御厨、衙厨、肆厨、家厨、寺厨、船厨、军厨、俗厨 8 类，每一类又有很多叫法，如古军营称军厨为伙夫、火头军、炊子、炊家子，在寺院道观称寺厨为僧厨、道厨、饭头、菜头等。

自古以来，人们对厨师褒贬不一，熊四智先生在《中国烹饪概论》中曾做过统计，事厨的雅号、诨号排成一个单子有123种之多，恐怕在百业中稳居前列。其中贬义的有厨役、庖役、厨下儿、灶下养、油头、庖隶、庖卒、油腻叫花子等，褒义的则为天厨、大厨、鼎俎家、菜将军、调味大师、烹饪艺术家、最佳厨师、烹饪大师等。

2）厨师的装束

（1）厨师服

厨师服款式宽松，颜色洁净，一般为白色（图5.2）。厨师长、副厨师长、中厨总厨、西

图 5.2　厨师的装束

厨总厨的厨师服款式按国际惯例，以法国厨师设计款式为标准，通常采用主领、双排扣白色上衣，配黑色斑马条、犬齿纹裤子，领围白色或其他颜色汗巾。主厨的厨师服一般为白涤棉或纯棉上衣、黑扣、黑裤、高白帽配三角巾。一般厨师的厨师服为白涤棉或纯棉上衣、白扣、小黑白格裤、白帽，配三角围巾。厨工、洗碗工的厨师服是白上衣、蓝裤，配围裙。

（2）厨帽

世界各国的厨师，工作时穿的工作服可能不一致，但戴的帽子是一致的，都是白色的高帽，戴上这种帽子操作，有利于卫生，可避免厨师的头发、头屑掉进菜中。

厨师通过工作帽的高矮来区别技术级别高低，经验越丰富、级别越高的厨师，帽子就越高。帽褶的多少也是有讲究的，与帽子的高矮成一定比例。厨师长戴帽子一般高约29.5厘米。厨师帽与厨师长帽基本一样只是高度低得多，帽褶也少。厨工帽则基本没高度，帽褶也更少。厨师帽子上的褶皱越多等级就越高。

知识链接

厨师帽的来历

最先戴上这种帽子的厨师倒不是从卫生着眼，而是作为一种标志。在希腊中世纪，动乱频繁。每遇战争，城里的希腊人就逃入修道院避难。有一次，几个著名的厨师逃入修道院，他们为安全起见，打扮得像修道士一样，黑衣黑帽，每天都拿出他们的手艺来为修道士做菜。日子一长，他们觉得应该把自己与修道士在服饰上区别开来，于是就把黑色高帽改为白色。因为他们是名厨师，所以其他修道院的厨师也竞相仿效。

另外，18世纪巴黎一家著名餐馆的高级主厨叫安德范·克莱姆。安德范性格开朗风趣且很幽默，又爱出风头。一天晚上，他看见餐厅里有位顾客头上戴了一顶白色高帽，其款式新颖奇特，引起全馆人的注目，便定制了一顶比那位顾客的还高出许多的白帽。他戴着这顶白色高帽果然引起所有顾客的新鲜好奇。这一效应竟成为轰动一时的新闻，使餐馆的生意越来越兴隆。后来，巴黎许多餐馆也纷纷效仿。变到如今，几乎世界各地的厨师都普遍戴上了这白色的帽子。白色高帽便成了厨师维护食品卫生的工作帽。

（3）厨巾

厨师戴的厨巾，有的地方叫三角巾，一般西餐厨师穿戴得很多。随着级别不同，它的颜色又不一样。一般厨师长佩戴红色；主管佩戴黑色；普通员工佩戴白色，因为管理模式不同，个别酒店的颜色也有出入。

5.1.2 烹饪工作者的技术等级

厨师也分好多级别，每一个级别都有不同的证书，代表着厨师的身份和资历。在不同的年代，厨师等级的种类也不同。

据考证，我国20世纪50年代以前对职业厨师并没有技术等级，60年代后才开始对厨师进行考试定级。1964年5月，商业部将厨师从高到低分为5级：一级厨师、二级厨师、三级厨师、一级厨工、二级厨工。1979年修订为9级：特一级厨师、特二级厨师、一级厨师、二级厨师、三级厨师、四级厨师、五级厨师、一级厨工、二级厨工。1988年，商业部颁布了《饮食业业务技术等级标准》，将中餐部分的烹调专业分为二级烹调技工、一级烹调技工、五级烹调师、四级烹调师、三级烹调师、二级烹调师、一级烹调师、特三级烹调师、特二级烹调师和特一级烹调师10级，面点专业分为二级面点技工、一级面点技工、五级面点师、四级面点师、三级面点师、二级面点师、一级面点师、特三级面点师、特二级面点师和特一级面点师10级。

1997年7月，劳动和社会保障部颁发了中华人民共和国新的职业资格证书，职业资格证书按技术等级分为初级技工（国家职业资格五级）、中级技工（国家职业资格四级）、高级技工（国家职业资格三级）、技师（国家职业资格二级）和高级技师（国家职业资格一级）5种，厨师岗位（工种）分为：中式烹调师、中式面点师、西式烹调师、西式面点师、厨政管理师。

5.1.3 烹饪工作者的职业特点

1）服务性与创造性相统一

为顾客提供美馔佳肴，是厨师劳动的主要目的。因此，它具有商业服务性特征。这一特征要求厨师具有全心全意为人民服务的良好品德、顾客利益至上的态度以及甘于奉献的牺牲的精神。厨师不仅要熟练掌握和运用烹饪技能，还必须懂得营养学、烹饪美学、饮食心理学等多方面知识。厨师只有博学多才，见多识广，才能厚积薄发，创造出更多受人们喜爱的菜点。杰罗尔德说过："人类中最具创造性的，当推厨师。"

2）技术性与科学性、艺术性相统一

烹饪是一门技艺，厨师劳动是以手工操作为主的技术工作。除了技术要素外，烹饪还是一门科学，一门以食物造型为主要表现形式的艺术。厨师的劳动过程，实质上就是将技术性、科学性、艺术性三者有机结合的过程。

3）体力劳动与脑力劳动相统一

厨师劳动是以手工操作为主的体力劳动。然而，厨师劳动也包含着大量脑力劳动。特别是随着烹饪的科学化、规范化要求提出，厨师劳动的脑力劳动比重越来越大。如宴会设计、

筵席构思、菜肴营养卫生指标确定以及菜点造型等，无不凝聚着比较复杂的脑力劳动。

5.1.4　厨师的社会作用

1）为丰富人民的生活、增进人们的健康提供美味佳肴

随着社会主义现代化建设不断发展，我国人民的生活水平有了很大提高，人们的饮食方式和食品结构也发生了较大变化。现在许多人追求的已不再是吃饱肚子，而是如何吃得有味道、有营养、符合卫生。厨师们运用自己所掌握的烹饪技艺，创作出色、香、味、形俱全的佳肴，可满足人们对美好饮食生活的需求。

2）有利于促进餐饮服务社会化

随着生产和文化事业发展以及人们物质文化生活改善，千家万户举炊的劳动将日益依赖于社会化、专业化的餐饮服务系统。厨师是提供这种服务的重要专业人员，不仅可以为人们在提高烹饪技艺方面提供示范，而且可以直接提供膳食和半成品，减少人们用于饮食方面的家务劳动，从而使人们有更多时间和精力用于其他有益的活动。

3）厨师是饮食文化的继承者和传播者

我国烹饪技艺历史悠久，是中华民族灿烂文化的重要组成部分，在世界上享有极高声誉。正如毛泽东同志所言：中国文化中，一个是烹饪，一个是中医，是值得我们自豪的东西。中国优秀的饮食文明和烹饪技术，靠谁去继承并发扬光大？主要靠厨师。新中国成立以来，一批批既具有精湛技艺，又具备烹饪科学知识、艺术理论的厨师已经成为中国烹饪文化的优秀继承人。同时，随着我国改革开放不断深入，大批中国厨师走出国门，将中国优秀的饮食文化传播到世界各地。因此，中国厨师已经成为传播中国饮食文化的出色使者。

4）有利于促进旅游事业发展

随着我国对外开放方针深入贯彻，世界各国人民来华旅游观光者不断增加。他们来到我国，不仅要求住好、玩好，而且要求吃好。各国人民的饮食习惯不同，厨师们能用他们娴熟的烹饪技艺，烹调出适合各种口味的菜点，满足他们的需要，从而能使来自世界各地的旅游者感到满意，扩大影响，促进旅游事业发展，为国家增加外汇收入。

知识链接

厨师是"外交官"

在吃的法则里，家的味道重于一切。舌尖上的外交，同样重视这一点。以美国国宴为例，美国人也没把自己的美食外交束缚在高档西餐上。他们怀着对客人的理解，不断地尝试寻求转化的灵感。

2012年3月，英国首相卡梅伦访美，美国务院邀请出生于英国的名厨布卢姆菲尔德，以慢煮三文鱼、香草煮扁豆等家乡菜宴请贵客。

相比首脑间的私人宴请，几百年来各国国宴依然是舌尖外交的主要舞台。这样的宴会不仅是一顿饭局，而且是国家的脸面。宴会流程体现的不仅是主人的礼仪，还是对客人身份的认可。在美国，国宴清单通常由国务院负责礼宾的官员向第一夫人提交，

[任务总结]

烹饪工作者是以烹饪为职业、以烹制菜点为主要工作内容的统称。烹饪工作者具有服务性与创造性相统一、技术性与科学性及艺术性相统一、体力劳动与脑力劳动相统一的职业特点，具有重要的社会作用。

任务2　了解古今名厨大师

[案例导入]

古代厨师美女多

在古代，女人会做饭，是一件非常荣耀的事情，无论是会烹制佳肴，还是会拼摆冷盘，哪怕就是以面点见长，都会受到美慕和尊重。

古代有厨艺的女人接触的都是上层社会、高雅人士，一般的家庭也请不起女厨，地位一般的人即使发点横财偶然请起了女厨，人家也不一定心甘情愿地去为他服务。宋代廖莹中的《江行杂录》中记载了这样一个故事：一个告老还乡的太守想起当年在京都某领导家吃过一个厨娘做的饭菜，现在还很想吃，于是就托人从京城找了一位才20岁的厨娘，这个厨娘要求太守用四抬暖轿接她进府，开的工资要求太守每次办宴会，"要支赐给厨娘绢帛或至百匹，钱或至三二百千"，架子可谓大矣。当然，这位厨娘也身手不凡，"有运斤成风之势"，做出来的饭菜"食者筷子举处，盘中一扫而光"。

像这样做出"馨香脆美"饭菜的女厨在古代是大有人在的。《丽情传》中的余媚娘做出来的鱼丝"五色鲙，妙不可言"。善于做鱼的还有《武林旧事》中的宋五嫂，她在临安做出来的"鱼羹""人所共趋"，还得到过游西湖的宋高宗、宋孝宗的高度赞赏，宋五嫂也因此成为那个时期的富婆。

不仅如此，古代尼姑庵中的尼姑做起菜来也让大家刮目相看，自叹不如。据《清俾类钞》记载，无锡有一个"善烹饪"的尼姑，把鸭子装入"瓦钵"中，"隔水蒸之"，炖出来的鸭子"清汤盈盈，味至美"。这种叫"石鸭"的美味至今还是驰名江南的佳肴。

真正的"烹饪"高手，大都出在名人世家，北魏崔浩所作的《食经》一书，里面的食谱都是自己母亲传授的。明代宋诩的《宋氏养生部》，里面的菜谱也是母亲"口传心授"的，书中"用肥者，全体燂汁中炖熟，将熟油沃，架而炙之"的"炙鸭"，就是现在的北京烤鸭。清代出身于官宦之家的曾懿，虽然父亲和丈夫都是高官，但自己仍然主持中馈，她不仅精于烹饪，而且根据自己的实践经验写了一部《中馈录》，她在总论中说："古之贤媛淑女，无有不娴于中馈者，故女子宜练习于于归之先也。"

在古代，女人把会做菜做好菜当作是一种很时髦的事情。《颜氏家训》中说："妇主中馈，惟事酒食衣服之礼耳。"《许云贻谋》中也说："主妇职在中馈，烹饪必亲，米盐必课，勿离灶前。"虽然这些对妇女的解放产生了不少副作用，但妇女在古代"烹饪"事业中所做的贡献还是让人敬仰的。

（资料来源：深圳商报，2014-05-21.）

[任务布置]

古代美女厨师多，现代美女厨师也不少。2014 年 6 月 23 日，大型美食时尚盛事"2014 国际女厨汇——厨房里的花木兰"，在北京新云南皇冠假日酒店举办了盛大的揭幕仪式。受邀参加此次盛事的顶级名厨来自全球各地：米其林 3 星大厨 Sofie Dumont 是进入法国五大厨艺比赛之一 Prosper Montagne 决赛的第一位女性，并于 2009 年被评为比利时年度大厨。Francesca Simoni 是意大利久负盛名的 Amerigo 1934 Trattoria（米其林 1 星）的行政副总厨。电视名厨 Michal Ansky，Ruthie Rousso 分别担任以色列《顶级厨师》及《铁人料理》的首席评委。美籍华人 Kelley Lee 在上海拥有自己的餐饮小王国。"糕点皇后"Cher D. Harris 在 2014 年初代表美国一举夺得国际女子糕点皇后杯世界赛冠军，并被评为 2014 年美国十大糕点主厨。来自芝加哥的 Kathy Skutecki 曾多次参加世界各地举办的美食节活动。

厨师的水平往往代表着一个时代、一个地区的饮食水平。数千年中华烹坛上涌现出了大量身手不凡、技艺高超的厨师，说他们是美食的创造者，他们也是受之无愧的。道义上的厨师，不是工匠，而是大师，是饮食艺术家。然而见诸文字记载有真实姓名的厨师，只是凤毛麟角、寥寥无几。那么，中国古代和现代有哪些名厨大师呢？下面，我们来学习本课内容（表 5.1）。

表 5.1　历代名厨一览表

朝　代		姓　名	主要事迹
古代	商		
	春秋		
	战国		
	唐		
	五代		
	宋		
	元		
	明		
	清		
现当代	民国		
	新中国成立后		

[任务实施]

5.2.1　中国古代名厨

古代，绝大多数厨师成为无名英雄，很多优秀厨师的名字被埋没。现今人们只能遍搜经史子集，乃至山野笔记，寻觅中华烹坛厨者的踪迹，尽管详细资料很少，大多为零星记载，但拾遗补阙，从这些历史记录中管窥蠡测，对于数千年来中华厨者的聪明才智和艰辛劳动以及创造的灿烂饮食文化仍可一览概貌。

历代厨者的身份是比较复杂的，有的为职业厨师，有的为宫廷御厨，有的为官府廨厨。而属于酒楼食肆者，其中有流动卖艺的，有自己开店的，有属于寺院香积的，有的是家庭主厨，还有的先从事庖厨后来成为治国安邦的政治家。这些在不同的历史朝代，从不同角度，为中华饮食文化作出贡献的有名的厨者大体可归纳为3类，那就是帝王家的御厨、官宦府邸的家厨和市井酒家的肆厨。

1）帝王御厨

在宫廷王室帝王之家制作食品的厨者称为御厨，如夏代少康、尧时彭祖、商之伊尹、春秋易牙、唐代詹王、清代张东官等。

（1）食治养生的祖师爷——彭祖

尧舜时代的彭祖不仅精于烹调技艺，而且懂得食治养生、修身养性，因此被称为我国的养生鼻祖。彭祖善于制作野鸡羹，因此受到了尧帝赏识被封于彭城，建立大彭氏国（也就是今天的徐州）。

彭祖是上古传说中的人物。原名钱铿，是颛顼帝的后代，为陆终氏所生。东晋葛洪《神仙传》记载："彭祖是神仙，彭祖者，帝颛顼之玄孙也，殷末以七百六十七岁而不衰老。少好恬静，不恤世务，不营名誉，不饰车服，唯以养生治身为事。王闻之，以为大夫，常称疾闲居，不与政事。善于补导之术，服水桂、云母粉……"徐州一带有不少关于他的古迹，还流传着这样的诗文："雍巫善味祖彭铿，三访求师古彭城。"意思是易牙的调味技术是向彭祖学习的。每年农历六月十五，苏、鲁、豫、皖等地的厨师要到彭祖祠上香膜拜，并摆摊献艺。

（2）调和鼎鼐的祖师爷——伊尹

伊尹（图5.3）是夏朝末年的人，后为商朝宰相。《墨子·尚贤》《吕氏春秋·本味》等载，有莘氏的女子把在空桑中得到的婴儿献给君王，君王命一个厨师抚养他。这位厨师给他取名挚，又名阿衡，即后来的伊尹，并言传身教，使他精通烹饪。他长大后，作为有莘氏女儿陪嫁的佣人，到了商汤那里。他背着鼎，抱着砧板，去给商汤烹饪了"鹄羹"等美味佳肴，并且用烹饪技术理论做比喻，详细地向商汤阐述了治国之道，深得赞赏，因此被任命为宰相。他出身庖人，在烹饪技术理论上立论精辟，又有治国的政治才能，被后世尊为"烹饪之圣"。

图5.3 伊尹

（3）厨艺精湛的祖师爷——易牙

易牙是春秋时代齐桓公宠幸的近臣，专管料理齐桓公的饮食，由于他擅长调味，加上善于逢迎，所以很得齐桓公的欢心。《管子·小称篇》记载："夫易牙以调味事公，公曰：'唯蒸婴儿之未尝。'于是蒸其首子而献之。"易牙为了满足齐桓公的口腹之欲，竟然将自己的长子蒸了，这在今天当然是天理难容，可是在当时的社会背景下，易牙不烹就是不忠，而且还必遭杀身之祸，所以我们如果把这事放到当时的社会环境下，那就不难理解了。

易牙有"天下第一名厨"的美誉，他不仅知味，而且善于辨味。孟子曰："至于味，天下期于易牙。"《列子·说符》："白公问曰：'若石水投水，何如？'孔子曰：'吴之善没者能取之。'曰：'若以水投水，何如？'孔子曰：'淄渑之合，易牙尝而知之。'"把两条河流里的水混合在一起，易牙也是一尝便知，可见易牙辨味之准。

（4）献身于真理的祖师爷——詹王

詹王，相传是唐朝烹饪技艺高超的御厨，姓詹。一天，皇帝问："普天之下，什么最好吃？"这位忠厚老实的厨师回答道："盐味最美。"皇帝听了勃然大怒，认为盐是最普通的东西，天天都在吃，没什么稀奇珍美的，是厨师在戏弄自己不懂饮食之道，就下令把姓詹的厨师推出斩首。詹厨死后，御膳房的其他厨师听说皇帝忌盐，怕再犯欺君之罪，在烹制菜肴时都不敢放盐了。皇帝连续吃了许多天无盐的菜肴，不仅感到索然无味，而且全身无力，精神萎靡。究其原因，才知是缺盐的缘故。皇帝因此幡然醒悟，知道自己错杀了詹厨，便追封詹厨为王，自己退位10天（每年农历八月十三至八月二十二），让百姓祭祀悼念他。后来，湖北、四川等地的许多厨师把詹王尊为祖师，并在每年的农历八月十三举行詹王会，缅怀先贤，交友联谊。

2）官宦家厨

家厨主要指为达官显贵官宦之家制作食品的厨师，也包括家中主持厨务的中馈即家庭主妇。由于家庭条件限制和差别，他们极少制作豪华的大型筵席，主要擅长制作私房菜、家常菜，烹饪技艺水平参差不齐，也有不少佼佼者。著名的家厨有南朝齐国虞悰，南梁孙廉，北魏毛修之、侯刚，唐代段硕、膳祖，宋代王立，明清董小宛、王小余等。

（1）虞悰

虞悰，字景豫，南北朝时期的官僚和医学家。出生于会稽余姚（今宁波余姚市）的门阀士族家庭，为虞潭五世孙。祖父虞啸父，官至尚书。父亲秀之，是黄门郎。南朝齐武帝萧赜在即位之前，与虞悰私交甚厚。萧赜即位之后，虞悰即受封为高官。虞悰精通医术，善调饮食，是一烹饪高手，专管推荐美味祭太庙之事。齐高帝萧道成吃了他送的"扁米栅"等菜肴，连称比御厨做得好。虞悰还拿出醒酒鲭酥解决高帝醉酒不适，被认为握有烹饪秘方。

（2）段硕

《酉阳杂俎》记述：段硕博学多才，不热衷仕途，专研烹饪，练就一手高超技艺，其精湛刀功，堪称出神入化，举世无双。段硕府中常有聚会，宴会中，段硕都会当众切鱼制烩，宰杀剥骨，敏捷迅速，其切割之声合乎节奏与音律，炫耀刀技，自娱娱人。所切鱼片，随刀飞舞，薄如蝉翼，细如丝缕。如此绝技，古今罕见。

（3）董小宛

董小宛，本名董白，字小宛，号青莲，明末"秦淮八艳"（也称"金陵八绝"）之一。名与号均因仰慕李白而起（李白，号青莲居士）。她聪明灵秀，神姿艳发、窈窕婵娟，为秦淮旧院第一流人物，又称"针神曲圣"，位列中国古代十大名厨之一，曾"自西湖远游于黄山白岳之间"。董小宛才貌厨艺一样出众，她制作的各种糖食糕点及腐乳、腌咸菜、桃膏、瓜膏等颇有造诣，闻名遐迩。她对丈夫的忠贞爱情和敢于同权贵势力作斗争的精神尤其被人称颂，为纪念她，其制作的糖被称为"董糖"。

让小宛在厨艺上名留千古的除了她的"董糖"外，还有一道颇为独特的"董肉"。"董肉"和"东坡肉"不仅在名字上相映成趣，在做法上亦有异曲同工之妙。"东坡肉"是将猪五花肉切块加黄酒用慢火煨制而成，色泽红润，口感软糯，至今仍为餐桌上的传统特色名菜。"董肉"则是将带皮猪五花肉切成大块，下大汤锅煨成七成熟后，捞起，晾干，下七成油温中炸至皮面起泡，成虎皮状，肥肉中的油被拿掉大半，使人吃起来不油不腻。然后将肉切成方块，扣入碗内，加酱油、面酱、白糖、葱、姜等上笼蒸透后，将蒸制的汤汁下锅熬浓，浇在肉上。所以"董肉"又叫虎皮肉、走油肉，是董小宛所发明的菜点中颇为独到的一款。

董小宛制作的桃膏、瓜膏以及红方腐乳一直流传至今，并成为经典的大众小食。纵观小宛的厨艺和对烹饪的贡献，不难看出，她作为中国古代十大名厨，当之无愧。从她的烹饪风格和长期生活的背景中，应该说，她继春秋时期著名厨师太和公之后，对以南京、苏州、扬州等地为代表的苏菜的革新和发展，起到了推动作用。

（4）王小余

王小余是袁枚的家厨，是一位身怀高超技艺、有着丰富理论经验的烹饪专家。他对于烹饪技艺颇有研究，治厨认真，事必躬亲，对原料的选购、切配、掌勺等一丝不苟。特别在调味上能够揣摩客人的心理，浓淡随客之所好，见机行事，并对事厨上有更多的研究和心得。正如袁枚对他的评价："工烹饪，闻其臭香，十步以外无不颐逐逐然。"他的许多真知灼见，对袁枚也产生了很大影响，所以说，《随园食单》的诸多方面还得益于王小余的见解。

知识链接

厨者王小余传

小余王姓，肉吏之贱者也。工烹饪，闻其臭者，十步以外无不颐逐逐然。初来请食单；余惧其侈，然有颍昌侯[1]之思焉，嗛曰："予故窭人子，每餐缗钱[2]不能以寸也。"笑而应曰："诺。"顷之，供净饮一头，甘而不能已于咽以饱。客闻之，争有主孟之请。

小余治具，必亲市物，曰："物各有天。其天良，我乃治。"既得，泔之，奥之，脱之，作之。客嘈嘈然，属餍而舞，欲吞其器者屡矣。然其篚不过六七，过亦不治。毕，乃沃手坐，涤磨其钳铦刀削笔帚之属，凡三十余种，庋而置之满箱。他人掇汁而捘莎学之，勿肖也。

或请授教，曰："难言也。作厨如作医。吾以一心诊百物之宜，而谨审其水火之齐，则万口之甘如一口。"问其目，曰："浓者先之，清者后之，正者主之，奇者杂之。视其舌倦，辛以震；待其胃盈，酸以厄之。"曰："八珍七熬贵品也子能之宜矣嗛嗛二卵之餐子必异于族凡何耶？"曰："能大而不能小者，气粗也；能啬而不能华者，才弱也。且味固不在大小、华啬间也。能，则一芹一菹皆珍怪；不能，则虽黄雀鲊三楹，无益也。而好名者有必求之与灵霄之炙，红虬之脯，丹山之凤丸，醴水之朱鳖，不亦诬乎？"曰："子之术诚工矣。然多所炮炙宰割，大残物命，毋乃为孽欤？"曰："庖牺氏至今，所炮炙宰割者万万世矣。乌在其孽庖牺也？虽然，以味媚人者，物之性也。彼不能尽物之性以表其美于人，而徒使之枉死于鼎镬间，是则孽之尤者也。"曰："以子之才，不供刀匕于朱门，而终老随园，何耶？"曰："知己难，知味尤难。吾苦思殚力以食人，一肴上，则吾之心腹肾肠亦与俱上；而世之贪声流歠者，难奇赏吾，而吾伎且日退矣。且所谓知己者，非徒知其长之谓，兼知其短之谓。今主人[3]未尝不斥我、难我、掉磬我，而皆刺吾心之所隐疚，是则美誉之苦，不如严训之甘也。吾日进矣，休矣，终于此矣。"

未十年卒。余每食必为之泣，且思其言，有可治民者焉，有可治文者焉。为之传以咏其人。

（资料来源：袁枚《小仓山房文集》，有删改）

3）市井肆厨

市井肆厨即餐饮市场上食品制作的从业人员，也就是社会餐饮行业的厨师，其服务目标广泛复杂，从业场所遍及各地域，烹饪技艺参差不齐。但这支厨师队伍面广量大，无疑是中华厨师队伍的主力军。在史料中，市井肆厨留有的记载相对要多一些，如商代末年姜子牙、秋时吴国人专诸、唐代张手美、南宋初年宋五嫂、明代嘉靖年间曹顶、清代萧美人等。

（1）宋五嫂

宋五嫂丈夫姓宋，排行老五，故称宋五嫂。宋五嫂在北宋京都开封开设一家酒楼，很有名气，其以一款以她名号命名的"宋嫂鱼羹"轰动京城。这款鱼羹，用新鲜鳜鱼的肉加香菇、冬笋、火腿等精心烹制而成，深受人们喜爱，因此生意一片红火。

靖康之变后，宋五嫂也随着难民一起来到临安（今杭州），在西湖的钱塘门外，开设了一家小酒店，接待过往来客，以维持生计。临安乃江南鱼米之乡，处东南沿海，内有西湖，水产品丰盛，尤以鱼类居多。宋五嫂本就手艺高超，所以烹制的许多鱼类佳肴深受大家喜爱。

时年，来杭州逃难的人很多，有官有民，大家思乡难归。宋五嫂的鱼羹在开封很有名气，如今又在杭城开店，大家都纷纷前来品尝，以解思乡之愁。这样，五嫂原本的美味又变成了思乡之物，可见其意义十分之大。忽有一日，宋高宗赵构乘船游西湖，见到"宋五嫂鱼羹"的招牌，不免心有余痛，便差人去把宋五嫂招致船上，让宋五嫂烹制鱼羹。宋五嫂便随人来到船上，用西湖的鳜鱼精心制作了这道鱼羹，让皇上吃得既欣喜又心酸。这件事后来在整个杭城传开，宋五嫂名声更加大噪，引得人们纷纷争赴钱塘门，品尝宋五嫂鱼羹，以至于后来被人们奉为"烩鱼师祖"。

宋五嫂自南宋迁都便在西湖钱塘门从事厨艺，且为杭州最为著名的美食之家，无论从烹制的菜品，还是对整个浙江地区的饮食文化的推广和钱塘风味的形成，她都作出了积极的贡献。

（2）曹顶

曹顶是明代嘉靖年间通州（江苏南通市）人，当时我国沿海地区倭寇为患，曹顶应募御倭，率五百水兵与倭寇激战 20 余日，斩倭首几百余级。他辞官不受，回乡做刀切面生意。其创制的跳面即小刀面，工艺讲究，爽滑有劲，久煮不烂，耐嚼有味。后倭寇再次进犯通州，曹顶偕同守军与倭寇作战，不幸遇难。为了纪念这位民族英雄，南通人将跳面称为"曹顶面"。

🍽 5.2.2 中国近现代名厨

1）近代名厨

近代，天津狗不理包子的高贵友、四川麻婆豆腐的创始人陈兴盛之妻刘氏、吉林李连贵大饼的创始人李广忠、佛跳墙的创始人郑春发以及"抓炒王"王玉山。另有谭家菜名厨彭长海与陈玉亮师徒，祖庵菜曹敬臣、彭长贵师徒，成都黄敬临的"姑姑筵"，广州江孔殷的"太史蛇宴"各甲一方，并称"四大天王"。

2）现代名厨

中国现代名厨很多。2002 年 9 月 19 日，在北京市烹饪大师考核命名仪式上，16 位德高望重的老厨师被授予了"北京国宝级烹饪大师"称号。他们中既有为毛泽东同志烹制

"才饮长沙水，又食武昌鱼"中"武昌鱼"的程汝明，又有擅长川菜烹调的伍钰盛；既有"鲁菜泰斗""海参王"之称的王义均，又有粤菜大师康辉；既有清真菜代表马景海、杨国桐，又有面点绝活的传承者刘俊卿、郭文彬；还有金永泉、侯瑞轩、王春隆、黄子云、张文海、陈玉亮、董世国、郭成仓。

2006年10月19日，在第二届中国餐饮博览会期间，商务部首次评选出"中华名厨"——张正雄、胡忠英、林壤明、史正良、黄正晖、卢永良、孙立新、许菊云、李奉恭、戴书经，并为之颁发证书。

为进一步弘扬"诚信、敬业、开拓、贡献"优秀餐饮人精神，充分肯定名厨精英的业绩，充分发挥先进典型的模范带头作用，以促进餐饮业快速、健康、持续发展和中国烹饪事业不断繁荣，中国烹饪协会于2014年6月3日，发布了《关于表彰中国烹饪卓越贡献工作者的决定》，对为中国烹饪事业发展作出辛勤努力和卓越贡献的烹饪工作者进行表彰，名单如下。

（1）"中国烹饪领军人物"名单（共10人）

　　　　高炳义、史正良、卢永良、许菊云、孙晓春
　　　　刘敬贤、严惠琴、董振祥、李春祥、屈　浩

（2）"中国烹饪大师终身成就奖"获奖名单（共32人）

　　　　王义均（北京）、王世杰（贵州）、王兴兰（山东）
　　　　王堂豪（广西）、王墨泉（湖南）、王黔生（云南）
　　　　吕长海（河南）、孙应武（北京）、孙昌弼（湖北）
　　　　庄伟佳（广东）、朱云显（新疆）、何子桂（海南）
　　　　何世晃（广东）、张中尤（四川）、张汝才（黑龙江）
　　　　张志斌（黑龙江）、李万民（四川）、李耀云（上海）
　　　　杨定初（浙江）、肖文清（广东）、陆发荣（云南）
　　　　林镇国（澳门）、郑秀生（北京）、赵仁良（北京）
　　　　赵继宗（河南）、唐　文（吉林）、黄正晖（江西）
　　　　黄振华（广东）、葛贤萼（上海）、蓝其金（四川）
　　　　颜景祥（山东）、薛泉生（江苏）

（3）"中国美食，全球共享"中餐推广杰出贡献奖获奖名单（共24人）

　　　　马顺莉、马澄根、王　云、王长华、王永贵、艾广富
　　　　任德峰、刘　强、朱志伟、朱松涛、吴玉波、宋　建
　　　　张书超、张瑞青、连庚明、岳振东、林潮带、罗永存
　　　　罗玉麟、罗福南、胡满荣、贾传刚、贾国良、崔晓燕

（4）"中国名厨新锐奖"获奖名单（共24人）

　　　　王庆兴、邓火平、兰明路、冯小亮、甘　泉、龙德伟
　　　　孙兆国、许　璨、李　斌、杨章平、邹志平、陈智灵
　　　　周　华、郑佐波、胡　波、赵守文、赵剑峰、唐习鹏
　　　　钱以斌、黄　涛、黄仁传、黑伟钰、谭国辉、魏志春

知识链接

大师收徒，做菜先做人

2012年2月22日上午，老字号名店砂锅居举行"收徒拜师"仪式，为老字号技艺传承再续新人。这是北京餐饮界里最年轻一代"中国烹饪大师"正式开展的收徒仪式。

此次砂锅居"收徒拜师"仪式，正值这家老字号名店建店271周年之际。砂锅居始建于清乾隆六年（1741年），被喜爱其口味的京城百姓誉为"名震京都三百载"，尤见人们对砂锅居的青睐。

在此次"拜师会"上，作为师父的中国烹饪大师、砂锅居厨师长刘为永今年43岁，从学徒到现在已经工作近20年。刘师傅是砂锅居技艺传承人的第19代传人，在北京拥有"中国烹饪大师"称号的名厨中算得上是"最年轻的一代"。

刘大厨今天共收下4名徒弟，年龄最大的不过28岁，最年轻的才19岁。在刘师傅眼里，收徒的标准不在乎年龄："关键看人品。我的师傅说过，笨点没关系，人家精于10道菜，你可以专心炒5道。可如果没有过硬的道德标准，是无法完成传承老字号烹饪技艺这项使命的。做菜先做人。"

在收徒仪式上，刘大厨开场白就是要徒弟们做一名"快乐厨师"。这与以前传统的"师傅带徒弟"风格不同。以前的师傅多是一板一眼照章办事，认为徒弟学好本事也就有了快乐，要求的也是"敏于行讷于言"，没有过这么活泼的标准。要做刘为永的徒弟，还得多学习，懂得"三人行，必有我师"的道理。他还有一个愿望："我希望带着徒弟们，将砂锅居'北京市非物质遗产项目'继续申报为'国家级非遗'，让京菜奇葩的砂锅菜展现出更高历史文化价值。"

（资料来源：北京晚报，2012-02-22.）

[任务总结]

名厨的称谓涵盖比较广泛，是根据厨师自身的技能技术水平，由国家相关单位或行业组织进行审定，并授予相关名厨称号及荣誉资格证书。对于一位名厨而言，他的成功秘诀是什么？是娴熟的刀功、秘传的烹调秘籍、扎实的基本功，还是超越常人的领悟能力？这些似乎都很重要，缺一不可，但是每个人的成功准则也略有不同，除了一些名厨师必须掌握的技术之外，更重要的就是为人处世。

任务3　提高烹饪工作者的职业素养

[案例导入]

杭州一厨师被公诉

新华社杭州8月25日电　厨师陈某为提高菜品卖相而添加非食品添加剂，因涉嫌生产、

x

销售有毒、有害食品罪，25日被杭州市西湖区检察院起诉。

据杭州市西湖区检察院介绍，陈某，1987年生，广西人，2012年6月与杭州某酒店签订了承包酒店厨房鲍翅间的协议，由酒店提供场地，由陈某负责制作加工鲍鱼、鱼翅、辽参、鹅掌、雪蛤等系列菜肴，菜肴的主料、汤料、加工器具及他的帮工等均由陈某个人负责，利润陈某占55%，酒店占45%。

2013年初，有顾客反映酒店鹅掌颜色不好看，酒店厨师长遂让陈某调整提高，如果还是做不好就要换人。3月以后，由陈某做的鹅掌、鲍鱼等菜品果然好看了很多。8月6日，杭州市卫生局对该酒店检查，在鲍翅间工作台下面柜子里面查到一瓶"双燕牌"鲜艳颜料，随后查封了11只鲍鱼、2千克左右鹅掌等物。经浙江省疾病预防控制中心检测，扣押的鲍鱼、鹅掌等物查出了酸性橙Ⅱ，这正是"双燕牌"鲜艳颜料的成分之一，而卫生部早在2011年4月就已明确酸性橙Ⅱ系非食品添加剂。

检方认为，陈某在生产、销售的食品中掺入有毒、有害的非食品原料，其行为已构成生产、销售有毒、有害食品罪，遂将陈某提起公诉。

（资料来源：北京晚报，2014-08-26.）

[任务布置]

素养指一个人在从事某项工作时应具备的素质与修养。素养是一个人在品德、知识、才能和体格等诸方面先天的条件和后天的学习与锻炼的综合结果。职业素养是指职业内在的规范和要求，是在职业过程中表现出来的综合品质。

作为烹饪专业的学生，既然选择烹饪作为将来的职业，就要做到敬业和专注。从基本目标来说，是挣一份工资来谋生。从高标准来说，是一种自我价值的实现。那么，烹饪工作者的职业素养（图5.4）包含哪些方面呢？

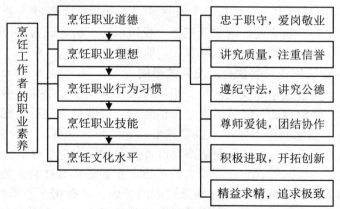

图5.4 烹饪工作者职业素养构成

[任务实施]

5.3.1 烹饪职业道德

道德是构成人类文明，特别是精神文明的重要内容。通常讲的道德指人们在一定的社会里，用以衡量、评价一个人思想、品质和言行的标准。它的确切含义：人类社会生活中依据社会舆论、传统习惯和内心信念，以善恶评价为标准的意识、规范、行为和活动的总和。

职业道德是人们在特定的职业活动中应遵循的行为规范的总和。烹饪职业道德，也称之为"厨德"，指烹饪工作者在从事烹饪工作中所要遵循的行为规范和应具备的道德素养。

1）烹饪职业道德的重要性

烹饪职业道德不仅对烹饪工作者个人的生存和发展有着重要的作用和价值，而且与餐饮企业的兴旺发达甚至生死存亡密切相关。

（1）烹饪职业道德建设对个人发展的影响

①烹饪职业道德对人的道德素质起决定性作用。古人云："德者事业之基，未有基不固而栋宇坚久者；心者修行之根，未有根不植而枝叶荣茂者。"一个人从出生起，经历了家庭、学校、社会等各种途径的道德教育，对道德概念和内容已经具备了一定认识和了解，逐步形成了道德情感、情操和信念，也初步形成了自己的人格特征。作为一名烹饪工作者，其道德品质主要是在走向社会、从事烹饪职业之后，在烹饪职业活动的实践中成熟和发展的。在这个过程中，不仅要继承世代相传的优良职业传统，而且随着时代发展又要不断地充实新的内容，最终形成稳定的职业心理、职业习惯。

②烹饪职业道德与社会生活关系最密切，对社会精神文明建设具有促进作用。职业道德具有传递感染性。烹饪职业活动或职业道德可以通过各种途径传递到其他职业中去，引起多种多样的连锁反应，会给整个社会带来影响。例如，一个人在饭店吃饭上了当，如果是服务员，就可能把"气"撒到顾客身上，如果是医务人员，又可能把"气"宣泄到病人身上，如此恶性循环，会影响整个社会风气。因此，搞好烹饪职业道德建设，对促进社会主义精神文明建设具有积极作用。

③良好的烹饪职业道德，可以创造良好的经济效益。道德的基础是利益。"君子爱财，取之有道"，中国传统道德中也不排斥个人合法利益。如果一个餐饮企业在经营指导思想上不首先想着为顾客服务，缺乏良好的职业道德，投机取巧，坑害顾客，可以肯定这样的企业在公众心目中不会有良好形象，自然不可能长久地创造效益。

（2）烹饪职业道德建设对餐饮企业发展的影响

①烹饪职业道德是餐饮企业文化的重要组成部分。餐饮企业文化是餐饮企业在经营活动中形成的经营理念、经营目的、经营方针、价值观念、经营行为、社会责任、经营形象等的总和，是餐饮企业个性化的根本体现，也是其生存、竞争、发展的灵魂。烹饪岗位（工种）是餐饮企业的有机组成部分，烹饪职业道德建设直接影响餐饮企业健康发展。

②烹饪职业道德是增强餐饮企业凝聚力的手段。企业是具有社会性的组织，其内部存在着各种错综复杂的关系，这些关系既有相互协调的一面，又有相互矛盾的一面。增加理解，化解冲突，企业的凝聚力才能加强。在企业与职工的关系中，企业居支配主导地位，处理好这种关系，责任在企业，即企业在经营管理上要以职工为本，但仅此一方是不够的，要协调好职工与企业的关系，还要求职工必须具有较高的职业道德水平，即高度的企业主人翁责任感，正确处理好个人与企业整体利益的关系，维护企业形象，关心企业的前途和命运。

③烹饪职业道德可以提高餐饮企业的竞争力。所谓竞争是指在市场经济条件下，各经济行为主体为了某种经济利益以获得生存和发展需要而进行的相互追赶、争夺有利条件的优胜劣汰的运动过程。菜点的品质和服务质量是餐饮企业的命脉，任何企业若不能保证菜点的品质和服务质量，便可能走向破产或倒闭。餐饮企业要提高菜点的品质和向其顾客提供优质服

务，必须加强烹饪职业道德教育，以提高菜点的品质和服务质量，为赢得竞争打下基础。

2）烹饪职业道德的基本内容

良好的职业道德是事业成功的重要条件。烹饪工作者个人良好的职业道德素质和修养不仅是其整体素质和修养的重要组成部分，也是餐饮企业文化的重要组成部分和增强餐饮企业凝聚力的手段。具备良好的职业道德素质和修养，能够激发烹饪工作者的工作热情和责任感，使其努力钻研业务、提高烹饪技术水平、保证菜品质量，即人们常说的"菜品即人品，人品即菜品"。烹饪职业道德的基本内容如下。

（1）忠于职守，爱岗敬业

忠于职守，就是要求把自己职责范围内的事做好，合乎质量标准和规范要求，能够完成应承担的任务。爱岗就是热爱自己的工作岗位，热爱本职工作。敬业就是用一种恭敬严肃的态度对待自己的工作。社会主义职业道德提倡的敬业有着相当丰富的内容。投身于社会主义事业，把有限的生命投入到无限的为人民服务当中去，是爱岗敬业的最高要求。具体要求：树立职业理想，强化职业责任，提高职业技能。

（2）讲究质量，注重信誉

质量即产品标准，讲究质量就是要求企业员工在生产加工企业产品的过程中必须做到一丝不苟、精雕细琢、精益求精，避免一切可以避免的问题。信誉即对产品的信任程度和社会影响程度（声誉）。一种商品品牌不仅标志着这种商品质量高低，标志着人们对这种商品信任程度高低，而且蕴含着一种文化品位。注重信誉可以理解为以品牌创声誉，以质量求信誉，竭尽全力打造品牌，赢得信誉。具体要求：广告宣传，真实有效；信守承诺，履行职责；童叟无欺，合理收费；诚实可靠，拾金不昧；坚持原则，实事求是；规范服务，有错必纠。

（3）遵纪守法，讲究公德

遵纪守法是指每个从业人员都要遵守纪律和法律，尤其要遵守职业纪律和与职业活动相关的法律法规。公德即公共道德，从广义上讲就是做人的行为准则和规范。遵纪守法包括学法、知法、守法、用法以及遵守企业纪律和规范。讲究公德是餐饮从业人员必须具备的品质，"德"即思想品德，"公"指国家、民族和大多数人民群众的利益。讲究公德要求从业人员做到公私分明，不损害国家和集体利益。要求有大公无私的品格、秉公办事的精神，绝不能将工作岗位当成牟取私利的工具。

知识链接

小吃不容大腐败

胡辣汤是一种大众小吃，一碗卖几元钱，如今在一些地方却卖到几百元甚至上千元。原来，一些餐馆为给公职人员大吃大喝打掩护，量身打造一款套餐——喝胡辣汤送鲍鱼。胡辣汤里藏腐败，一些人可谓挖空心思。

天价小吃的背后，隐藏的是作风之垢。一般老百姓喝不起这种高价汤，需要遮遮掩掩的多是公职人员。吃喝这些"小"事，折射着作风大事，群众尤其反感。近年来，各种改作风的措施出台，紧盯着吃吃喝喝这些具体事，管住了干部的嘴和手，赢得了广大群众的点赞。但仍有少数干部，抱怨管得太细太死，或是认为吃点拿点不算什么事，或是认为风头一过没啥了不起。有想法便会有变通，于是，有人千方百计进行"风险试探"，这里钻个洞，那里凿个眼，总想把头上的紧箍松一松。天价胡辣汤应运而生。

作风顽疾不会自愈。建制度、抓监管才能管长远。《西游记》里的孙猴子浑不懔，就怕师父念紧箍咒，这就是一种制度设计。现在，"紧箍"已经戴在干部头上，关键得常念咒，让人"疼在头上，记在心里"。老百姓本就担心改作风只是一阵风，痛恨改头换面死灰复燃，像"胡辣汤里的鲍鱼"，得认真查查谁在吃。少一些糊弄群众的做法，多一点管束干部的辛辣，好作风才能生根落地。

（资料来源：人民日报，2014-10-31.）

（4）尊师爱徒，团结协作

尊师爱徒指人与人之间的一种平和关系，晚辈、徒弟要谦逊，尊敬长者和师傅；师傅要指导、关爱晚辈、徒弟。即社会主义人与人平等友爱、相互尊敬的社会关系。团结协作指从业人员之间和企业集体之间关系的重要道德规范，系指顾全大局、友爱亲善、真诚相待、平等尊重，搞好部门之间、同事之间的团结协作，共同发展。具体要求包括平等尊重、顾全大局、相互学习、加强协作等几方面。

（5）积极进取，开拓创新

积极进取，即不懈不待、追求发展、争取进步。开拓创新指人们为了发展的需要运用已知的信息不断突破常规发现或创造某种新颖、独特的有社会价值或个人价值的新事物、新思想的活动。在学习新知识、钻研新技术的过程中，要不惧挫折，勇于拼搏。而开拓创新要有创新意识和科学思维，同时要有坚定的信心和意志。

（6）精益求精，追求极致

近年，国家一直在提"工匠精神"。何谓"工匠精神"？从宽泛意义上讲，"工匠精神"指一种对工作、事业精益求精、追求极致的工作态度，指一种把工作或一件事、一门手艺当作信仰一般去追求、去完成的精神品格。工匠精神并不只是某种技能，更是一种态度，一种情怀，一种执着，是一份坚守，一份责任，使烹饪工作者始终对品质保持一种极致追求，让严谨细致成为一种工作习惯，让精益求精成为一种工作境界，把细致、精致、极致的标准贯穿于每项工作的每个环节，以十年磨一剑的笃定沉着、专注如一把本职岗位当成干事创业的大舞台，做到干一行，爱一行，钻一行，精一行，在科学精细中出彩，在追求卓越中行稳致远。

在精益求精中追求极致，是对工作最好的尊重。党的十九大明确提出："建设知识型、技能型、创新型劳动者大军，弘扬劳模精神和工匠精神，营造劳动光荣的社会风尚和精益求精的敬业风气。"这是时代对"工匠精神"的呼唤，也是新时代每个烹饪专业学生的使命。

5.3.2 烹饪职业理想

职业理想是人们在职业上依据社会要求和个人条件、借想象而确立的奋斗目标即个人渴望达到的职业境界。它是人们实现个人生活理想、道德理想和社会理想的手段，并受社会理想制约。职业理想是人们对职业活动和职业成就的超前反映，与人的价值观、职业期待、职业目标密切相关，与世界观、人生观密切相关。

1）职业理想的特点

（1）差异性

一个人的职业理想，与他的思想品德、知识结构、能力水平、兴趣爱好等都有很大关系。政治思想觉悟、道德修养水准以及人生观决定着一个人的职业理想方向。知识结构、能力水平决定着一个人的职业理想追求的层次。个人的兴趣爱好、气质性格等非智力因素以及性别特征、身体状况等生理特征也影响着一个人的职业选择。因此，职业理想具有一定个体差异性。

（2）职业理想具有发展性

一个人职业理想的内容会因时、地、事不同而变化。随着年龄增长、社会阅历增强、知识水平提高，职业理想会由朦胧变得清晰，由幻想变得理智，由波动变得稳定。

（3）职业理想具有时代性

社会分工、职业变化，是影响一个人职业理想的决定因素。生产力发展的水平不同、社会实践的深度和广度不同，人们的职业追求目标也就不同，因为职业理想总是一定的生产方式及其所形成的职业地位、职业声望在一个人头脑中的反映。

2）职业理想的作用

（1）导向作用

理想是前进的方向，是心中的目标。人生发展的目标通过职业理想来确立，并最终通过职业理想来实现。托尔斯泰曾说："理想是指路的明灯，没有理想就没有坚定的方向，就没有生活。"有了明确的、切合实际的职业理想，经过努力奋斗，人生发展目标必然会实现。

（2）调节作用

职业理想在现实生活中具有参照系作用，它指导并调整着我们的职业活动。当一个人在工作中偏离了理想目标时，职业理想就会发挥纠偏作用，尤其在实践中遇到困难和阻力时，如果没有职业理想支撑，人就会心灰意冷、丧失斗志。一个人只有树立正确的职业理想，无论是在顺境还是在逆境，都会奋发进取，勇往直前。

（3）激励作用

职业理想源于现实又高于现实，它比现实更美好。为使美好的未来和宏伟的憧憬变成现实，人们会以坚韧不拔的毅力、顽强的拼搏精神和开拓创新的行动去努力奋斗。从小立志，树立一个崇高的人生目标，然后，为实现这个目标坚持不懈，奋斗不止，为人民、国家作出贡献，这样的人生才有意义。

3）实现职业理想的步骤

（1）择业

我国现阶段实行的是"双向选择"就业方式，即个人和用人单位相互选择。这就要求人们在择业时树立正确的就业观。首先要形成"自找市场"的就业观。就业凭竞争，上岗靠技能。想就业就要勇敢地投身于就业竞争的劳动力市场中，这是实现就业的必由之路。其次要确立"先求生存，后求发展"的就业观，不要把"既舒适又赚钱"作为择业的必要条件，而要先找到岗位，融入社会，才能实现自身价值。

（2）立业

求职不易，立业更难。立业有两种理解：一是选定一个可以赖以谋生的职业，亦"谋生"，这是低层次上的但又是最基本的需求，因为，就业是人生存和发展的基本手段；二是不仅谋生，而且求发展，说的是一个人有抱负、有追求，并且事业有成，即所谓的"谋业"，这是高层次上的立业。对青年而言，谋求生计很重要，因为获取必要的物质生活资料必须通过就业来获得，此外别无他法。因此，成功择业就必须热爱就业岗位，同时还要使自己尽快进入角色，适应职业岗位。应当肯定"谋职"意义上的立业，但更应鼓励"谋业"意义上的立业，因为这种立业使个人价值更能体现，对社会的贡献也更大。

（3）创业

创业，顾名思义，就是创建一份自己的事业。是创业者运用知识和技能以创造性的劳动把理想转化为现实的过程。创业包括两层含义：一是在自己所从事的职业活动中，以有别于以往、有别于常规、有别于他人的思维方式和行为方式开展工作；二是自主创业，不仅解决自己的生存问题，还为别人提供就业岗位，在激烈的市场竞争下，创业已经成了我们这个时代的特征和潮流。

🔔 5.3.3　烹饪职业行为习惯

职业行为习惯在一定层次上表现为职业能力，职业能力提升，你会在更高层面上认识职业兴趣，发掘职业兴趣。没有职业能力，职业兴趣就只剩下空想；没有职业兴趣，职业能力就不能充分发挥，而且这样的职业生涯必然是失败的。

🔔 5.3.4　烹饪职业技能

俗话说："练武不练工，到老一场空。"这句话充分说明了基本功的重要性。烹饪工作者是技术人员，有选料、涨发、刀工、配菜、火候、调味、装盘等多项专业的基本技能，如果基本功不扎实，就无法将原料用科学的方法进行加工、改刀、配菜、烹调。也可以说没有扎实的基本功，就不可能烹饪出色、香、味、形俱佳的菜肴。另外，除了有扎实的基本功，还要有高超的烹饪技巧。所谓"卖什么，就唱什么"。作为一名烹饪工作者，没有一点特长，就很难满足消费者的需求。烹饪职业技能，对烹饪工作者来讲是至关重要的。

🔔 5.3.5　文化水平和烹饪理论

以前学厨大多以师带徒的方式，这在很大程度上制约了烹饪快速发展。而现在社会快速发展，对传统的烹饪职业提出了更高要求，没有一定文化知识，就无法利用现代媒体如报刊、杂志、互联网等传媒方式快速地补充知识，也可以说没文化知识必将会被社会所淘汰。作为一名烹饪工作者，不仅要有精湛的烹饪技术，而且要掌握扎实的烹饪理论知识，如烹饪原料知识、原料加工知识、营养配餐知识、食品安全知识、烹调技术知识、面点技术知识、食疗保健知识等，学习与烹饪有关的食品科学、营养学、中医学、心理学、生物学、化学、物理学、卫生学以及史学、民俗学、美学等知识。只有不断地学习新知识，才能不断地提高自身的文化素质和竞争力。

[任务总结]

烹饪工作者的劳动有其自身的特征。当为消费者提供服务时，要千方百计地为自己的企业赢得经济效益，为国家建设积累资金、增加财富。要提升烹饪工作者的社会地位，除了国家制定相应的劳动职业法规，烹饪工作者要努力提高自身素质，展现出良好的形象和工作业绩，更要具备优良的职业道德品质。

【课堂练习】

一、单项选择题

1. 被称为我国养生鼻祖的是（　　　）。
   A. 伊尹　　　　　　B. 彭祖　　　　　　C. 易牙　　　　　　D. 詹王
2. 被后世尊为"烹饪之圣"的是（　　　）。
   A. 伊尹　　　　　　B. 彭祖　　　　　　C. 易牙　　　　　　D. 詹王
3. 湖北、四川等地许多厨师把詹王尊为祖师，每年举行詹王会以缅怀先贤、交友联谊，时间在农历（　　　）。
   A. 三月十八　　　　B. 六月十八　　　　C. 八月十三　　　　D. 八月三十
4. 中式烹调高级技师属于国家职业资格（　　　）。
   A. 一级　　　　　　B. 二级　　　　　　C. 三级　　　　　　D. 四级
5. 厨师长帽高约（　　　）。
   A. 9.5 厘米　　　　B. 19.5 厘米　　　　C. 29.5 厘米　　　　D. 39.5 厘米

二、多项选择题

1. 下列属于帝王御厨的是（　　　）。
   A. 伊尹　　　　B. 易牙　　　　C. 王小余　　　　D. 虞悰　　　　E. 曹顶
2. 下列属于厨师职业道德的基本要求是（　　　）。
   A. 忠于职守，爱岗敬业　　　B. 讲究质量，注重信誉　　　C. 遵纪守法，讲究公德
   D. 尊师爱徒，团结协作　　　E. 积极进取，开拓创新
3. 关于古代名厨，下列说法正确的是（　　　）。
   A. 钱铿是我国的养生鼻祖
   B. 易牙是中国历史上第一位奴隶宰相，也被称为"厨子宰相"
   C. 梵正以创制"辋川小祥"风景拼盘而驰名天下，将菜肴与造型艺术融为一体，使菜上有山水，盘中溢诗歌
   D. 段成式编的《西阳杂俎》书中名食，均出自膳祖之手
   E. 王小余是清代乾隆时名厨，烹饪手艺高超，并有丰富的理论经验
4. 关于名吃与创始人，下列说法正确的是（　　　）。
   A. 天津狗不理包子的创始人是高贵友　　　B. 吉林李连贵大饼的创始人是李广忠
   C. 福建佛跳墙的创始人是郑春发　　　　　D. 成都"姑姑筵"的创始人是黄敬临
   E. 成都"夫妻肺片"的创始人是张田政
5. 下列属于职业理想特点的是（　　　）。
   A. 差异性　　　　B. 发展性　　　　C. 时代性　　　　D. 调节性　　　　E. 择业性

三、填空题

1. 中国古代名厨大体可归纳为 3 类，即帝王御厨、官宦家厨和＿＿＿＿＿＿＿＿。

2. 烹饪职业道德，也被称为"厨德"，指烹饪工作者在从事烹饪工作中所要遵循的行为规范和应具备的_____。

3. 职业理想具有导向作用、调节作用和_____作用。

4. 钱锺书先生在《吃饭》中说："_____是中国第一个哲学家厨师，在他眼里，整个人世间好比是做菜的厨房。"

5. "工匠精神"指一种对工作、事业精益求精、追求极致的，_____是一种把工作或一件事、一门手艺当作_____一般去追求、去完成的精神品格。

【课后思考】

1. 烹饪工作者的职业特点是什么？

2. 烹饪工作者有哪些社会作用？

3. 烹饪职业道德对烹饪工作者个人发展有什么影响？

【实践活动】

1. 请 1~2 位名厨作报告，或以小组为单位，采访 1~2 位名厨，聆听他们的成长故事。

2. 以小组为单位，查阅一些名厨的故事，在教室给同学们讲一讲。

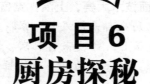

项目6
厨房探秘
——揭示烹饪的科学秘密

烹饪工作者的工作环境主要是厨房，厨房泛指从事烹饪工艺操作的场所。国外经常将厨房描述成"烹调实验室"或"食品艺术家的工作室"。厨房组织运作其实更像工厂生产：进入的是烹饪原料，输出的是形态、质感均发生了变化的烹饪产品。在厨房里，厨师们个个都像魔术大师，都能把"水火交攻"的把戏玩到炉火纯青的地步。烹炒煎炸蒸，火候、食材、调味……有时候，这些显得简单，有时候，却又无比复杂。中国的厨房里，隐藏着什么样的秘密？是食材、佐料、调料配比？还是对时间的巧妙运用？或是厨师们千变万化的烹制手法？这不是一道简单的数学题。

知识教学目标

◇ 了解烹饪工艺的概念，掌握其特点和基本流程。

◇ 了解烹饪工艺的要素，掌握其主要内容。

◇ 理解中国烹饪的基本原理。

能力培养目标

◇ 能够把握烹饪工艺的核心要素。

◇ 能够分析中国烹饪的基本原理。

思政教育目标

◇ 树立探索烹饪工艺奥秘的志向。

◇ 激发对烹饪技术的学习兴趣。

任务1 了解烹饪工艺的特点和流程

[案例导入]

拉面技术大赛，上演视觉盛宴

兰州牛肉拉面师傅的拉面绝活历来都是最吸引大家眼球的，在8月22日举办的2012中国·兰州牛肉拉面节的拉面技术大赛上，31支来自北京、甘南等地和兰州本土的参赛队更是给现场的观众带来了一场视觉盛宴。据悉，为期3天的拉面技术大赛中，129位拉面师将展示各自拿手的拉面绝活，一决高下。

当日，在前来比拼的31支参赛队伍中，除了兰州本土赫赫有名的各家面馆，还有从北京远道而来的两家面馆以及甘南藏族自治州专门由3名藏族女拉面师组成的参赛队。他们此次前来都有一个共同的目标，就是夺得兰州牛肉拉面"金牌技艺"大奖章。但这场比赛并非平日面馆里的工序那样简单。要求每个代表团只派出3人参赛，每支队伍都必须在30分钟内完成和面、揉面、加灰、下剂、拉面、调汤等操作过程，并按照标准做出毛细、细面、二细、韭叶、宽面、大宽和荞麦棱7种面型。

比赛一开场，第一轮4支代表队便立即登台点灶，他们动作娴熟，3个人一人和面、一人调汤、一人切菜，在紧张配合下，不少队伍都是在20分钟内就完成近10道工序。在比赛场地旁的一间会议室里，记者见到了7位大赛评委，他们有的是经验丰富的一线厨师，有的是国家级烹饪评审。

每个参赛队做好一种面型，均由专人交给评委，而评委评审的第一步就是将每碗面条放上公平秤。根据要求，每碗面煮熟后的质量需达275克。评委会根据每碗拉面制作的时间、形状、质量、品质、准确度以及调汤的色泽、口味等分别打分，最终分数居高者获胜。

一位评委告诉记者，即使面型不符，也会严重扣分。例如，"二细"，就要粗细均匀，不粘连，不断条，每根细面的直径必须在3毫米左右。

对于调汤后的成品，要求更高。评委会根据色泽、质感、味感、外形等分别打分。色泽方面，基本要求是"一清二白三红四绿"；质感方面则要求软硬适度，筋道爽滑，肉汤清凉无渣；味感方面，要闻着有香味，喝起来汤辛而鲜，麻而不闭气；外形方面，萝卜要切成大小相等的薄片，牛肉丁、香菜、蒜苗也要大小均匀。

（资料来源：兰州日报，2012-08-23.）

[任务布置]

自从有了人类的历史，就有了吃的历史，也就有了食品加工的历史。在古代，烹饪与食品加工是一个概念，没有任何区别。在近代，也就是19世纪初，大工业生产方式开始与食品加工手段相结合，使原始的食品加工发生了革命性变化，逐渐从烹饪加工中派生出一个新的以机械加工食品的产业——食品工业。这种由机械化、半机械化、自动化、半自动化生产出的食品，被称为工业食品，制造工业食品的部门被称为食品工业部门。手工食品向工业食品转化，带来的是加工食物方式变化，如菜肴由以前的加工一份变成生产大批量的，加工场所由以前的厨房变为工厂的车间，销售场所由以前的餐厅酒楼变为商场超市，由原来的现生产现买现消费变成了可以存放很长一段时间等。那么，烹饪工艺与食品工业有什么特点？中国烹饪工艺的一般流程又是怎样的呢？下面，我们来学习本专题内容（图6.1）。

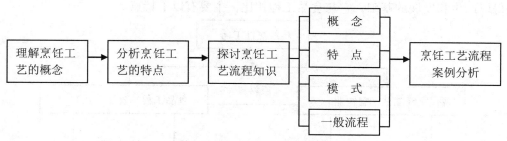

图 6.1 烹饪工艺特点和流程认知过程

[任务实施]

6.1.1 烹饪工艺的概念

1）工艺

要理解烹饪工艺的内涵，首先必须理解什么是工艺。在英语中，工艺和技术是同一个词Technology，也就是说，简单地看，工艺即技术。但是，从工艺在实际生产过程中的作用来看，此时的"工艺即技术"中的"技术"应作广义理解。一般来讲，工艺不仅指将原料转变为现实产品所要采取的技术手段，而且也包括在原材料、半成品变成产品过程中使之达到产品要求的方法和过程。因此，工艺实施的全过程实际上可以说已经包含了产品从投入到产出的全过程。

工艺的内涵非常广泛，归纳起来主要包括工艺技术、工艺管理、工艺纪律3方面。其中，工艺技术是工艺内涵中最重要的成分，主要由应用技术和工艺参数构成。工艺管理是企业的基础管理，是通过设计合理的工艺流程，确定合理的工艺定额和先进的工艺标准，制订正确、完整、统一的工艺文件等过程，达到科学地计划、组织和控制各项工艺工作的全过程。工艺纪律是一种保证产品在生产过程中能符合有关工艺要求的质量管理制度，是一种已经具有一定的生产能力和生产规模的、企业在产品质量方面的重要控制手段。工艺技术是工艺整体内涵的基础和硬件，而工艺管理和工艺纪律则是保证工艺技术正确实施进而保证工艺水平的制度化规范。它们三位一体，构成了工艺整体内涵的全貌。

2）烹饪工艺

烹饪工艺是人类在烹饪活动中积累起来并经过总结的操作技术经验，是对烹饪技术的积累、提炼和升华，是有计划、有目的、有程序地利用烹饪工具和设备对烹饪原料进行初加工、切配、调味、加热与美化使之成为能满足人们生理需求和心理需求的菜肴、面点等成品的工艺过程。烹饪工艺包括两方面内容：一方面是"工"，即烹饪技术；另一方面是"艺"，即烹饪艺术。两方面都与科学结合，形成科技与艺术的统一，成为完备意义上的烹饪工艺。

6.1.2 烹饪工艺的特点

烹饪工艺与食品工程既有区别，又有联系，有时还相互交叉（图6.2）。烹饪工艺是食品工程得以产生和发展的基础，它与食品工程相比，主要有以下特点。

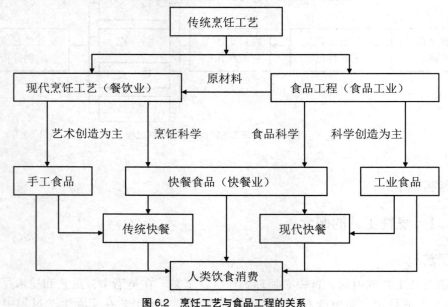

图6.2　烹饪工艺与食品工程的关系

1）即时性生产

所谓即时性生产，通俗地说就是现制现食。成品一旦被生产出来，就与消费间隔的时间很短。这一特点与食品工程相比非常明显。

2）手工操作为主

食品的机械化和自动化程度甚高，故而其效率也比烹饪工艺要高。但烹饪工艺的手工操作特性又是其必然的特点，它与烹饪工艺产品的多样化和操作的经验性相适应。

3）工艺的灵活性

烹饪工艺有很大灵活性，受加工条件、原料品种等影响和限制较小。烹饪工艺可以在设备齐全的大饭店厨房里进行，而在设备简单的家庭小厨房里也能做出美味的肴馔，即使在偏僻的乡间村寨，也能偶尔品尝到人间至味。

4）原料使用的广泛性

烹饪工艺的一套器具就可以适应多种原料加工的需要。人们对日常饮食的多样性需求，首先是以原料品种的多样性为前提，从这个意义上说，烹饪工艺的主导地位是其他食物加工技术难以取代的。

5）产品多样性

烹饪工艺产品种类和品种的多样性，为其自身的机械化和自动化带来了一定难度。一条食品工程生产流水线，一般只能生产一个种类的产品；而一个厨房往往要能生产出几百个不同种类的产品才能适应市场的需求。

6）质量控制的模糊性

烹饪工艺产品的质量控制，实质上是一种"模糊控制"，至少在现阶段不可能像食品工程那样，在生产过程中采用质控点的方式对整个过程实行量化的质量控制。烹饪工艺产品的质量控制困难，主要在于原料的非标准性、加工过程和方法的多变性、产品标准的多样性以及现有加工条件的限制，甚至还与消费者的爱好有关。这种消费的多样选择性决定了烹饪产品的模糊性。

🔔 6.1.3 烹饪工艺流程

1）烹饪工艺流程的概念

流程是做事情的顺序，有输入，有输出，是一个增值的过程。烹饪工艺流程，就是把烹饪原料加工成成品菜肴的整个生产过程。它是根据烹饪工艺的特点和要求选择合适的设备并按照一定的工艺顺序组合而成的生产作业线。

一个烹饪工艺流程的形成，不是随心所欲的简单工序拼凑，而是根据一定的加工要求选择适合的加工条件、采用恰当的工序组合而形成的。一个烹饪工艺流程，实际上就是不同烹饪工序恰当地组合，它应该有明确的烹饪目的。为达到不同的烹饪目的，需要对不同的烹饪工序进行组合；为了实现不同的烹饪工序的目的，就需要选择相应的加工条件。

烹饪工艺流程，就是把烹饪原料加工成成品菜肴的整个生产过程。它是根据烹饪工艺的特点和要求选择合适的设备并按照一定的工艺顺序组合而成的生产作业线。具体烹饪产品生产必须通过若干不同工序的有序组合才能完成，这种根据一定目的而形成的工序的有机组合，构成了一个完整的工艺流程。烹饪工艺流程随具体成品的要求而定。烹饪工序是烹饪工艺流程中各个相对独立的加工环节，不同工序有不同目的和操作方法。

2）烹饪工艺流程的特点

（1）多样性

确定一个具体菜肴的烹饪工艺流程，要取决于原料、菜式和具体的品种要求，而原料、菜式、品种要求的变化范围是很大的，因此必须有多种工艺流程才能适应实际烹饪的需要。

（2）模式化

烹饪工艺流程在长期烹饪实践中经过无数人总结和摸索，形成了相对稳定的若干模式化的流程。这种模式化的流程就是一些基本的烹饪加工方法，如炸、煮、蒸、煎、熘、烩等。

（3）可变性

烹饪工艺流程具有非常灵活的可变性，因为原料品种不同、形态不同、搭配不同、菜式变化、成品要求不同都会给工序选择与组合带来不同变化。

3）中国烹饪工艺的一般流程

图6.3和图6.4分别是中式菜肴工艺、中式面点工艺的一般工艺流程。

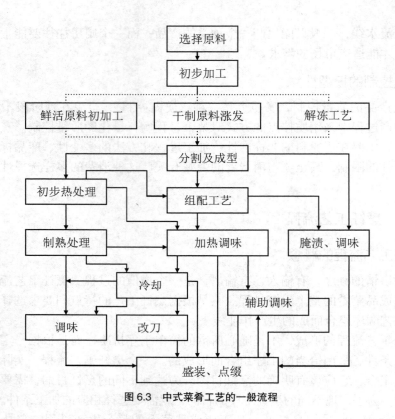

图 6.3　中式菜肴工艺的一般流程

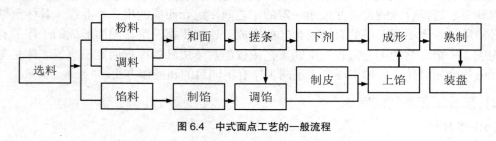

图 6.4　中式面点工艺的一般流程

[任务总结]

　　烹饪工艺是人类在烹饪活动中积累起来并经过总结的操作技术经验，是烹饪技术的积累、提炼和升华。中国烹饪工艺具有即时性生产、以手工操作为主、灵活性、原料使用的广泛性、产品多样性、质量控制的模糊性等特点。烹饪工艺流程，就是把烹饪原料加工成成品菜肴的整个生产过程。它具有多样性、模式化、可变性等特点。烹饪工艺流程有固定模式，也可以创新。

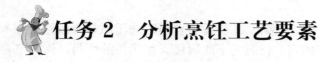

任务2　分析烹饪工艺要素

[案例导入]

大厨精湛刀工如武林高手

在《舌尖上的中国2》第二集《心传》中，不仅各种美食让网友睁大了眼睛，大厨们精湛的刀工更是让"小伙伴们都惊呆了"。不少网友在微博上留言称：这哪是美食纪录片，厨房里的刀光剑影，极致刀工，分明就是一部"舌尖上"的武侠片。

《舌尖上的中国2》作为深夜"美食炸弹"，第二集《心传》继续为观众带来各地的特色美食。徽州臭豆腐、陕西挂面、苏式小方糕、湖北糍粑、船点、汕头蚝烙、扬州烫干丝、脱骨鱼、扣三丝、油爆河虾、蟹黄烧卖、三套鸭……看完这一集，有网友发出了这样的感慨："最适合留学生看的鬼片不就是《舌尖上的中国2》吗？建议大家在大半夜一个人的时候看，效果更佳，绝对让人惊叫连连，口吐白沫，欲罢不能。"

在影像风格上，《心传》这一集不少桥段颇有武侠片的韵味。厨界如江湖，刀光剑影。兰花刀法、蓑衣刀功，整鱼脱骨，切中肯綮。极致刀功，如同武术。刀起刀落，让人不由惊叹：中国的大厨们，个个都似武林高手。

有网友评价道：《心传》的音乐和镜头表现都透着一股武侠味，慢镜展现力量，快镜展现技艺，特写展现神奇。推拉摇移中，创造与传承的故事，已经缓缓地流淌进心中，没有感动，只有感叹、静默！

（资料来源：宁波晚报，2014-04-27.）

[任务布置]

要素是构成事物的必要因素，是事物必须具有的实质或本质以及组成部分。工艺要素是指与工艺过程有关的重要因素。烹饪工艺作为一种技术体系，是以烹饪原料为加工对象，以各种炊制器具和饮食器具为工具，以切割、加热和调味为主要手段，以制备供人们安全食用的菜肴成品。烹饪工艺包含选料、刀工、火候、风味调配、勺工、盛装等基本要素。下面探讨烹饪工艺要素的内容。烹饪工艺要素如图6.5所示。

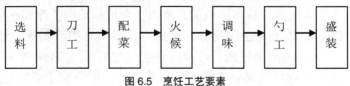

图6.5　烹饪工艺要素

[任务实施]

6.2.1　选料

"巧妇难为无米之炊。"选料是烹饪工艺的第一要素，实施烹饪工艺首先要根据烹饪菜点要求有目的地选择烹饪原料，以保证烹饪工艺的正常实施和菜点的质量。

1）因时选料

因时选料，即根据原料的生长季节或生长周期，在最适宜食用时选用原料。虽然现在人工培育的原料已不分季节性，但就风味而言，目前仍不能取代天然生长的原料。许多烹饪原料受季节因素的影响较大，同一原料一年之中处在不同的生长期，其品质也有差异。如鲥鱼在每年春季上溯入江产孵时体内脂肪肥厚，肉味最为鲜美；蔬菜一般在刚上市时鲜嫩，下市时老韧。《随园食单·时节须知》中说："冬宜食牛羊，移之于夏，非其时也。夏宜食干腊，移之于冬，非其时也。辅佐之物，夏宜用芥末，冬宜用胡椒。当三伏天而得冬腌菜，贱物也，而竟成至宝矣。当秋凉时而得行鞭笋，亦贱物也，而视若珍馐矣。有先时而见好者，三月食鲥鱼是也。有后时而见好者，四月食芋艿是也。其他亦可类推。有过时而不可吃者，萝卜过时则心空，山笋过时则味苦，刀鲚过时则骨硬。所谓四时之序，成功者退，精华已竭，褰裳去之也。"

2）因地选料

由于地理、气候等环境因素的影响，不同的地区各有自己的特产原料。即使是同一种原料，也会因地区不同而出现品质差异。为了保持某些地方菜品的独特风味，原料产地的选择显得尤为重要。如四川菜中的鱼香肉丝，必须选用四川郫县产的豆瓣酱和泡辣椒，才能烹制出正宗的四川风味；北京全聚德的烤鸭，必须选用北京的填鸭；金华火腿必须选用金华特产"两头乌"猪的后腿，才能保持肉质丰满，骨细皮薄的特点。

3）因质选料

因质选料，即在区分原料等级档次的前提下，因需而用。如香菇有花菇、厚菇、平菇的等级之分，蛤士蟆油有上、中、下及等外的区分，面粉有韧性强、中、弱之分。再如竹笋，有鲜笋和干笋之分，鲜笋又有冬笋、春笋、鞭笋之分，干笋有玉兰片、笋衣、春笋干、笋丝等。它们虽然有时可以互相取代，但制出的菜肴质量、风味以及营养都有不同。

4）因菜选料

任何一种菜肴都有相应的选料范围，如爆炒菜的原料必须质地细嫩，易于成熟；质地细嫩的绿叶蔬菜，适合高温速成的烹调方法，如果超出了各自的范围，就很难达到菜肴的要求。同是鱼类菜品，砂锅鱼头、拆骨鱼头一般选用鳙鱼，含脂肪多的鲥鱼、鲞鱼一般适合于清蒸；做鱼丸一般选用含胶质比较多的鱼类，草鱼、金枪鱼等肉质厚而小刺少的鱼，宜于切片、切丝、剔肉，鲜活的鲫鱼宜于氽汤等。又如鸡，小笋鸡肉质最嫩，适合制作"炸八块鸡""油淋子鸡"等；大笋鸡肉质较嫩，可剔肉烹制"炒鸡丁""宫保鸡"等菜肴；雏母鸡肉质肥嫩，既适合剔肉用于爆炒，又宜于整料蒸、烤、炸，但不宜于煮汤；老母鸡营养丰富，肉多而老，宜于煮汤或烹制砂锅菜肴。

5）因人选料

烹饪原料可以供给人体所需的营养素，但不同的人对营养的需求有一定差异。首先是年龄的差异，如儿童、成人和老人的需要不同。其次是工作性质的差异，如体力劳动者爱肥浓，脑力劳动者喜清淡。再次，性别差异也会影响他们对营养的需求，不同健康状况的人也有各自的膳食特征，选料时要因人而异。此外，由于各地区的民族习俗、宗教信仰、个人嗜好不同,从而使饮食习俗也有所不同,食物的喜好也各不相同。

6.2.2 刀工

刀工是根据烹调和食用的要求使用各种不同的刀具、运用各种不同的刀法将不同质地的烹饪原料加工成特定形状的技艺。俗话说"三分灶,七分案""良厨一把刀"。这话虽然有些夸张,却也道出了刀工在烹饪中的重要作用。精妙绝伦、变幻无穷的刀工艺术,赋予了中国烹饪艺术的生命力。刀工操作要掌握以下基本要求。

1)安全操作

刀工操作时,要凝神于运刀之中,注意力随着刀刃走,做到"安全第一"。熟练掌握各种刀法技巧和用力方法,做到下刀稳准,干净利落。特别是劈、砍、剁较硬或体积较小的原料时,一定要放稳,尽量避免用手抓握,防止翻滚发生危险。

2)配合烹调

不同的烹调方法,对原料的加工要求也不尽相同,原料的刀工处理要与烹调的要求密切配合。一般来说,对爆、炒等旺火速成的菜肴,原料要切得小、细、薄;对焖、炖等小火长时间加热的菜肴,原料要切得大、粗、厚。如香酥里脊丝与清烩里脊丝,前者口味酥脆,后者则口味鲜嫩。这就要求前者的里脊丝要切得粗、长,以防止里脊丝过于细短经油炸收缩后显得更细短,变得老而无味;后者则要切得细、短,以达到鲜嫩、美观的目的。

3)均匀整齐

刀工处理后的原料,无论是丁或丝、条与片,还是剞花刀,应保持刀口均匀,整齐划一。这不仅是美观的需要,而且关系到菜肴火候的掌握和控制。

4)清洁卫生

保证菜肴的洁净卫生,让食者吃得放心,是每个厨师应遵守的基本原则。刀工操作时,要养成良好的操作习惯。刀、砧板和砧板周围的原料、物品的摆放,都应有条不紊、清洁整齐、干净利索。力求做到"手下清,脚下清,收挡清"。同时,还应具备一定的专业知识。如发芽的土豆应剔除芽尖,肉中的淋巴要去除。

6.2.3 调味

调味就是把组成菜肴的主料、辅料与多种调味品恰当配合,在不同的温度条件下,使其相互影响,经过一系列复杂的理化变化,去其异味,增其美味,形成各种不同风味菜肴的过程。调味的原则是味无者使之入,味藏者使之出,味淡者使之厚,味异者使之正,味浮者使之定,以相乘、消杀、互渗、扩散、收敛等方式发生作用。调味讲求调料和调料的配合、调料和主配料的配合,还讲求按照工序、针对季节、个人口味的不同而灵活变化。

1)下料准确适时

调味能否达到理想的效果,在于下料是否准确。它包括投料的品质、先后次序和数量适当。因此,第一,要了解这种菜是什么口味,有几种口味,弄清了就确定用相应的调料。第二,了解菜味的主次,如以酸甜为主,其他为辅;或以麻辣味为主,其他为辅;确定先下什么调料，后下什么调料。第三，了解菜量多少，确定下调料的数量，不能多，也不能少。第四，了解原料和调料的关系，防止相互影响。例如，要求白色的菜，就不能使用酱油，否则不但影响菜色，也不利于口味调整。

2）保持风味特色

我国地大物博，各地物产、气候、饮食习俗各不相同，如在饮食口味上有"南甜北咸，东辣西酸"的特点。烹调时就应针对不同地区顾客的口味爱好适当调味。另外，烹制某些地方风味菜时，须按地方菜的不同规格要求进行调味，以做到烹什么菜像什么菜，防止过分随心所欲，将口味调得混杂。当然，并不反对某些口味的创新。

3）结合季节变化

人的口味爱好随季节的变化而有所不同，即"春酸夏苦秋辛冬咸"。春天气候转暖，万物复苏，吃酸有助开胃；夏季炎热，苦味可清热解毒；秋天天气转凉，多食辛味以防寒气的袭击；冬天吃咸味以补肾防寒。总之，口味安排上春夏宜清淡，秋冬宜浓郁。

4）根据原料的不同性质进行调味

对于新鲜味美的原料，调味应注意清淡，以突出原料的本味。否则，调味过重会影响或掩盖其本身的鲜美滋味。如新鲜的蔬果类、鱼虾贝类、鸡鸭等，调味不宜过重。对于腥膻味重或不新鲜的原料，除要酌加去腥解腻的调味品（如姜、葱、酒、醋等）以增香去异外，调味宜适当浓厚，如牛羊肉、内脏、腥味重的水产品等。对于本身无显著滋味的原料，则应适当增加滋味，尤其应补充原料的鲜味成分，如鱼翅、海参、鲍鱼等，需用鲜汤、鸡、瘦肉、火腿等鲜味物质来补充调味。

🔔 6.2.4 火候

火候是根据烹饪原料的特点及烹调方法和食用的要求，通过一定的烹制方式，在一定时间内给予烹饪原料的热量。这些热量能使原料分子在规定的高温中按规定时间作高速运动，从而产生物理变化和化学反应，完成由生到熟的质变。如果加热量把握得准确，就可以排异味、增鲜香、改善原料组织、促使养分分解、味料均匀吸附，制出理想的菜品。掌握火候的基本原则如下。

1）根据原料在加热前的性状特点掌握火候

不同菜肴所使用的原料性能不尽相同（包括品种、部位、形态、耐热性、含水量、一次投料量等情况），在加热时必须选择与之相适应的条件（传热介质、受热方式、火力变化等），才能达到预期效果，满足成菜后该菜品的特色要求。

2）根据传热介质的传热效能掌握火候

不同的传热介质，其传热效能各不相同，而传热效能直接影响原料的受热情况和成熟速度，因此，火候的掌握要根据传热介质的不同而区别对待。

3）根据不同的烹调方法掌握火候

传热介质不同，菜肴的烹调方法也不同。即使传热介质相同，由于其数量多少、温度高低、加热时间长短等因素的不同，也会形成不同的烹调方法。而不同的烹调方法有不同的火候要求，因此火候的掌握还需要根据不同的烹调方法来掌握。

4）根据原料在加热中的变化情况掌握火候

火候的掌握是否恰到好处，取决于烹饪原料在加热中所发生的物理、化学变化是否达到最佳的程度。原料在加热过程中的火候掌握，通常要根据所产生的各种现象及其变化如颜色、质感、声音、气味等进行掌握。如调味前、中、后的变化，焯水、过油、汽蒸过程中的变化，汤汁芡汁运用中的变化，原料的软硬度、色泽度、浓缩度、成熟度的变化等，尤其是瞬间的变化更为重要。比如拔丝菜中的炒（熬）糖工艺，其掌握火候的方法一般就是看色、看起花现象。有经验的烹调师可以通过操作时持手勺的手感来判断火候。此外，还可以借助工具体察观看火候，比如将鸡（鸭、鱼、肉）煮后或蒸后用筷子戳，察看其断生度、软硬度、成熟度、老嫩度等。

5）根据菜点的质量要求和人们的饮食习俗、需求掌握火候

不同的菜点有不同的质量要求，如有的要求脆鲜，有的要求酥烂，有的要求色黄，有的要求色白等，所以火候的掌握必须要以菜点的质量要求为准绳。但有3条是最基本的，即食用安全、营养合理、适口美观，这是火候掌握的首要原则。

菜点烹制的最终目的是供食客食用，因此食者对菜点质量的要求（包括火候）应当是第一位的。中外宾客百里不同风，十里不同俗，各地区、各民族、各年龄段的食客对于菜点的火候要求，对于原料加热后的断生度、成熟度的感受与标准，往往是不同的。因此，火候运用，应以人为本，因人而异。

6.2.5 配料

配料是根据菜点的质量要求把各种加工成形的原料加以适当的配合，使其可以烹制出一份完整的菜点或配合成可以直接食用的菜肴的过程。配料要掌握以下基本要求。

1）要按照菜点的质量标准和净料成本进行组配

相同的菜点，原料的配份必须相同。配份不定，不仅影响菜点的质量稳定，而且还影响餐饮的社会效益和经济效益。因此，配料必须严格按标准进行，统一用料规格标准，并且管理人员应加强岗位监督和检查，使菜点的配份质量有效地得到控制。配料时要按照原料的性能、菜点的要求、成本和价格等确定菜点的质和量。既不能随意增加原料的数量，提高原料的质量，使菜点成本增加，企业受损；又不能随意减少原料的数量，降低原料的质量及整个菜点的成本，损害消费者利益。

2）必须将主料和辅料分别放置

在配制有两种或两种以上原料的菜点时，应将不同性质的原料（特别是主、配料）分别放置，不能混杂在一起。因为不同的原料，其性质和特点不同（如老嫩不一、生熟有别），成熟方法、调味方法也不一样。有的须先下锅，有的要后下锅，有的不下锅，而是在菜肴烹调好后撒在上面。如不分别放置，烹制时将无法分开，会造成生熟不匀的现象，既影响菜点质量，也影响烹调的顺利进行。

3) 注意营养成分的配合

人们饮食的目的，是从食物中摄取各种营养素，以满足人体生长发育和健康的需要。不同原料所含营养成分的种类不同，数量也相差很大，而人体对各种营养素的需要则要求种类齐全、数量充足、比例适合。因此，在配料时，要在掌握合理营养原则的同时了解各种烹饪原料的营养特点，以便配制出色、香、味、形俱佳的既营养又卫生的菜点。

4) 注重卫生要求

所选择的原料必须保证安全、无毒、无病虫害、无农药残留，所用的配料器皿应与盛装菜点成品的餐具区分开来。

5) 物尽其用，综合利用

烹饪原料种类繁多，性能各异，它们在烹调中发生的变化也不一样。同一种原料，因部位的不同，质量也不相同，适用范围也有差异。同一种原料，因为季节、产地、饲养和种植条件不同，又有优劣之分。在配料时，都要物尽其用，合理配合。对一些下脚料要物尽其用，如家禽的肠、血，可烹制成美味的菜肴"肠血羹"；芹菜叶的营养价值很高，可以洗净焯水后凉拌食用；茄子的皮比茄肉的营养价值还要高很多，可以收集起来，切丝炒，或烘干后炖肉，风味颇佳。总之，一切可利用的原料，都要充分合理地加以利用，不应随意抛弃和浪费。

6.2.6 勺工

勺工是中国烹饪特有的一项技术，它把烹饪工艺过程中的加热、调味、勾芡等各道工序巧妙地、有机地结合起来，要求操作者既要顾及器具的特点，又要考虑火力的情况、温度的变化以及烹饪原料的变化，依技法使力施艺，实施烹与调的活动。勺工是烹制中国菜肴最基本的手段，晃勺、翻勺、出勺构成其三大环节，其中翻勺是最重要的环节。勺工的基本要求如下。

①了解勺工工具的特点和使用方法，能正确掌握和灵活运用。

②掌握勺工技术各个环节的技术要领。勺工技术由端握勺、晃勺、翻勺、出勺等技术环节组成。不同的环节都有其技术上的标准方法和要求，只有掌握了这些要领并按此去操作，才能达到勺工技术的目的。

③动作快捷、利落、连贯协调。

④要有良好的身体素质与扎实的基本功。

6.2.7 盛装

菜点作为一种特殊的商品，在厨房烹调好以后必须盛装在一定的器皿中才能上桌供人食用。顾客在饮食时不仅注重菜点的香、味、质等，而且注重菜点的色、形。而菜点的色、形是否美观，除了与刀工、配菜、加热、调味等有关外，与造型和盛装技巧也有很大关系。一般认为，菜肴的精致源于刀工，菜肴的口味取决于烹调，菜肴的美化依赖于盛装。因此，菜肴的盛装是产品的包装，是演员出场的化妆，是评判菜肴质量的一项指标，也是体现厨师精湛厨艺的重要方面。

菜点的盛装如同商品的包装，质量好还须包装好，因此，菜点装盘要新颖别致，美观大方，出奇制胜，同时要注意下列事项。

1）选用合适盛器

菜点盛装时，要选配合适的器皿。美食佳肴要有精致的餐具烘托，才能达到完美的效果。盛器选用要根据菜点的造型、原料、色彩、数量、风味、筵宴的主题而定。比如，一般来说，腰盘装鱼不宜将鱼头、鱼尾露在盘外，汤盘盛烩菜利于卤汁的保留，炖制全鸡、全鸭宜用大号品锅，紧汁菜肴宜装平盘，利于表现主料。加量菜宜用大号餐具盛装，2～3人食用的小盆菜宜用小号餐具盛装等。另外，宴席菜点的盛器要富于变化，如选用橙子、菠萝、小南瓜等瓜果蔬菜做容器，选用面条、面片等制成面盏、花篮做容器。

冬天为了使菜肴保持温度，在盛装前要对餐具进行加热，一般餐具放在保温柜中，上菜时取出使用。用砂锅、铁板盛装的菜肴，要把握准上菜的时间，需将砂锅、铁板在烤箱或平灶上烧热保温，需要时及时上桌。

2）讲究操作卫生

菜点的盛装必须选用已经消毒并烘干的盛器；不要用手（冷菜盛装有时不得不用手直接烹调菜肴时，双手必须干净、卫生，最好带上消毒过的薄胶皮手套操作或菜肴盛装完成后经紫外线消毒后上席）或未经消毒的工具直接接触菜点；不要将锅底靠近盛器或用手勺敲锅；菜点应装在盘中间，不能装在盘边，也不能将卤汁溅在盘边四周。

3）盛装数量要适中

菜点盛装的数量既要与食用者人数相适应，也要与盛具的大小相适应。菜点盛装于盘内时，一般不超越盘子的底边线，更不能覆盖盘边的花纹和图案。羹汤菜一般盛至占盛器容积的85%左右，如羹汤超过盛具容积的90%，就易溢出容器，而且在上席时手指也易接触汤汁，影响卫生。但也不可太浅，太浅则显得量不足。

如果一锅菜肴要分装数盘，每盘菜必须装得均匀，特别是主料、辅料要按比例分装均匀，不能有多有少，而且应当一次完成。

4）色彩搭配和谐，形态丰满匀称

色彩是菜点形式美的重要组成部分，因此盛装除要保证形态美观之外，还应在形的基础上注意色彩搭配和谐，这对于由多种不同颜色的原料构成的工艺菜（包括热菜和冷菜）的盛装尤为重要。普通菜可以用与菜肴原料颜色搭配和谐的一些有色原料来围边或点缀，以衬托出菜肴的色彩。另外，菜肴应装得饱满丰润，不可这边高那边低。

5）突出主料和优质部位

如果菜肴中既有主料又有辅料，则主料应装得突出醒目，不可被辅料掩盖，辅料则应对主料起衬托作用。即使是单一原料的菜，也应注意突出重点。例如滑炒虾仁，虽然这道菜没有辅料，都是虾仁，但要运用盛装技巧将大的虾仁装在上面，以增加饱满丰富之感。

对于整鸡、整鸭，在盛装时应腹部朝上，背部朝下。这样做的目的是因为鸡、鸭腹部的肌肉丰满、光洁；鸡、鸭头置于旁侧，由于颈部较长，因此头必须弯转过去紧贴在身旁。蹄膀的外皮色泽鲜艳、圆润饱满，故应朝上。对于整鱼，单条应装在盘的正中，腹部有刀缝的一面朝下；两条应并排装盘，腹部向盘中，紧靠一起，背部向盘外。

[任务总结]

从哲学的观点看，烹饪是一种复杂而有规律的物质运动形式。它在选料与组配、刀工与造型、施水与调味、加热与烹制等环节上，既各有所本，又互相依存与制约，有着特殊的法则。烹饪之所以有规律，是因为这八大要素在变化中都遵循各自的"轨迹"。所谓科学烹饪，实质上就是一方面积极创造条件，让这些要素按人们的要求去变化；另一方面要因菜制宜地对某些要素的变化加以控制，使之"随心所欲不逾矩"。故烹饪之难，就难在八大要素变化"度"的调适及其和谐共存上。

 # 任务3 探讨烹饪工艺原理

[案例导入]

为什么蛋白比蛋黄先熟?

会做饭的人都知道，无论荷包蛋还是带壳水煮蛋，蛋白都会比蛋黄先熟。究其原因，是因为蛋黄的凝固温度比蛋白要高出至少7℃，不要小看了这7℃，这就是蛋白和蛋黄差异如此之大的奥秘所在。

带壳水煮蛋有一个著名的"3分钟煮法"，3分钟正好是足够的温度穿透鸡蛋的不同层次所需的时间。将生鸡蛋放入沸水中，3分钟后，鸡蛋表面的温度会达到100℃，蛋心的温度则因为鸡蛋大小之别而达到70℃左右。其实还有一种烹煮带壳水煮蛋的好方法，我们完全可以将生鸡蛋放在设定为65℃的烤炉中慢慢焙烤，这样做可以万无一失地获得一颗蛋白玉润、蛋黄水嫩的完美水煮蛋!

（资料来源：厨室探险——揭示烹饪的科学秘密.商务印书馆，2013.）

[任务布置]

学习烹饪，不仅要知其然，还要知其所以然。也就是说，要深入探索烹饪工艺的基本原理，揭示烹饪的科学秘密。原理通常指某一领域、部门或科学中具有普遍意义的基本规律。科学的原理是以大量的实践为基础，经过归纳、概括而得出的，既能指导实践，又必须经受实践的检验。烹饪工艺过程中每个工序都有自己的基本原理，如烹饪原料分割原理、刀工原理、配料组合原理、加热成熟原理、风味调配原理、盛装与造型原理等。下面，我们来探讨烹饪工艺原理（图6.6）。

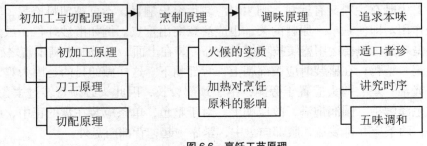

图6.6　烹饪工艺原理

[任务实施]

6.3.1 原料初加工与切配原理

1）原料初加工原理

烹饪原料的种类繁多，性质也各不相同，因此，加工方法也各不相同。而加工方法的选择是根据一定的科学原理，如家禽、家畜的分档取料是以解剖学为基础的，植物性原料的加工则是以营养学、植物学为基础的。通过初加工，取其营养丰富的可食部分，以便正式烹调。又如对不同种类的干料应采用不同的涨发方法。油发通过油加热，对干货原料起到类似"膨化"的作用，使原料内部结构构呈海绵状，然后靠毛吸现象吸收水分，以达到泡发的目的；碱发通过碱液的浸泡，破坏原料表面致密的"防水膜"，使水能有效地与原料接触；碱液的另一个作用是改变溶液的 pH 值，使原料蛋白质远离其等电点，增加蛋白质的亲水性，提高水化程度，从而达到应有的涨发效果。

2）刀工原理

刀是原料切配的工具，根据不同的用途及原料的性质而采用不同的刀具和刀法。不同的刀具在切割原料时有不同的受力特点，如砍刀主要靠自身的质量（惯性）对原料施力，这就要求刀本身具有较大的质量；不同的原料要采用不同的刀法，如质地松散的原料，为保证加工后形态完整，在加工时就要尽可能地减少挤压力，采用锯刀切。刀工技术是为烹调服务的，要本着有利于烹调，有利于色、香、味、形的原则。

3）组配原理

尽管烹饪原料有很多，但没有一种原料能满足人体的全部生理需要。因此，为了维持正常的生理机能，就要对含有不同营养成分、具有不同属性（色、香、味、形、质）的烹饪原料适当地进行组合，使菜肴尽可能达到色、香、味、形、质、营养俱全的目的。这就是菜肴组合的基本内容和目的。但不同的菜肴具有不同的质量标准，有的突出味，有的重于色。因此，以食疗为目的的菜肴则应注重营养。菜肴的组合涉及美学、营养学等多种学科，尤其对美学有较高的要求，要求操作人员有较高的美学涵养。

6.3.2 火候和烹制原理

1）火候的实质

按照传统的观点，"火"是指火力的大小，"候"是表征时间的概念（古代有"五日为一候"的说法），即时间的长短。火候就是"火力的大小和时间的长短"。这种解释虽然简单，但对火候的实质还模糊不清。

实际上，"火"根本不是一种物质，它只是某些物质进行氧化反应时所表现的一种现象，火的本质是燃烧时发出的光和热。而"热"是能量的一种形式，是一定量物质微粒（分子、原子、离子）做无规则热运动时所携带的能量的宏观统计表现。中国烹调中通常所说的"火力大小"，实质上是炉口在单位时间内发热量的大小，更确切地说，是热源单位时间内发热量的大小。所以，对传热介质而言，火候就是传热介质在一定时间里向烹饪原料发出的总热量；它主要由传热介质所达到的温度及其在单位时间里向烹调原料所提供热量的多少和加热时间的长短来衡量。对于烹饪原料而言，火候就是原料在受热过程中吸收足够的热量从而使其品质达到最佳状态的程度。这个程度可以用原料所获得的总热量来表示。在烹制过程中，烹饪原料色、香、味、形、质的形成，取决于原料内部和外观所发生的化学变化与物理变化，而这些变化的速度和所达到的程度又取决于原料温度上升的速度和所达到的温度。因此，在烹饪时，火候是否恰当，取决于烹饪原料所呈现的品质是否达到最佳状态，这就是火候的实质所在。俗话说："不到火候不揭锅。"即是上述原理最通俗的概括。

综上所述，火候就是根据烹调原料的性质、形态和烹调方法及食用的要求，通过一定的烹制方式，在一定时间内使烹调原料吸收足够的热量，从而发生适度变化后达到最佳程度。热源、烹调加热装置设备和烹调加热器具是运用火候的条件，烹调原料在加热过程中的所用的温度（火力）、时间和加热方式是火候的表现形式。烹调原料在加热过程中的变化、质变程度与成品标准则是火候的本质。

2）加热对烹饪原料的影响

烹饪离不开热，烹饪原料成熟的过程即加热的过程。因此，传热学在烹饪中有着广泛的应用。热量的传递要以一定的物质为媒介，每种传热介质由于其各自的特点，决定了在烹饪中的不同用途，也为烹调方法的多样化提供了物质保障。加热过程中，烹饪原料要发生一系列复杂的物理、化学变化，对于菜肴的色、香、味、形、营养等具有重要意义。美拉德反应和焦糖化反应不仅能使菜肴产生诱人的色泽，也产生香气。蛋白质的热分解对于菜肴的味、营养都有决定的意义。蛋白质的热变性对于菜肴的形有很大影响，而变性的程度对菜肴的质量也有重大影响。因此，掌握热源的工作原理，根据不同的需要选择不同的热源特别重要。

> **知识链接**
>
> #### 微烹饪的三大特征
>
> 微烹饪指在保证食用安全的前提下，根据食材本身的特点选择烹饪方式、缩短烹饪时间、降低烹饪温度、减少食用油和调料的使用以达到保持食材本味和营养目的的烹调方式。
>
> 微烹饪具有以下三大特征。
>
> 一是保持食材的本味。微烹饪的首要特征是保持食材本身的风味特色，以此为前提选择烹饪加工方式，从而保障本味特征。以动物食材为例，由于各个部位的肉质不同，其风味特点也有一定差异。在制作过程中，要根据各个部位的肉质特点，采取不同的切配和烹调方法，从而做出保持本味又营养丰富的菜肴。
>
> 二是减少营养素损失。微烹饪在具体操作流程上强调尽可能地减少食材营养损失。通常情况下，蔬菜和动物性的原料在烹制过程中蛋白质、脂肪、矿物质损失较少，而不同的烹制方法对维生素的破坏差异较大。因此，微烹饪选取的是维生素保存率较高的烹饪方式。
>
> 三是将有害物质含量降到最低限度。烹饪过程中通常会对食材进行高温加热，而一些营养素在高温下易生成有害物质甚至致癌物。以油脂为例，在油炸温度下（200 ℃），加热的油脂中可分离出具有有毒成分的甘油酯二聚物，这种物质被人体吸收后，可与酶结合，使得酶失活从而引起生理异常现象。同时，高温下油脂部分水解

而成的酮、醛、酸以及再缩合产生的分子量较大的醚型化合物可使油脂营养价值降低并对机体产生某些毒性作用。实验证明，用高温加热油脂饲喂动物产生生长停滞、肝脏肿大等症状。微烹调的过程中为避免有害物质产生，尽量不选用易产生有害物质的烹调方式，并对加热的温度和时间进行严格控制。

（资料来源：微烹饪原理及其实施路径.餐饮世界，2012（5）.）

6.3.3 调味原理

"以味为本，至味为上"是中国传统饮食文化的核心价值观。在这样一种价值观的指导下，味是中国菜肴的灵魂。人们鉴赏美食的核心标准主要是看它有没有味，味道如何。民谚："民以食为天，食以味为先。"对味的崇尚和对味的丰富性体验，打通了物质生活与精神体验之间的藩篱，将庸常、凡俗的饮食上升到高雅和艺术的境界。

1）追求本味

"本味"一词，首见于《吕氏春秋》的篇名，全书共 160 篇，"本味"乃其中一篇，它是春秋战国时代产生的第一本系统论述调味的言论与著作。本味，即真味、自然之味，以食物原料的自然之味为美。这种自然之味具有"淡""甘（甜）"的特征。宋代苏轼、陆游都十分尊崇烹调原料的"自然之味"。宋元之际朱丹溪在《茹淡论》中说："味有出于天赋者，有成于人为者。天之所赋者，若谷、蔬、菜、果，自然冲和之味，有食之补阴之功，此《内经》之所谓味也。"元代许有壬在《上京十咏 其七白菜》中写道："清风牙颊响，真味士夫知。"明代陆树声在《清暑笔谈》中认为："都下庖制食物，凡鹅鸭鸡豕，类用料物炮炙，气味辛浓，已失本然之味。夫五味主淡，淡则味真。昔人偶断殽羞食淡饭者曰：'今日方知真味，向来几为舌本所瞒。'"明代陈继儒在《养生肤语》中说："至味皆在淡中。今人务为浓厚者，殆失其味之正邪？"为了突出食物的"自然之味"，他们甚至否定一切调味品的作用。

2）适口者珍

适口论者突出烹饪的结果和消费者的主观感受。苏易简在回答宋太宗赵光义"食品称珍，何物为最"问题时说："臣闻物无定味，适口者珍。"饮食滋味感觉存在明显的个性差异，包括个体差异，如有的人吃菜必须要放辣椒，而有的人吃菜始终离不开醋；和地域群体性差异，晋代张华在《博物志》卷一中说："东南之人食水产，西北之人食陆畜。"食物之习性，各地有殊。《履园丛话》称："饮食一道如方言，各处不同，只要对口味。口味不对，又如人之性情不和者，不同一日居也。"菜系形成和发展正反映了地域群体性口味的要求。但是，正如孟子说的："口之于味也，有同嗜焉。"（《孟子·告子上》）人们对于饮食滋味的感觉既有个性差异，也有共性。而且，至味、美味的生产有共同遵循的规律。

知识链接

物无定味，适口者珍

《玉壶野史》卷之五记载：太宗命苏易简评讲《文中子》，中有杨素遗子《食经》"羹藜含糗"之句，上因问曰："食品称珍，何物为最？"易简对曰："臣闻物无定味，适口者珍，臣止知斋汁为美。"太宗笑问其故，曰："臣忆一夕寒甚，拥炉火，乘兴痛饮，大醉就寝。四鼓始醒，以重衾所拥，咽吻燥渴。时中庭月明，残雪中覆一斋碗，不暇呼僮，披衣掬雪以盥手，满引数缶，连沃渴肺，咀斋数根，灿然金脆。臣此时自谓上界仙厨，鸾脯凤腊，殆恐不及。屡欲作《冰壶先生传》纪其事，因循未暇也。"太宗笑而然之。"食无定味，适口者珍"就是说，味道要随个人的口味而定，"适口"便是好味道。苏易简这一回答虽然简单，却很明了，并且奠定了我国调味理论上"适口论"的权威地位。

3）讲究时序

调和饮食滋味，要合乎时序，注意时令。这个观点，具有朴素的辩证思想。时序论把人的饮食调和，与人体和天、地自然界连起来看待。《礼记·内则》按"礼"的要求，在写了饭、膳、饮、酒、食、酱等之后特别提出了对调和的讲究："凡和，春多酸，夏多苦，秋多辛，冬多咸。调以滑甘。"在这个总原则之下，四季怎么调和呢?《内则》曰："脍，春用葱，秋用芥，豚，春用韭，秋用蓼，脂用葱，膏用薤，三牲茱萸。"总之，对味道的烹调，是有严格要求的。《皇帝内经》按阴阳论的理论，说明气候的变化能够影响人体的脏腑。同时，联系人体、四时、五行、五色、五味、五音来论述天与人之间与各方面的关系。粗看《内经》中的春省甘以养脾气、夏省苦增辛以养肺气、长夏省甘增咸以养肾气、秋省辛增酸以养肝气、冬省咸增苦以养心气，与《内则》的"春多酸，夏多苦，秋多辛，冬多咸"似乎是矛盾的。但是如果从"本在无味"和"伤杂无味"之间的本质联系来看，则完全是一致的。《内则》从四时五味须和五脏之气的角度来说，《内经》则是从四时过时五味而使五脏之气受到损伤来说。恰好是一正一反，相辅相成。

4）五味调和

《尚书·说命·下》："若作和羹，尔惟盐梅。"（如果想制出味美的和羹，必须使用盐与梅子等调味品）。它不仅是"五味调和"一词的最早出处，而且还被用来说明许多社会生活现象和治国方略。

饮食之美要追求的最高目标，是要达到"本味"与"变味"之间的矛盾统一。而"变味"——"五味调和"的理论，则可称之为中国饮食文化"求味"思想的核心。它至今仍然指导着我们的饮食审美实践，并将永远流传下去，是中国烹饪艺术的根本要求和美食审鉴的最高原则。

首先，从"和"的思想来源上看。春秋战国时期在思想领域是无一可循的"百家争鸣"时期，诸子"各择其术以明其说"，至战国末年已有道家、儒家、法家、墨家等多种思想自由鸣放，不拘一格，不屈一尊。调味理论亦自然融进了诸子思想的成分，是"百家"归儒的趋同，因为儒家思想有其更大的包容性。它的"一张一弛"的文武之道具"法"的刑罚和"道"的无为，不偏不倚，无过无不及，"中庸之为德也。其至矣乎!"

其次，从"和"的内容上看。万物有各自之味，亦如"百家"各有其思想，如何实现其"和平共处"，争而不乱，唯一的就是"和"。烹调理论之道旨正在于这个"和"字，"五味"剂量的和，"水火"用度上的和，只有衡得先后、多少之物性变化，用其性且又不失其理，方能去异求同，达到"和"的大道。

再次，从"和"的效果上看。先秦的人们已不满足于单一的调味品或味型了，而是在"甘、酸、苦、辛、咸"等众多味型中追求"和"之境界。在这里，我们不能把"五味"机械地和绝对地理解成5种味型或5种调味品，它与"五色""五行""五音"……一样，是指多种调味品或多种味型。这种多样统一是形式美的高级形式，也称"和谐"。"五味调和"的理论将"甘、酸、苦、辛、咸"五味加以调和，折其中而用之，使之真正达至善至美的"和"之目的。

最后，从"和"的思想辩证关系与深刻性上看。烹调过程中各种物料之间的对比关系、参加变化的先后时间顺序及适当时机、各种细微复杂的味性变化，都源自各种物料的自然属性。它们是有规律可循的，但因其精妙微纤，变幻万千，所以只能凭心领神会，匠心独运，很难用语言表达得精确透彻，也无法一人一时或众人毕生穷尽其理。这是个寓可知于不可知之中的永无止境的实践过程与认识过程。"五味调和"，"调"可以致"和"，"和"又没有穷尽。"五味调和"理论的形成，是先秦时代人们对长期饮食实践的经验总结，是先秦诸子思想尤其是儒家思想饮食审美意识的反映。而饮食美"和谐"至高境界的无尽追求，乃是调味理论迄今仍指导我们饮食审美实践和认识的无限磁力之所在。

[任务总结]

烹饪工艺原理是烹调中普遍存在的一般规律，只有掌握了这些规律，才能在烹饪的实践中得以充分利用和发挥。烹饪工艺原理是烹饪规律的理论表述，它依赖于其他科学的概念、定律、方法、范畴等，并根据烹饪的实践经验建立起自己的理论体系，这种理论体系需要被不断地研究与探索，才能逐步完善起来，才能真正反哺于烹饪的实践，促进其发展。

任务4　探索烹饪产品风味形成的途径和机理

【案例导入】

分子的力量：爆竹、馒头、爆米花……遵守相同的物理定律

一提到"膨胀"或者"爆炸"，大家肯定会觉得没有好事。事实上，人类一直都在利用着气体的体积"膨胀"现象来丰富我们的生活内容，或者提高生活品质，今天我们更是用它来开拓宇宙。

最容易想到的爆炸应该是爆竹了吧。这种用纸卷包裹着火药和氧化剂的小东西给我们带来了很多的节日气氛。中国最早的爆竹是用我们的四大发明之一—"黑火药"制成的。其配方通常表示为"一硫二硝三木炭"，反应过程如下：$2KNO_3+S+3C \stackrel{}{=\!=\!=} K_2S + N_2\uparrow + 3CO_2\uparrow$。

当点燃引信，酸钾分解放出的氧气，使木炭和硫黄剧烈燃烧，瞬间产生大量的热和氮气、二氧化碳等气体。由于体积急剧膨胀，产生的压力猛烈增大，足以胀破纸卷，纸卷爆裂引起空气剧烈震荡，就产生了爆炸的声音。

除了爆竹这种利用气体的快速膨胀带来的声音效果，其实人类更多的是利用相对温和一些的气体膨胀现象。最常见的案例就是蒸馒头。

馒头或面包只是用面粉和酵母等基本成分制成的。酵母其实是一种叫作真菌的小生命，

它们在温水的刺激下，生命的活性增加，开始分解和消化面粉中的糖，并且会代谢产生二氧化碳，这些二氧化碳气体被困在面团中。

上了蒸锅之后，剩余的真菌会拼命地吞噬糖并释放出二氧化碳，这些面团中被困住的二氧化碳的体积会在温度升高的情况下，迅速膨胀，并在面团内撑起一个个的小空间。这就是我们看到的馒头中的那些小孔。当然，随着温度的增高，最后这些真菌都会死掉，馒头也就不会再继续变大了。

另外一种比较常见的利用气体膨胀现象来制作的食品就是爆米花。人类食用爆米花的历史已经有几千年了。制作爆米花最常见的原料是玉米、大米和小米，这里以玉米为例。

干玉米粒中富含多种营养成分（碳水化合物、蛋白质、铁和钾），但它们都被坚韧的外壳紧紧包裹在致密的种粒里。首先在平底锅内放入油，然后上火加热，最后把干玉米粒放进锅里即可。

玉米粒中的胚乳是给胚芽提供生长养分的原料，它的含水量大约为14%，这些胚乳在被热油加热之后，其中的水分就开始蒸发变成气体。这些高温的水分子左冲右突。但是它们却被困在玉米粒的种皮之内。现在，每一个小玉米粒都变成了一个小高压锅，水分子无处可逃，所以玉米粒中的气体压力就会越来越大。

随着气体分子不断相互碰撞，及撞击种皮，种皮承受的压力也逐渐攀升。不过，玉米粒种皮所能承受的压力毕竟是有限的，当玉米粒的内部温度上升到180℃时，内部的气压接近10个标准大气压。随着第一声清脆的爆裂声开始，平底锅内的爆裂声就开始越来越激烈。

在爆裂的瞬间，其实是因为种皮无法再继续困住水蒸气，冲破了种皮的桎梏。玉米粒中的其他物质也由之前的10个大气压迅速暴露在1个大气压的环境中，再也没有什么东西能拦住玉米粒中的物质，于是玉米粒中的凝胶开始爆炸性膨胀，直到其内部和外部气压相等。

致密的白色凝胶变成了蓬松的白色泡沫，整个玉米粒向外翻了过来，然后逐渐冷却固化，整个膨化过程就此结束。

写到这里，看似我们把爆竹、馒头、爆米花的原理都解释清楚了，但是科学家们不会满足于这种粗糙的解释，他们希望能了解更深入的问题。在这些情况下，组成这些气体的那些微小单元（原子、分子）究竟发生了什么，才产生了这些现象？

早在1662年，英国科学家波义耳发现，压强增加，容器内的气体体积就会缩小，容器内的气体压强与体积成反比。这就是波义耳定律。100年后，法国物理学家查理发现，气体的体积与温度成正比。这被称为查理定律。

如今我们已经知道，波义耳定律和查理定律，其实都是组成气体的分子的微观粒子的行为在宏观上的统计学表现。在标准大气压下，室温条件下，我们的氧分子（两个氧原子组成）会以1 500千米每小时的时速去不断撞击以320千米每小时运动的氮气分子（两个氮原子组成）。

有了对于这些微观现象（原子、分子行为）的理解再配合波义耳定律和查理定律，我们就可以非常明确地了解到蒸馒头、爆米花和高压锅内发生的具体过程了。

（资料来源：百度）

[任务布置]

随着科技的进展和经济发展，人们对于烹饪产品的品种和质量需求也在不断地提高和变化。目前，在保证烹饪产品营养和卫生质量的前提下，消费者更注意烹饪产品的风味。香气袭人、津津有味的菜点能增进食欲、促进消化和吸收，同时，还给消费者怡悦的享受。一种烹饪产品要在市场上获得消费者的喜爱和接受，关键在于其风味特色。那么，这些风味是如何形成的呢？下面简要了解一下烹饪产品风味形成的途径和机理（图6.7）。

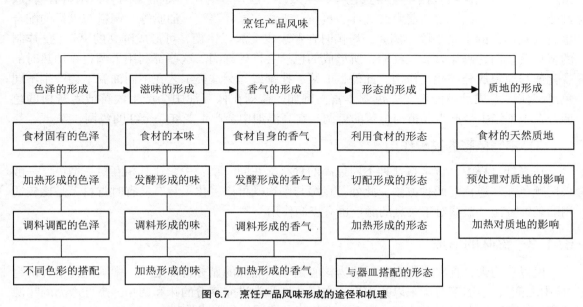

图6.7 烹饪产品风味形成的途径和机理

[任务实施]

6.4.1 色泽的形成

色泽包括颜色和光泽两方面，是反映烹饪产品感官质量的重要方面。良好的色泽能激起人的食欲，促进人体的消化吸收，还是构成烹饪艺术形成的一个重要因素。

烹饪产品的色泽主要源于三方面：原料固有的色泽、加热形成的色泽、调料调配的色泽。

1）食材固有的色泽

很多食材带有比较鲜艳、纯正的色泽，在加工时需要予以保持或者通过调配使其更加鲜亮。例如，番茄的红色、紫茄子的紫红色、青椒的绿色、白萝卜的白色、黄花菜等的黄色、黑木耳的黑色等。在烹饪中既要充分利用食材本身的颜色，还要了解食材经过加工处理后色泽会发生怎样的改变，并且加以利用以协调搭配菜点颜色。

2）加热形成的色泽

在加热过程中，一些食材表面会发生色变而呈现新的色泽。加热引起食材色变的主要原因是这些食材本身所含色素的变化及糖类、蛋白质等发生的焦糖化作用、羰氨反应等。很多食材在加热时都会变色，其中有些是产品色泽所要求的，如鸡蛋清由透明变为不透明的白色，虾、蟹等由青色变为红色，油炸、烤制时原料表面呈现的金黄色、褐红色等。有些则是烹制时需要防止的，如绿色蔬菜变成黄褐色，食材受高温作用过度形成黑色等。对于具体的菜肴，应根据其色泽要求，通过一定的火候或者火候与调色手段的配合，来控制食材的色变。

3）调料调配的色泽

调料调配的色泽包括两方面：一是用有色调料调配而成；二是利用调料在受热时的变化来产生。用有色调料直接调配菜点色泽，在烹饪中应用较为广泛。常见的有色调料有酱油、红醋、酱品、糖色、番茄酱及红乳汁、蛋黄、蛋清、绿叶菜汁、油脂等。调料与火候的配合也是菜点调色的重要手段。例如，烤鸭时在鸭表皮上涂以饴糖，可形成鲜亮的枣红色；炸制的畜禽及鱼肉，码味时放入红醋，所形成的色泽会格外红润。这些都利用了调料在加热时的变化或与原料成分的相互作用。此外，上浆、挂糊或勾芡这类工艺在不同油温下会产生不同色泽，使菜肴成品色泽鲜艳、色调丰富。例如，挂糊在低温油中会产生浅黄或者灰白的色调，在中油温中会产生浅黄与金黄的色调，在高温油中会产生老红、金红的色调。

4）不同色彩的搭配作用

在烹饪过程中，常常将几种不同色泽的食材配在同一菜肴中，让其相互衬托增色。一般采用顺色配和逆色配两种方法。此外，点缀与围边既可以美化菜肴，又省时省料，是比较适用的装饰方法，盛器对于菜点的颜色也有点润作用。

6.4.2 滋味的形成

民以食为天，食以味为先。以味为核心是中国烹饪的显著特征之一。中国烹饪十分讲究"鼎中之变"，中国菜肴历来以味为本。中国烹饪非常讲究菜肴的味和调味。烹饪产品的味源于食材的本味、发酵形成的味、调料形成的味和烹调过程形成的味。

1）食材的本味

可溶性成分溶解于唾液或水中，刺激舌表面的味蕾，然后经过味神经传送到大脑中枢，经过大脑分析，味觉才能产生。因此，食材中的可溶性成分是形成味的基础，也就是我们通常所讲的食材的本味。例如，上海青生吃有苦味、青草味。苜蓿草基本就是青草味，豌豆苗除了青草味之外，还有一些豆的味道。豆腐有盐卤的苦味。由于食材的品种、产地、季节不同，各种食材所含的可溶性成分的含量和种类并不一样，因此各种食材的味道就各不相同，即所谓"水居者腥，肉玃者臊，草食者膻。臭恶犹美，皆有所以。"同种食材，由于烹饪的手段不同，所溶解出的呈味物质的数量和种类也不相同。因此，不同的烹饪方法所产生的口味也各不相同。

2）发酵形成的味

一般来说，作为人类食品的植物和动物，均会被无所不在的微生物所利用，导致部分食物腐败变质，使人们不敢再食用。但人们也发现，在某些条件下被微生物污染的食物的味道更鲜美。人们在尚不了解微生物就是引起食品腐败变质的原因时，就已经生产出了豆豉、酱类、酒、酸乳、干酪和腌酸菜等发酵食品。发酵技术的发明和广泛使用，不但改变了食物的储藏方式，延长了食物的储存周期，确保人们即使在食物匮乏期也能有丰富的菜品，还最大限度地拓展和丰富了食物的口味。

3）调料形成的味

葱、姜、蒜都有特殊的辛辣气味，除了能刺激口腔黏膜外，还具有挥发性。它能同原料中的异味成分一起挥发，起到除臭作用。同时，还能与原料中的异味成分起化学反应，并将异味变为香味。料酒中含有乙醇、酯类等成分，特别是乙醇，可以促进异味挥发，同时还能与异味的酸性成分发生反应，并形成具有香气的酯类。

4）烹调过程形成的味

大部分菜肴都是加热过程中进行调味的，在热力的作用下调料中的呈味物质渗入原料内部。水烹过程中的调味，调料必须先分散到汤汁中，然后通过原料与汤汁的物质交换，使原料入味。热渗调味需要一定的加热时间，一般加热时间越长，原料入味越充分，加热可以挖掘原料中的美味，是因为在加热过程中，原料会产生各种不同的变化。这些变化会改变原料的物质结构和化学成分，使原料产生各种不同的滋味。

6.4.3 气味的形成

食物除含有各种味道外，还含有各种不同气味。食物的味道和气味共同组成了食物的风味，它影响着人类对食物的接受性和喜好性，同时对内分泌也有影响。从烹饪角度来讲，去掉一些食物附带的影响菜肴鲜香的味道，尽可能保留和提升菜肴的香味，是烹饪的重要目的之一，也是人们能够接受范围内评判美食的重要标准。

1）食材自身特有的气味

每种食材都有自身的气味，例如，洋葱、大葱、大蒜、萝卜、韭菜、芹菜、黄瓜等原料自身就带有特有的各种呈香气味。这些香气物质是天然存在的，一般不需要烹饪加工即可溢出。

2）发酵形成的香气

发酵形成的香气是经过发酵作用而产生的酒、醋、酱等香气，主要成分多为发酵过程的中间产物，以含氧有机物居多；经过腌渍、烟熏处理，又具有各自特殊的香气。

3）调料形成的香气

利用调料调和菜肴的香气，是中国烹饪重要的技术手段。常用的调香调料有挥发增香、吸附带香、扩散入香、酯化生香、酸碱中和及掩盖异味等作用。

4）烹调加热形成的香气

很多食材在烹制过程中都会产生一些生料所没有的香气，如烧炒蔬菜之香、烹煮肉品之香、油炸菜之香、焙烤制品之香等，这些香气与调料香气相配合，是形成菜肴风味的重要途径。以其生香机制来看，主要为一些香气前体的氧化还原、受热分解能糖化作用和碳氨及其中间产物的降解等。

6.4.4 形态的形成

烹饪产品的形态是利用烹饪原料的可塑性及其自然形态，结合刀工刀法和一些相关技法创造出来的具有一定可视形象的立体图形，表现为烹饪产品的内在气质和外在形态的结合，内在与外在相辅相成，是烹饪艺术的完美表达。

1）利用原料的形态

采用自然形态进行造型设计的菜肴，一般是利用整鸡、整鸭、整鱼、整虾甚至整猪、整羊的自然形态及加热后的色泽来造型。这是一种可以体现烹饪原料自然美的造型。另外，烹饪原料本身体积过小时，加工过程中不宜进行改刀，避免加工后或加热过程中使烹饪原料失去水分、营养等，如墨鱼仔，无论是炒制还是制汤，加工过程中均不进行改刀处理，而是洗涤后直接烹制。

2）利用切配的方式

刀工与原料的成型和形态变化是一个因果关系，没有刀工就没有烹调中的"型"。刀工决定了料型的变化。原料的刀工成型指运用各种不同的刀法，将烹饪原料加工成形态各异、形象美观、适合烹调和适合食用的形态。

3）通过加热的作用

加热可以改变原料的性质，使其由生变熟，加热是烹调中一种重要的形式。原料在加热过程中往往会产生多种物理变化和化学变化，通过人为挤压、拉伸、弯曲、扭扯来定型，或加热后用包裹、扣制、加压来定型。通过热处理，不仅使原料成熟，成为一定风味的菜肴，而且使菜肴的形状确定下来。

4）与器皿的搭配

中国烹饪还讲究"因食施器"，不同的食物，配以不同的器具，既方便实用，又相互映衬、相得益彰。清代文人袁枚曾提出，在食与器搭配时，"宜碗者碗，宜盘者盘，宜大者大，宜小者小，参错其间，方觉生色。""大抵物贵者器宜大，物贱者器宜小；煎炒宜盘，汤觉宜碗；煎炒宜铁铜，煨煮宜砂罐。"对于盛装器皿的挑选，虽然并无硬性规定，但是，必须符合器皿使用的美学原则，必须结合制品的形态、色泽、大小、多少、寓意及整体构思，达到配套、一致、协调美观的效果。

6.4.5　质地的形成

烹饪产品质地的形成不是某一方面的因素决定的，它表现为一种综合效应，任何方面做得不到位，都有可能导致菜肴质感达不到审美需求。

1）食材的天然质地

不同的食材具有不同的组织结构，所含的化学成分也有很大差异，这是烹饪产品具有不同质感的本质原因，即使是相同的原料（品种），由于生长在不同的地点、不同的季节，以及成熟度、饲养和种植方法不同，也会拥有不一样的质地。此外，同一食材选用的部位不同，成菜后的质感也不尽相同。同是猪肉，里脊肉与五花肉的质感区别很大；同是牛肉，牛柳与牛腩相差甚远；蔬菜的叶与茎、根部与顶部质地均有明显区别。值得注意的还有食材最佳使用时间的问题。

2）预处理对质地的影响

食材在进行烹调前，一般都要进行必要的清理和加工，植物性食材要进行择别清洗，动物性食材要进行拆卸、切割、清洗，干货食材要进行涨发，还有很大一部分菜肴在烹制之前要进行调味、上色处理，这些都会对菜肴的质感形成造成影响。例如，新鲜的植物性原料和经腌制后的植物性原料比较，其脆性、韧性、弹性有较大差异，质感完全改变；动物性原料经腌制后，韧性增加，质地变得坚实，形成独特的风味，较新鲜原料有了不同的质感。

3）加热对质地的影响

袁枚在《随园食单》中强调："熟物之法，最重火候。"加热对烹饪产品的质地有很大影响。比如，对于以质地坚韧、块形较大原料为主的菜肴，一般宜用小火或者中火进行长时间的加热，这样成菜组织松软、肉质酥烂、调味侵入。对于质地柔软、块形较小的物料，一般宜用旺火进行短时间加热，这样成菜鲜美脆嫩、皮柔爽口、本味犹存。否则容易碎烂或者成糊状。对于以油为传热介质烹制的菜肴，一般宜用大火，这样可使成菜变得外脆里嫩，并附带干香气味。对于以水为传热介质烹制的菜肴，一般宜用中火或小火。这样会使物料中的营养物质、鲜美滋味溶于汤中，形成鲜美的汤汁。以蒸汽为介质烹制菜肴时，宜用大火（工艺菜除外），这样可使成菜柔软鲜嫩，保持原形。

[任务总结]

烹饪工艺原理是烹饪工艺过程中具有普遍意义的基本规律或科学道理，这些基本规律或科学道理是通过烹饪产品表现出来的，反映在烹饪产品的色味、香、形、质上，色、味、香、形、质是烹饪产品特定的属性。这些属性是如何形成的，正是烹饪工艺原理所要阐述、研究的对象。烹饪的奥秘，博大精深，需要我们深入持久地探讨。《舌尖上的中国》第一季第五集中说，厨房的秘密，表面上是水与火的艺术。说穿了，无非是人与天地万物之间的和谐关系。因为土地对人类的无私给予，因为人类对美食的共同热爱，所以，厨房的终极秘密就是——没有秘密。

【课堂练习】

一、单项选择题

1. 下列不属于传统烹饪工艺特点的是（　　　）。
   A. 即时性生产　　　　B. 手工操作为主　　　　C. 产品多样性　　　　D. 标准化工艺
2. 下列不属于中国烹饪工艺流程特点的是（　　　）。
   A. 模式化　　　　B. 多样性　　　　C. 可变性　　　　D. 流动性
3. 宜于煮汤或烹制砂锅菜肴的鸡是（　　　）。
   A. 小笋鸡　　　　B. 大笋鸡　　　　C. 雏母鸡　　　　D. 老母鸡
4. "本味"一词，首见于（　　　）。
   A.《吕氏春秋》　　　B.《饮膳正要》　　　C.《黄帝内经》　　　　D.《本草纲目》
5. 关于烹饪产品形态的形成，下列说法不正确的是（　　　）。
   A. 有些菜点的形态就是食材本身的形态　　B. 切配的方式影响菜点的形态
   C. 通过加热可以改变食材的形状　　　　　D. 盛器对菜点的形态没有影响

二、多项选择题

1. 烹饪工艺的特点包括（　　　）。
   A. 即时性生产　　　　B. 手工操作为主　　　　C. 工艺的灵活性

  D.产品多样性   E.原料使用的广泛性

 2.中国烹饪的调味原理主要包括（   ）。

  A.追求本味   B.适口者珍   C.讲究时序

  D.五味调和   E.标准化调味

 3.微烹饪的特征是（   ）。

  A.保持食材的本味 B.减少营养素损失 C.将有害物质含量降到最低

  D.烹饪少量食材   E.用微型厨具烹饪

 4.下列属于影响烹饪产品色泽因素的是（   ）。

  A.食材本身   B.加热烹制   C.调料调配

  D.盛器的色泽   E.点缀与围边

 5.下列属于影响关于烹饪产品质地因素的是（   ）。

  A.食材的天然质地 B.刀工   C.加热

  D.调味   E.盛器

三、填空题

 1.烹饪工序是烹饪工艺流程中各个相对独立的_____，不同的工序有不同的目的和操作方法。

 2.孟子说："口之于味也，_____。"（《孟子·告子上》）

 3.苏易简在回答宋太宗赵光义"食品称珍，何物为最"的问题时说："臣闻物无定味，_____。"

 4.烹饪工艺包括两方面内容：一方面是"工"，即_____；另一方面是"艺"，即烹饪艺术，两方面都与科学结合，形成科技与艺术的统一，成为完备意义上的烹饪工艺。

 5.烹饪工艺产品的质量控制，实质上是一种"_____"，至少在现阶段不可能像食品工程那样，在生产过程中采用质控点的方式对整个过程实行量化的质量控制。

 6.袁枚在《随园食单》中强调："熟物之法，最重_____"。加热对烹饪产品的质地有很大影响。

【课后思考】

 1.烹饪工艺有哪些技术要素？有哪些具体规范？

 2.烹饪的基本原理有哪些？

【实践活动】

 以小组为单位，分别查阅10道菜肴、10道面点的制作过程，分析、概括其工艺流程。

项目7
烹饪节事
——烹饪技艺交流的绝佳平台

　　烹饪技艺的改进与提高，离不开烹饪工作者个人的刻苦钻研，当然也离不开同行之间的交流。烹饪节事活动是烹饪技艺交流的绝佳平台。举办烹饪节事活动，不仅能够提升地方与企业文化的品位和影响，带动相关产业发展，而且可以提高烹饪工作者的技术水平。

知识教学目标

✧ 理解烹饪节事活动的概念、特点、类型和作用。
✧ 掌握烹饪职业技能竞赛的概念、类型，了解国内外主要烹饪赛事。
✧ 了解历届中国厨师节的概况。
✧ 弄清美食节的概念、类型、意义及现状。

能力培养目标

✧ 能够简单分析中国厨师节和当地美食节的问题。
✧ 能够设计简单小型的美食节。

思政教育目标

✧ 理解举办烹饪节事活动的意义，激发学生对烹饪事业的情感。
✧ 激发学生对烹饪节事活动的兴趣，引导学生积极参加相关活动。

任务1　掌握烹饪节事的内涵

[案例导入]

2020非遗美食节线上线下同时举办　非遗保护步入数字时代

6月13日，由中国烹饪协会和美团点评联合主办的2020非遗美食节开幕。此次非遗美食节以"非遗保护传承，健康幸福生活"为主题，旨在营造全社会共同参与、关注和保护传承优秀传统文化的浓厚氛围，搭建多元化的饮食非遗交流平台，促进饮食类非遗在人民大众健康幸福生活中、在防控新冠肺炎疫情这场没有硝烟的战争中发挥应有作用。

据了解，全国共有1 300余家饮食类非遗代表性项目、餐饮老字号企业报名参加此次活动，在美团上线的餐饮老字号商家超过1 100余家。文化和旅游部非遗司副司长胡雁、中国商业联合会副会长傅龙成、中国烹饪协会会长姜俊贤、美团点评集团副总裁来有为等相关人士出席美食节开幕式。

开幕式上，姜俊贤发布了《充分利用互联网平台，促进饮食非遗保护传承》的倡议书，呼吁饮食非遗企业和网络平台共同承担起中国饮食非遗保护与传承的历史重任，利用互联网营造全社会共同参与、关注和保护传承优秀传统文化的浓厚氛围，推动中国传统美食文化的可持续发展。

倡议书提出，饮食类非遗的保护与传承要充分利用互联网平台加强传播推广。各互联网平台应积极与饮食类非遗项目单位合作，通过电商让非遗美食产品进入现代消费"主战场"，让非遗美食产品对接新消费，饮食非遗技艺获得新的发展动力。同时，强化服务功能，让非遗美食产品满足人民群众对美好生活的需求；用互联网思维指导传承创新，让非遗美食产品在新时代焕发出旺盛的生命力。此外，还要向网络要市场，通过互联网平台寻求技术、资金、运营合作伙伴。

作为此次非遗美食节承办平台，美团点评消费促进中心主任焦炜铭在开幕式上发布《非遗老字号数字报告2020》，从数字化角度深入剖析了饮食类非遗保护传承现状，为创新饮食类非遗保护传承的工作方式、提升饮食类非遗保护传承工作的针对性和有效性提供了思路。报告显示，餐饮老字号数字化发展水平持续提升。疫情发生后，老字号企业积极开展保供、上线外卖、优化用户体验等措施。美团平台大数据显示，老字号门店复工率和消费复苏水平均高于餐饮业平均水平，显示出强大的生命力。

开幕式上，汇聚传统美食文化精髓的"非遗老菜谱云展览"正式发布，用指尖轻轻一划，流传千百年的饮食非遗图文并茂地展示在眼前。

据悉，此次活动线上线下并举，推广销售促进饮食类非遗体验。美团、大众点评App同步宣传并支持餐饮非遗、老字号线上直播带货让利促销，为消费者带来实惠；各饮食非遗相关商家也在线下出台有力措施促进消费。

同时，主办方举办了"2020非遗美食节"美团大学饮食类非遗知识大讲堂，推出"春风行动商家加油"计划，定制复工锦囊、政策解读等系列课程，为餐饮业提供食品安全、服务品质、防控指南等指导教程，帮助商家在疫情期间持续学习，并有针对性地调整经营计划。北京联合大学北京学研究所研究员张勃、知名美食文化学者牟真理、北京华天饮食集团公司总经理贾飞跃分享了饮食类非遗保护和传承的经验及建议。

（资料来源：中国食品报，2020-06-17.）

[任务布置]

2020非遗美食节共4天，其间主办单位还将举办餐饮非遗、老字号线上直播带货让利促销；美团大学饮食类非遗知识大讲堂；"非遗老菜谱云展览"；以及各地饮食非遗餐饮企业推广、促销活动。美食节是一种烹饪节事活动。那么，什么是节事活动？烹饪节事活动有什么特点、类型和作用呢？下面，我们来学习本专题知识（图7.1）。

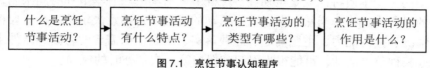

图7.1 烹饪节事认知程序

[任务实施]

7.1.1 烹饪节事活动的内涵

"节事"一词来自英文"Event"，含有"事件、节庆、活动"等含义。国外常常把"节日""特殊事件"和"盛事"等合在一起作为一个整体，在英文中简称FSE（Festials & Special Events），中文译为"节日和特殊事件"，简称"节事"。

从字面意思来看，"节事"是由"节"和"事"形成的一个组合概念，"节"指春节、中秋节、情人节等传统的、外来的以及创新的各种节日，"事"指奥运会、世界杯、世博会、广交会等具有多种目的性的特殊事件和集会。

1984年，美国学者Ritchie提出了节事活动的定义："从长远或短期目的出发，一次性或重复举办的、延续时间较短、主要目的在于加强外界对于旅游目的地的认同、增强其吸引力、提高其经济收入的活动。"

但经过多年来的发展，节事活动的内涵已经远远不止于此，吸引旅游仅是其意义的一小部分。节事活动已经成为一个具有策划、设计、组织、运营、管理等多环节，并能够产生经济和社会效益的新兴产业，它已经渗入各行各业。

烹饪节事活动是，为满足特殊要求，用仪式、竞赛、典礼等进行的和烹饪有关的各种节庆事典活动。它具有明确的主题性、公众参与性和传承性，可以是一项庆祝狂欢、对特殊事件的纪念、一次产品或技术的展示、行业内的一次庆典聚会，如中国厨师节、各地方美食节、烹饪竞赛与技能展示等。

7.1.2 烹饪节事活动的特点

1）文化性

一般的烹饪节事活动安排都要突出展示地方博大精深的文化，将当地的烹饪文化与美食促销一体化。以文化特别是民族文化、地域文化、节日文化等为主导的烹饪节事活动，具有文化气息、文化色彩和文化氛围。

2）地方性

中国地大物博，东西南北饮食习惯各不相同，烹饪节事活动一般紧贴地方饮食习惯，以展示地方烹饪技艺、特色美食、文化等为目的。一些地方因节事活动为广大公众所熟悉，如一些城市因举办面食美食节而闻名。一些节事活动历史悠久，长久以来满足了地方居民的需要。民族节日更有其独特的地方性，节事活动的地方色彩更为浓厚，如云南的长街宴，历史悠久，极具地方特色。

3）短期性

节事活动的一个本质特征就是短期性。烹饪节事活动一般有季节和时间限制，都在某一事先计划好的时段内进行。当然，烹饪节事活动的时间不是随意决定的，往往要根据当地的气候、交通情况、接待能力、主题确定、经费落实、策划组织需要的时间等条件来确定。如果频繁地举办某种节事活动，可能很难引起和保持第一次举办时的氛围。

4）参与性

烹饪节事活动必须要有烹饪工作者、市民、食客们参与，烹饪工作者往往带着任务参与活动，市民、食客们往往对节事活动怀有较强的好奇心，他们希望能够大饱口福并感受活动热闹的情景。

5）多样性

烹饪节事活动也是一个内涵非常广泛的集合概念，任何与烹饪相关的事物经过开发都可以成为节事活动。此外，烹饪节事活动在表现形式上也具有多样性的特点。它可以是展（博）览会及技能竞赛，也可以是烹饪技艺展演活动；它的主题可以是某种原料，也可以是某种烹饪方法；可以是某个鉴定评审，也可以是烹饪论坛；活动的内容可以有宴会、会议、展销、技能竞赛、绝技表演等方面。

6）交融性

正是烹饪节事活动的多样性，决定了烹饪节事活动强烈的交融性，许多大型的烹饪节事活动，如历届中国厨师节，包含了许多会议、展示活动、宴会等。而在许多会议、活动展示中也包含着许多节事活动。这些活动互相交融，共添光彩，使烹饪节事活动更具吸引力。

🔔 7.1.3　烹饪节事活动的类型

1）按节事活动的属性分

（1）与传统节日相关的活动
如端午节包粽子、中秋节做月饼等。

（2）现代庆典活动
与生产劳动紧密联系的节庆活动，如江苏徐州的伏羊节等。与生活紧密联系的节庆活动，如上海饮食文化节等。

（3）竞赛活动
如全国烹饪技能比赛、全国河豚烹饪大赛等。

（4）其他重大活动

其他重大活动包括大型会议、食品博览会等。

2）按节事活动的影响范围分

（1）世界性节事活动

世界性节事活动，如博古斯世界烹饪大赛、国际名厨烹饪大赛、世界厨师日等。

（2）全国性节事活动

全国性节事活动，如中国厨师节、全国烹饪技能竞赛、中国美食节等。

（3）地区性节事活动

地区性节事活动，如岭南美食节、"吃在北京"前门美食文化节等。

3）按节事活动的组织者分

（1）政府性节事活动

政府性节事活动，如广东省首届"省长杯"中式烹调师技能大赛、港澳台风土人情文化美食节等。

（2）协会性节事活动

协会性节事活动是最为常见的一种，如中国烹饪协会举办的百强门店的认定评选和顺德厨师协会举办的"顺德十大名厨评选"等。

（3）民间自发性节事活动

民间自发性节事活动，如元宵节包汤圆比赛、端午节包粽子比赛等。

（4）企业性节事活动

企业性节事活动，如"海参文化节"、傣族美食节等。

4）按节事活动的主题分

按节事活动的主题可分为会议的（如星级酒店厨师长峰会）、竞赛的（如职工技能大赛）、展销的（如烹饪原料展销会）、评定的（如北京大师名师鉴定）、综合的（如中国厨师节）节事活动等。

5）按节事活动涉及的内容分

（1）单一性节事活动

单一性节事活动如广东省蒸菜比赛等。

（2）综合性节事活动

综合性节事活动如中国厨师节、岭南美食文化节（节中有节、节节相扣）等。

另外，还可以按节事活动的性质划分为公益性节事和盈利性节事；按照活动的性质可以划分为重大节事、标志性节事和一般节事等。总之，分类方法多种多样。

🔔 7.1.4 烹饪节事活动的作用

举办节事活动的目的各不相同，总的来说带来了经济效益、社会效益，具体的作用有以下几点。

1）传承中华饮食文化

饮食文化需要通过一定的载体来表现，烹饪节事活动的周期性复现为传承饮食文化提供了有力保证。烹饪节事活动的定期开展，使人们在有形无形、有意无意地接受民族饮食文化的熏陶和浸润，从而使饮食文化在民众生活中得到延续与加强。

2）促进烹饪文化交流

举办节事活动期间，围绕节事主题会举办多种主题活动，包含公众参与、学术交流、贸易洽谈、主题展览等。对学术交流来说，这些活动能够引入新思维新理念；对市民和游客来说，提供了了解烹饪知识的窗口；对举办企业来说，则有助于提高技术、引进人才；对地方来说，有助于挖掘当地的烹饪传统文化，提升文化品位。

3）塑造地域品牌形象

在策划和承办节事活动期间，会进行大量针对本地区特色和优势的宣传推广活动以及广告投放，活动期间还能够吸引大量参与者现场体验和感受，从而提升本地区的美誉度与辐射力，在国内乃至国际范围内塑造地域的品牌形象。

4）拉动民众消费水平

节事活动使大量人流、物流、交通流、资金流等在举办地汇聚，建设、游览、购物、住宿等消费活动大量发生。同时，节事带来的宣传效应也促进了举办地产业发展，大幅度拉动了民众的消费水平。

知识链接

狗肉节争议的焦点是"节"而不是"狗"

广西玉林的狗肉节在争议声中开幕了，这个近年来一年一次的节日又一次引起爱狗人士和吃狗肉者的争执。前者说，狗是人类的朋友乃至伴侣，可以看家护院，可以导盲，可以成为人类的宠物，怎么能杀而食之呢？后者说，你们难道不吃猪、牛、羊吗？这些不都是动物吗？而屡屡发生的恶犬伤人事件，特别是媒体近日报道的河南新野农妇为救男童勇斗藏獒的消息，更成为反击爱狗人士的一个重要依据。有媒体评论说需要沟通。其实，争辩双方都可以找到许多支持自己的论据。但各说各话，很难达成共识。

世间万物，人是第一位的。而人类中的多数，或许都不是素食主义者。同许多人一样，笔者也不是素食主义者——从不养狗，而且非常反感一些养狗者不讲公德，让其随地大便也不处理；更不满个别人对狗看管不严，造成伤人事件。我也认为一些爱狗人士采用威胁的手法不仅过分，而且有触犯法律之嫌。但是，这些理由并不意味着我们应该鼓励无所顾忌地用各种手法大规模虐狗、杀狗，并为此高调地掀起一场盛宴和狂欢。

人类社会发展到现阶段，如何对待动物，已成为社会文明程度的一个重要标志。同许多无脊椎动物相比，脊椎类动物中的哺乳类动物，则是智商相对较高、感知最为灵敏的动物。如果人类为了生存与发展，为了生活质量的提升，为了更好地享受生活，需要宰杀和食用各种动物，特别是哺乳类动物，那也应该尽可能以相对文明的手法宰杀它们，尽可能减轻它们死亡时的痛苦。如早在30多年前，许多发达国家的生猪屠宰场就采用了听音乐、淋浴、电昏（相当于麻醉）、直刺心脏这样全流程的生产线。这不是虚伪，而是文明。当然也有很多猪至今享受不到这样的待遇。

仅就哺乳类动物本身而言，也是有差异和需要区别对待的。大量繁殖或养殖的动物与濒危动物不一样，普通家畜与伴侣动物不一样。如以食肉为目的而饲养的猪，与智商相对较高、可以看家护院、可以成为人类伴侣的狗，其对人类的情感、作用和人类对它们的情感、使用，也都是有区别的。即使在有吃狗肉传统的韩国，年轻一代的看法、做法也在转变。

当然，玉林吃狗肉的传统也延续了几百年，世界上如宰牲节这样的传统节日也还在延续，有的国家还在不顾禁令坚持捕鲸，但立足中国、放眼世界，鲜见哪个国家和地区、民族，在21世纪的今天，还高调地新建并隆重推出一个以大规模宰杀聚餐某种牲畜为主要内容的节日。几百年的习俗一时难改可以理解，逆世界文明大势则确实不该。所以，狗肉节引发争议的焦点不是"狗"，而是"节"。

时至今日，我们已很少见到未经检疫和处理的整猪在柜台上出售。而那些满大街满柜台形状各异、面目狰狞的死狗，确实令人感到恐怖。没有经过检疫，没有规范处理，其食用是否足够安全？但为此建立起狗的屠宰、检疫、加工、处理的生产线，可能性又有多大？所以，即使从食狗者自身的安全考虑，也该有所节制。

（资料来源：中国青年报，2014-06-24.）

[任务总结]

烹饪节事活动随着"政府主导，市场运作，产业办节"这一运作模式的形成，成为菜点创新和餐饮业发展的助推器。节事活动的国际化、市场化、个性化、产业化、多元化、大众化、集约化、规范化趋势，对于餐饮业的健康快速发展会产生积极影响。

任务2 了解国内外主要烹饪赛事

[案例导入]

第31届博古斯世界烹饪大赛总决赛完满落幕

当地时间1月30日晚，为期两天的第31届博古斯世界烹饪大赛在法国里昂国际餐饮酒店食品展（SIRHA）完满落幕。通过5小时35分钟的激烈角逐，丹麦厨师Kenneth TOFT-HANSEN凭借对两道名厨名菜"托盘菜烘烤小牛肋排"和"卢布松蔬菜海鲜塔"的精彩演绎、精美摆盘及创造力赢得2019博古斯世界烹饪大赛总决赛冠军，瑞典队和挪威队分获亚军和季军，来自上海泰安门餐厅的行政副主厨傅朱伟也代表中国队进入决赛，获得第20名的成绩。

这次一共有 5 个亚洲国家进入决赛：日本、泰国、韩国、新加坡和中国。在上海泰安门餐厅主理人 Stefan Stiller 引领下，中国队曾 3 次入围博古斯世界烹饪大赛的决赛。2018 年 5 月，在亚太区选拔赛角逐中，中国队拿到外卡权限惊险过关。但中国区冠军上海泰安门副主厨傅朱伟在决赛中展现出了高水准。

博古斯世界烹饪大赛是一个全球创意菜肴的实验室，汇聚 24 国选手进行为期两日的激烈角逐，现场模拟成在厨房间的氛围，是一场嗅觉、味觉和感官的奇妙融合。

2019 年的主题是"蔬菜与贝类"，以致敬大赛组委会的第一任名誉主席乔尔·卢布松；托盘菜肴食材为小牛肉、上等排骨以及内脏，致敬博古斯世界烹饪大赛的创办人保罗·博古斯。

大赛国际委员会主席 Régis Marcon 也认为，"烹饪不仅是尊重传统，更应在本色中创新。而博古斯世界烹饪大赛，正在激励更多厨师发扬本国的饮食文化。这正是博古斯先生希望看到的。"

（资料来源：搜狐网，2019-02-01.）

[任务布置]

通过各级各类烹饪技能竞赛，交流了烹饪技艺，涌现出大批青年技能人才。烹饪职业技能竞赛对推动餐饮市场健康发展，提高餐饮业专业技术人员的技术水平，发挥了加强行业之间技术交流的重大作用。那么，国内外主要有哪些烹饪赛事呢？请通过相关内容的学习，完成表 7.1。

表 7.1 国内外主要烹饪赛事

等　级		名　称	时　间	地　点	周　期	主办方	特　点	成　果
国内烹饪赛事	省市级烹饪赛事	1.						
		2.						
		……						
	全国烹饪赛事	1.						
		2.						
		……						
国际烹饪赛事		1.						
		2.						
		……						

[任务实施]

🔔 7.2.1　国内主要烹饪赛事

1）全国烹饪技术比赛

全国烹饪技术比赛，是以提高厨师技术水准为目的举行的技术交流活动。从 1983 年开始，每五年举办一次。全国烹饪技能竞赛目前已举办七届，已成为我国餐饮业最具权威性和影响力的一项重大赛事。

（1）第一届全国烹饪技术比赛

1983年11月7日，中华人民共和国成立以来首次全国烹饪名师技术表演鉴定会暨第一届全国烹饪技术比赛在首都北京召开，历时8天。来自全国28个省、自治区、直辖市的83位技术精湛的顶尖级厨师、点心师大显身手，烹调献艺，展示了中华各地精美绝伦的名菜名点。

大会在人民大会堂举行，为各地选手准备的原料在3 000种以上，几乎汇集了全国各地的水陆特产、山珍海味。

参加表演的83位名厨师，是从全国百万名厨师中经激烈角逐筛选出来的佼佼者。他们表演的菜点，既有传统名菜，也有地方风味，代表了全国各地区各民族的菜肴佳品。

评议委员会经认真品尝鉴定，以投票的方式评出全国最佳厨师10名、最佳点心师5名（表7.2）；优秀厨师12名、优秀点心师3名，冷荤拼盘制作工艺优秀奖7名。此外，53人获大会颁发的技术表演奖。

表7.2　全国烹饪名师技术表演鉴定会获奖名单

获奖名称	名　次	姓　名	工作单位
最佳厨师	1	刘敬贤	沈阳市鹿鸣春饭店
	2	李跃华	重庆市山城商场
	3	常静	北京市康乐餐馆
	4	强木根	福州市福州旅社
	5	王义均	北京市丰泽园饭庄
	6	高望久	北京市北京饭店
	7	强曲曲	福州市福州旅社
	8	孙元明	天津市登瀛楼饭庄
	9	卢永良	武汉市武昌酒楼
	10	陈玉亮	北京市北京饭店
最佳点心师	1	葛贤萼	上海市饮食服务学校
	2	罗坤	广州市泮溪酒家
	3	蒋文杰	天津市桃李园饭庄
	4	李炳森	北京友谊宾馆
	5	董德安	扬州市富春茶社

（2）第二届全国烹饪技术比赛

第二届全国烹饪技术比赛于1988年5月9至18日在北京国际饭店举行。由原商业部、国家旅游局和中国烹饪协会等8个单位联合主办。组队参加比赛的除台湾外，有30个省、自治区、直辖市及中直机关、国家机关、解放军、铁路系统共34个代表队，200名选手。比赛分热菜、点心和冷荤拼盘3个项目。选手既可参加单项比赛，也可参加三项全能比赛。

（3）第三届全国烹饪技术比赛

第三届全国烹饪技术比赛于1994年10月在北京举行，由国内贸易部、国家旅游局、中华全国总工会和中国烹饪协会等9个部门联合主办。共2 100余人参加了本届比赛，参赛品多达5 000余款。本届比赛，首次规定参赛品必须标明主要营养成分，并作为评判的一项标准。尽管做法尚不够完善，但是它在引导人们讲究饮食营养与膳食平衡方面迈出了可喜的一步。

（4）第四届全国烹饪技术比赛

第四届全国烹饪技术比赛于1999年10月在北京举行。本届比赛由国内贸易部、国家旅游局、劳动和社会保障部、中国烹饪协会等部门联合主办。大赛相继在西安、杭州、石家庄、武汉进行了清真赛、个人赛、快餐（套餐）赛，在北京进行了团体赛和大众筵席赛，在杭州召开了第三届中国烹饪学术研讨会，在武汉举办了第三届中国餐旅商品（技术）交易会，在北京进行了烹饪特技表演。

获得全国比赛中式烹调、中式面点、餐厅服务3项工种第一名的选手，由国家劳动和社会保障部授予"全国技术能手"称号。获得全国个人比赛总成绩前30名的选手，由大赛组委会授予"第四届全国烹饪技术比赛最佳厨师（面点师、餐厅服务员）"称号，并按照劳动和社会保障部有关规定对前30名选手认定技师资格。

（5）第五届全国烹饪技术比赛

第五届全国烹饪技术比赛由中国商业联合会、中央直属机关事务管理局、国务院机关事务管理局、解放军总后勤部军需部、中国民用航空协会、中国烹饪协会等12个部门联合主办。因受"非典"疫情影响，比赛由原定的2003年5月开始，延期至2003年9月举行。先后进行了哈尔滨、昆明、徐州、广州、武汉、西安、杭州、石家庄、南京、拉萨10个赛区的12场比赛，相继完成了7场个人赛和快餐、西餐、清真烹饪、职业院校、民航系统5场专项赛。2004年4月13日，团体赛和个人赛总决赛在北京举行，历经4天，于4月16日圆满结束。

获得个人总决赛各工种前3名选手和西餐赛的1名选手，由国家劳动和社会保障部授予"全国技术能手"称号。获得个人总决赛前10名的选手，由中国商业联合会和中国烹饪协会授予中国烹饪（餐饮服务）名师称号。获得个人总决赛前50名的选手，由比赛组委会授予"第五届全国烹饪技术比赛最佳厨师（面点师、餐厅服务员）"称号，并按照劳动和社会保障部的规定晋升一个职业资格等级。其余参加个人赛总决赛的选手，由比赛组委会授予"第五届全国烹饪技术比赛优秀厨师（面点师、餐厅服务员）"称号。

（6）第六届全国烹饪技能竞赛

由中国商业联合会、中国就业培训技术指导中心、中国烹饪协会等13家单位共同组织主办的"第六届全国烹饪技能大赛"，被确定为国家级技能竞赛项目，被正式纳入"2008全国职业技能竞赛系列活动"。

本届竞赛时间为2008年5月至2009年4月。竞赛分两阶段进行。第一阶段以省（地区）为赛区，自2008年5月26日至2009年4月初，陆续在安徽、江苏、广东、西藏、新疆、内蒙古、陕西、黑龙江、湖南、湖北、山东、北京、上海、天津等全国28个赛区比赛，以组队（4名选手为一支参赛队）的形式为主参赛，在计团队成绩的同时，分别按中餐热菜、面点、冷拼、食品雕刻与西餐烹调、西餐面点及餐厅服务项目计算个人成绩，按一定比例分设金、银、铜奖。

第二阶段比赛暨总决赛于2009年4月22—23日在北京华北厨艺楼进行，以个人形式参赛，设置中式烹调师、中式面点师、西式烹调师、西式面点师、餐厅服务员5个职业项目。参加总决赛的230位参赛选手除了参加技能比赛外，还统一参加理论考试。本次比赛授予93名厨师"第六届全国烹饪技能竞赛最佳厨师"荣誉称号，89名厨师"第六届全国烹饪技能竞赛优秀厨师"荣誉称号，16名服务人员"第六届全国烹饪技能竞赛最佳服务师"荣誉称号，15名服务人员"第六届全国烹饪技能竞赛优秀服务师"荣誉称号。

（7）第七届全国烹饪技能竞赛

根据《人力资源和社会保障部关于做好2013年职业技能竞赛工作的通知》（人社部函〔2013〕70号）相关安排，经中国烹饪协会、中国就业培训技术指导中心、中国财贸轻纺烟草工会全国委员会、共青团中央城市青年工作部、中国商业联合会研究，定于2013年联合举办第七届全国烹饪技能竞赛。

竞赛分两阶段进行。第一阶段为分赛区比赛，以省级区域为单元设置区域分赛区，同时以餐饮业态及特产原料、专项技法等主题设置清真、西餐、海鲜等专项分赛区。第二阶段为总决赛，各分赛区依一定比例选拔产生参赛选手200名，按项目参加2014年初在北京举行的总决赛。

赛项设置：依据国家职业工种名录和相关标准，结合餐饮行业实际情况，本届竞赛设置中餐热菜、中餐面点、冷拼雕饰、西餐烹调、西餐面点、餐厅服务6项个人项目。

比赛内容：第一阶段分区赛，各赛项均按各职业的国家职业技能标准（国家职业资格三级）要求进行专业技能比赛；第二阶段总决赛，各赛项均采取专业理论考试和技能比赛两部分相结果的形式，理论考试成绩、技能比赛成绩分别以30%、70%的比例计入总成绩。

（8）第八届全国烹饪技能竞赛

由中国烹饪协会、中国财贸轻纺烟草工会全国委员会共同主办的"联合利华饮食策划杯"第八届全国烹饪技能竞赛，以"新时代、新需求、新服务"为宗旨，以促进餐饮业广大员工学习新知识、掌握新技能、创造新业绩为目的，大力倡导中国餐饮工匠精神，全面提升行业产品质量和服务水平，服务人民日益增长的美好生活需要。

竞赛设个人赛和团体赛。个人赛设单项赛和全能赛，其中单项赛设中餐热菜、创意凉菜、中式面点、果蔬雕刻、中餐宴会服务、西餐宴会服务、西餐开胃菜（冷）、西餐主菜、西式面点（含甜品）、烘焙、裱花蛋糕、糖艺制作、茶艺、调酒、品酒、咖啡16个项目；全能赛设中餐烹饪全能（中餐热菜、创意凉菜、中式面点）、西餐烹饪全能（开胃菜、主菜、甜品）、中餐服务全能（中餐宴会服务、茶艺）、西餐服务全能（西餐宴会服务、咖啡）、酒吧服务全能（品酒、调酒）。团体赛设中餐、西餐、日餐、韩餐、团餐、快餐、火锅等项目。

竞赛设专业组和青年组，专业组参赛人员为获得相应工种国家职业等级四级（中级工）及以上的餐饮企业、餐饮类职业院校或研究机构在职员工；青年组参赛人员为2018年8月1日年满16周岁且不超过22周岁的在校就读学生。

竞赛分两个阶段进行：第一阶段为分赛区比赛，分赛区设立以省级区域为单元的综合赛区，以大型餐饮企业员工为主的企业赛区以及以食材、食品、技法、专用调味品等为主题的专项赛区，时间为2018年7月至2019年7月，设分赛区金奖、银奖、铜奖。第二阶段为总决赛，时间为2019年9月，各分赛区金奖选手和团队获总决赛参赛资格，总决赛设金奖、银奖、铜奖，各赛项按成绩前3名颁发冠军、亚军、季军。其中，专业组相关赛项金奖获得者按实际成绩排名前30%授予注册中国烹饪（餐饮服务）名师称号，已获得注册中国烹饪

（餐饮服务）名师称号的授予注册中国烹饪（餐饮服务）大师称号，专业组各赛项金奖获得者按实际成绩排名前 10% 授予中国餐饮业高技能人才荣誉称号。

"联合利华饮食策划杯"第八届全国烹饪技能竞赛历时一年，近万名选手报名参赛了在全国 27 个地区展举办的 30 场分赛区比赛。总决赛颁奖典礼于 2019 年 9 月 25 日在天津举行。

本届大赛成功举办，宣传了全国烹饪技能竞赛面向未来、面向国际的全新竞赛理念，弘扬了劳动光荣的劳模精神和工匠精神，增强了餐饮技能人才获得感、自豪感、荣誉感，大赛举办，将有力促进中国餐饮业为百姓提供安全、健康、营养、美味、个性、多元、富有文化享受的餐饮服务，为实现人民对美好生活的向往做出行业应有的贡献。

知识链接

职业技能竞赛

《职业技术教育词典》关于技能竞赛的定义是，为了解职业教育或职业训练的成效，并提升技能水平，由有关单位举办的技能性竞赛，并对优良技能者公开表扬。

职业技能竞赛是依据国家职业技能标准，结合生产和经营工作实际开展的以突出操作技能和解决实际问题能力为重点的、有组织的群众性竞赛活动。各种职业技能行业可在职业技能鉴定的基础上开展职业技能竞赛。

职业技能竞赛实行分级分类管理，通常可分为国家级、省级和地市级三级，国家级又分为国家级一类竞赛和国家级二类竞赛。其中，国家级一类竞赛指由人力资源和社会保障部牵头组织的、跨行业（系统）、跨地区的竞赛，这类竞赛可以冠以"全国""中国"等竞赛活动的名称。国家级二类竞赛是由国务院有关行业部门或行业（系统）组织牵头举办的竞赛，这类竞赛可冠以"全国 ×× 行业（系统）×× 职业（工种）"等竞赛活动名称。

2）全国职业院校技能大赛

"普通教育有高考，职业教育有竞赛"，这是近几年教育部提出的号召。竞赛是改变学生职业生涯的动力，是学生就业与创业的桥梁，是教育教学改革的牵引车，是学生职业技能展示的平台。大赛的宗旨是"大赛点亮人生，技能改变命运。"

（1）中职组烹饪技能大赛

2002 年 7 月 25—26 日，全国中等职业学校学生"亚泰花园杯"烹饪技能大赛在吉林长春举行，来自全国各地的 348 名学生选手参加了冷拼、热菜、面点、食品雕刻方面的角逐。

2007 年全国中等职业学校"石浦杯"烹饪技能大赛，于 2007 年 6 月 26—27 日在重庆市旅游学校举行。大赛分为中职学生组、教师组，共有 35 支代表队的 1 400 多位选手报名参加了此次比赛。

2008 年全国职业院校技能大赛烹饪技能大赛，于 6 月 28 日在天津青年职业学院开赛。35 个省、自治区和计划单列市的 212 名选手报名参加烹饪技能大赛，比赛分为中餐热菜、中餐面点、中餐冷拼、果蔬雕 4 个项目。

2009 年全国职业院校技能大赛中职组烹饪技能比赛，于 2009 年 6 月 28—29 日在天津青年职业学院举行，来自全国 210 名选手报名参加了此次比赛。比赛共分热菜、面点、冷菜拼盘和果蔬雕刻 4 个比赛项目。

2010 年全国职业院校技能大赛中职组"天煌杯"烹饪技能比赛，6 月 24—26 日在天津青年职业学院举行。来自全国各地 36 支代表队的 212 名选手参加了中餐热菜、面点、冷拼、果蔬雕 4 个项目的比赛。与往次比赛相比，本次比赛在比赛内容上增加了专业理论测试和对基本功的考核。

2011 年全国职业院校技能大赛中职组"中粮福临门杯"烹饪技能比赛由天津青年职业学院承办，于 6 月 24—27 日在天津青年职业学院举行，来自全国各地 36 个省、自治区、直辖市及计划单列市组队参赛，214 名选手参加了中餐热菜、中餐面点、中餐冷拼、果蔬雕刻 4 个项目的比赛。

2012 年全国职业院校技能大赛烹饪组比赛由扬州商务高等职业学校、江苏省餐饮业职业教育集团等协办，来自全国 37 个省市自治区和计划单列市的 37 支中职烹饪代表队的 211 名选手参赛。

2013 年全国职业院校技能大赛中职组烹饪赛项比赛于 6 月 13 日在扬州商务高等专科学校举行，来自全国 36 个省、市代表队的 398 名选手参加了此次比赛。

2014 年 6 月 11—13 日，全国职业院校技能大赛中职烹饪项目比赛在江苏省扬州商务高等职业学校举行，来自 37 所院校的中职代表队参与了比赛。

2014 年全国职业院校技能大赛中职组烹饪赛项比赛，于 2014 年 6 月 10—13 日在江苏扬州举行。来自 37 所院校的中职代表队参与了中餐热菜、中餐面点、冷拼雕刻 3 个项目的比赛。

2016 年全国职业院校技能大赛（中职烹饪赛项），5 月 23—26 日在江苏扬州商务高等职业学校举行，比赛分为中餐热菜、中西式面点、冷拼与雕刻、西餐制作 4 个分赛项，包括在线理论考试、基本功测试、指定菜品和自选菜品 4 个环节。来自全国 37 个省市自治区直辖市的 200 余所职业学校的近千名选手参与角逐。

（2）高职组烹饪技能大赛

首届全国高等学校烹饪技能大赛于 2007 年 11 月 23—24 日在武汉商业服务学院举行。这次比赛由中国烹饪协会、教育部高等学校高职高专餐旅管理与服务类专业教学指导委员会联合举办，来自 16 个省、自治区、直辖市 28 个学校 128 名选手参赛。大赛理论考核全部实行计算机网络考试，技术综合能力比赛要有简要的成本控制说明及营养分析。中国疾病预防控制中心营养与食品安全研究所和北京飞华通信技术有限公司共同研制的《营养计算器》软件（V2.1），供参赛队进行营养分析计算时使用。大赛设团体奖和单项奖，团体奖设金奖、银奖、铜奖，单人奖有"最佳理论奖""最佳基本功奖""最佳创意奖""最佳营养组合奖""节能降耗之星""最佳指导老师奖"6 项。

第二届全国高校烹饪技能大赛于 2009 年 10 月 16—18 日在扬州大学举行。此次大赛由教育部高等学校高职高专餐旅管理类专业教学指导委员会和中国烹饪协会主办。来自全国 21 家设有餐饮烹饪类专业高校 35 支代表队的 140 名选手参加了比赛。

第三届全国高校烹饪技能大赛于 2011 年 6 月 4—5 日在北京华北厨艺楼举行。此次烹饪技能大赛一共吸引了全国 30 所设有餐饮烹饪类专业的高等院校的 33 支代表队共 165 名选手参加。

2012 年，全国高等职业学校烹饪技能大赛正式列入全国职业院校技能大赛。6 月 12 日，由教育部等 23 个部门、单位、行业组织主办，教育部职业教育与成人教育司、中国烹饪协会承办的"2012 年全国高等职业学校烹饪技能大赛"在扬州成功举办。来自全国 31 个省、自治区、直辖市和计划单列市 34 支参赛队的共 300 多名参赛选手展开了激烈的角逐。

2014 年全国职业院校技能大赛中（高）职组烹饪赛项比赛，于 2014 年 6 月 10—13 日在江苏扬州举行。大赛汇集了全国 20 多个省、自治区、直辖市的近 700 名选手参赛，是中、高职比赛同时举办的第二届。36 所院校的高职代表队的选手参加了宴席设计与制作等项目的比赛，同期还举办了第四届全国高校餐旅类专业大学生创业大赛、全国烹饪专业实验实训室建设研讨会暨优秀设备对接会。

2015 年全国职业院校技能大赛高职烹饪技能比赛 2015 年 6 月 18—21 日在江苏省扬州市扬州商务高等职业技术学校举行。比赛项目包括宴席设计与制作、中餐热菜、中餐面点、中餐冷拼 4 个项目，来自全国 23 个省、自治区、直辖市的 323 名选手参赛。其中，参加团体赛宴席设计与制作的团队共有 36 支，合计 144 人；参加个人赛中餐热菜、中餐面点、中餐冷拼的选手共有 171 人。来自全国各职业院校烹饪专业师生近 600 人观摩了比赛。

2016 年 5 月 23—26 日，全国职业院校技能大赛高职烹饪赛项在江苏扬州商务高等职业学校举行，来自全国各省市 38 支烹饪高职高专院校参赛队的众多选手参加了该项赛事。此次高职烹饪赛项名称为中餐主题 – 宴席设计与制作，共分为宴席设计书，宴席冷菜、热菜、点心制作，宴席整体效果与解说、答辩 3 个比赛环节，比赛时间为 5 小时。

2019 年 5 月 30 日—6 月 2 日，来自全国 26 个省（自治区、直辖市等）的 41 支参赛队共 205 名选手齐聚广东顺德职业技术学院，参加 2019 年全国职业院校技能大赛（高职组）烹饪赛项比赛。赛项为团体赛，整个赛项由烹饪基础理论测试、宴席设计、宴席制作、宴席展评 4 个分项目组成。比赛内容丰富、评判过程复杂，是对参赛选手能力素质的一次全方位检阅。经过激烈角逐，顺德职业技术学院等 4 支代表队夺得一等奖。大赛期间，在广东省教育厅的支持和指导下，顺德职业技术学院同期举行了"粤港澳厨艺展示与交流"活动，以色、香、味俱全的佳肴宣传展示粤菜顶尖烹饪水平；"工匠精神粤菜传承——粤港澳烹饪教育高峰论坛"活动，广邀全国 29 个省（自治区、直辖市）、中国烹饪协会、全国餐饮职业教育教学指导委员会、广东省烹饪协会、省内外 80 多所中、高等职业院校等单位代表和烹饪大师代表共商烹饪教育改革发展大计。

7.2.2 国际主要烹饪赛事

1）博古斯世界烹饪大赛

博古斯世界烹饪大赛（Bocuse d'Or）是以世界最著名的法国大厨 Paul Bocuse 的名字命名的烹调大赛，享有"厨艺奥运"之名，是一个面向顶级餐饮行业、美食行业以及豪华酒店行业的高级职业俱乐部式的行业展会。该赛事每两年举办一次，汇聚了全世界最著名的烹饪大师，决赛地为法国里昂。

博古斯世界烹饪大赛于 1987 年由世界厨艺泰斗保罗·博古斯创办。每两年，世界各地才华横溢的厨师于一月底齐聚里昂，在这一世界顶级烹饪大赛上切磋厨艺。经过多年来的发展，这一盛会已被誉为"烹饪界的奥林匹克"。参加博古斯世界烹饪大赛已成为世界顶级厨师的梦想，他们更以参加这样的盛会为自己的最高荣誉。

法国博古斯世界烹饪金奖大赛及法国里昂国际酒店、餐饮、食品展组委会中国区主席博德力先生说："博古斯世界烹饪大赛既是一个世界顶级厨师的竞赛，也是一个融合世界烹饪文化的创新舞台。中国西餐业引人瞩目的发展使中国厨师成为博古斯舞台不可或缺的角色。我们认为中国的烹饪艺术是世界美食中的一个非常重要的部分，我们希望看到众多的中国厨师冲击中国区预选赛，同时希望中国选手在法国博古斯世界烹饪金奖大赛上取得优异成绩，就像中国运动员冲击历届奥运会最终取得了奥运大国的地位一样。"

知识链接

世纪最佳厨师 Paul Bocuse

Paul Bocuse（保罗·博古斯），1926 年生于法国里昂近郊 Collonges-au-Mont-d'Or，曾在多所法国厨艺培训学校学习，之后服务于数家法国著名餐厅。

保罗·博古斯

精湛的厨艺使其自 1965 年以来连续 41 年获得米其林三颗星的最高荣誉。多年来，保罗·博古斯一直积极致力于推动法式西餐发展：开办餐厅、创建餐饮培训学校、撰写烹饪书籍，其功绩不仅得到了业内的一致认可，而且获得了法国国家政府特别颁发的"国家荣誉勋章"。

美国《时代》周刊曾评出的"60 年来影响世界的人物"榜，他也成为其中之一，而另一位法国入选者，是戴高乐。有人比喻道："如果把世界烹饪界比作一个舞台，那么担任指挥的，非保罗·博古斯莫属。"

他是博古斯烹饪大赛的发起人，也是当今法式西餐界公认的厨艺泰斗。看着全世界层出不穷的烹饪新方法，保罗·博古斯依然坚持自己的观点："烹饪就像音乐，很难在形式上创造什么。因为翻开任何一本烹饪书籍，都会发现烹饪方法几乎已经包罗万象。实现创新需要很高的境界，仅仅把巧克力和番茄混在一起或者把番茄和果酱混在一起，都不是创造。而且，新的东西往往并不能持久，很多今天的新鲜玩意儿到明天就过时了。像音乐演奏一样，在烹饪中'诠释'已经足够，不需要更多外在形式。当然，'诠释'要考虑不同的文化背景。"还有一点，博古斯也一直坚持："想成为一名优秀的厨师，就一定要努力、努力、再努力。"

2018 年 1 月 20 日，这位传奇人物，在距自己 92 岁生日仅有 1 个月的时候，于里昂家族老宅中安详离世，而这个房间也是他 92 年前降生的地方。而楼下房间就是家族几代人为之奋斗的那间著名餐厅—— L'Auberge du Pont de Collonges。

"我们以沉痛的心情告诉大家，保罗·博古斯已与世长辞。我们的'领袖'于 1 月 20 日——即将踏入 92 岁前——离世。他不只是一位爸爸和丈夫，也是一位心灵上的父亲、国际美食界的代表人物以及三色国旗的旗手。现在，他已离开我们而去。"博古斯家族在保罗·博古斯本人的官方 Facebook 和 Instagram 中发布了这一消息。

在近一个世纪的人生旅途中，博古斯拥有许多称号，创造了许多历史，他的名字随着当代法餐一起，在全球美食界成了一个符号、一个品牌、一种灯塔式的存在。人们用轻盈和简洁来形容他的烹饪风格，称他为 20 世纪 60 年代以后兴起的"新法餐"（Nouvelle Cuisine）的代表人物，以区别于过去烦冗和厚重的"法国大餐"（Grande Cuisine）。对很多人来说，博古斯就是法餐"教父"。

法国总统马克龙在他逝世后发表讲话。"法国餐饮行业失去了一个传奇人物",他说,"从爱丽舍宫的厨房到整个法国,每一个厨师都在哭泣。但他们也将继承他的工作。"里昂餐饮大亨 Christophe Marguin 对法国媒体说:"对我来说,神已经死了。"纽约法餐巨头 Daniel Boulud 说:"保罗先生,谢谢你,我 14 岁刚开始学厨时,你就是我最重要的影响者。你的关怀、慷慨和智慧,将永远引领我的厨师之路。"

(资料来源:百度百科.)

2) 中国烹饪世界大赛

中国烹饪世界大赛是世界最高水平的中餐比赛,素有"中餐奥林匹克"之称。大赛通常四年一届轮流在各国举行。参加每届中国烹饪世界大赛的参赛团队和厨师由各国中餐烹饪协会选拔。

中国烹饪世界大赛通过各国间中国烹饪技术表演与比赛弘扬了中华饮食文化、发扬了中餐技艺、探讨促进了中餐业发展、开拓了中餐饮食市场、扩大了中国烹饪的影响、提高了中国烹饪的国际竞争力。

历届中国烹饪世界大赛如下。

1992 年,第一届中国烹饪世界大赛在中国上海举行。

1996 年,第二届中国烹饪世界大赛在中国上海举行。

2000 年,第三届中国烹饪世界大赛在日本东京举行。

2002 年,第四届中国烹饪世界大赛在马来西亚吉隆坡举行。

2004 年,第五届中国烹饪世界大赛在中国广州举行。

2008 年,第六届中国烹饪世界大赛在中国北京举行。

2012 年,第七届中国烹饪世界大赛在新加坡举行。

2016 年 9 月 19—21 日,第八届中国烹饪世界大赛在荷兰最大港口城市鹿特丹举行。来自全球 23 个国家和地区的 48 支代表队参加了此次大赛。本次比赛首次在亚洲之外的欧洲城市举办,比赛除了烹饪大赛、美食论坛和厨艺展示,还举行了中国及欧洲食品展览。对参观此次活动的公众来说,他们不但能够享受全球最高水平的中国美食盛宴,领略顶尖的烹饪艺术,还能了解中国厨艺的最新潮流和未来发展趋势。

3) 世界技能大赛

（1）世界技能组织

世界技能组织的前身是"国际职业技能训练组织"（International Vocational Skills Organisation, IVTO）,成立于 1950 年,由西班牙和葡萄牙两国发起,后改名为"世界技能组织"（World Skills International）,目前总部设在荷兰阿姆斯特丹。其宗旨是,通过成员之间的交流合作促进青年人和培训师职业技能水平的提升。通过举办世界技能大赛,在世界范围内宣传技能对经济社会发展的贡献,鼓励青年投身技能事业。

世界技能组织目前共有 69 个国家和地区成员,我国于 2010 年 10 月正式加入世界技能组织,成为第 53 个成员国。

（2）世界技能大赛举办时间

世界技能大赛,每两年举办一次,号称技能领域的"奥林匹克"。迄今为止,世界技能大赛共举办了 45 届。其中，第 41 届世界技能大赛于 2011 年 10 月 5—8 日在英国伦敦举办，我国第一次组团参赛。

第 42 届世界技能大赛于 2013 年 7 月 2—7 日在德国东部城市莱比锡（Leipzig，Germany）举行。

第 43 届世界技能大赛于 2015 年 8 月 10—16 日在巴西圣保罗（SãoPaulo，Brazil）举行。

第 44 届世界技能大赛于 2017 年 10 月 14—19 日在阿联酋阿布扎比举行，中国参加了 47 个项目比赛，获得了 15 枚金牌、7 枚银牌、8 枚铜牌和 12 个优胜奖，取得了中国参加世界技能大赛以来的最好成绩。并且以 15 枚金牌列金牌榜首位，还获得"阿尔伯特·维达尔奖（Albert Vidal Award）"大奖。江苏省政府记烘焙项目金牌获得者蔡叶昭个人一等功，认定副高级专业技术职称，晋升高级技师职业资格，优先推荐评选"省有突出贡献的中青年专家"、享受国务院政府特殊津贴人员，奖励 50 万元，授予蔡叶昭"江苏工匠"称号；记糖艺 / 西点项目优胜奖获得者吕浩然三等功，晋升高级技师职业资格，奖励 15 万元；奖励烘焙项目专家团队 50 万元，奖励糖艺 / 西点项目专家团队 15 万元；记蔡叶昭、吕浩然的培养单位苏州市王森教育咨询有限公司集体一等功。

第 45 届世界技能大赛于 2019 年 8 月 22—27 日在俄罗斯喀山举行，来自世界技能组织 69 个成员国家和地区的 1 355 名选手将在 6 大类 56 个项目开展竞技。此次世赛中国代表团由选手、专家、翻译、工作人员等 210 人组成，其中参赛选手 63 名，获得 16 金 14 银 5 铜，再次荣登金牌榜、奖牌榜、团体总分第一。其中，王森国际咖啡西点西餐学院学生钟玲轶（女）获糖艺 / 西点制作项目银牌，王森国际咖啡西点西餐学院教师张子阳获烘焙项目铜牌，昆明高级技工学校学生蔺永康获烹饪（西点）项目铜牌，中国东方航空股份有限公司职工吴佳妮（女）餐厅服务项目优胜奖。人力资源社会保障部对获得金牌的同志，予以通报表扬，各奖励人民币 30 万元（免税），并按有关规定由相应职业资格实施机构为其晋升高级技师职业资格，或按有关规定由相应职业技能等级认定机构为其晋升高级技师职业技能等级。同时，获得金牌项目的中国技术指导专家组（含技术指导专家、教练和翻译，下同）各人民币 30 万元（免税）。对获得银牌的同志，予以通报表扬，各奖励人民币 18 万元（免税），并按有关规定由相应职业资格实施机构为其晋升技师职业资格，或按有关规定由相应职业技能等级认定机构为其晋升技师职业技能等级。同时，对其中国技术指导专家组各奖励人民币 18 万元（免税）。对获得铜牌的同志，予以通报表扬，各奖励人民币 12 万元（免税），并按有关规定由相应职业资格实施机构为其晋升技师职业资格，或按有关规定由相应职业技能等级认定机构为其晋升技师职业技能等级。同时，对其中国技术指导专家组各奖励人民币 12 万元（免税）。对获得优胜奖的同志，予以通报表扬，各奖励人民币 5 万元（免税），并按有关规定由相应职业资格实施机构为其晋升技师职业资格，或按有关规定由相应职业技能等级认定机构为其晋升技师职业技能等级。同时，对其中国技术指导专家组各奖励人民币 5 万元（免税）。对金、银、铜牌和优胜奖获得者中未获得过"全国技术能手"荣誉的，根据有关规定，由我部授予"全国技术能手"荣誉。对其他入围集训选手的同志，予以通报表扬，并按有关规定由相应职业资格实施机构为其晋升职业资格一级，或按有关规定由相应职业技能等级认定机构为其晋升职业技能等级一级。

教育部办公厅《关于做好有关高校保送录取世界技能大赛获奖选手工作的通知》（教学厅〔2020〕3 号）指出，凡在世界技能组织主办的世界技能大赛中获奖的中国国家代表队选手，符合有关省（区、市）高考报名条件的中职毕业生，可保送至高校相应的高职或本科专业；符合有关省（区、市）专升本报名条件的高职毕业生，可保送至高校相应的本科专业。中职或高职在校生在其应届毕业当年获得保送资格，且保送录取本科专业的高校限本科层次职业学校和应用型普通本科高校。

中国上海获得2021年第46届世界技能大赛举办权。

（3）世界技能大赛项目

根据世界技能组织规则，每届世界技能大赛的比赛项目都会有所增减。2019年俄罗斯喀山第45届世界技能大赛共设有56个正式比赛项目，涉及结构与建筑技术、创意艺术与时尚、信息与通信技术、制造与工程技术、社会及个人服务、运输与后勤6个竞赛领域，其中，社会与个人服务领域包括烘焙、糖艺/西点制作、烹饪（西餐）、餐厅服务和酒店接待等项目。

①烘焙。烘焙项目指制作各种烘焙产品并将其投入市场以备商用、制作精致的装饰面包以供展示的竞赛项目。比赛中对选手的技能要求主要包括制作各种各样的烘焙产品；利用自身技能制作精致的装饰面包；根据原料质量、食品卫生及安全等因素制作产品；调整配方并适应环境变化；工作效率高，用料节俭；艺术创新和创造等。

②糖艺/西点制作。糖艺/西点制作项目指运用自身的艺术才能和美食禀赋，在规定的时间和预算内，为不同场合制作精美绝伦、口味出众的高质量糖艺作品、糕点与甜品的竞赛项目。竞赛赛程为4天，共有4个模块。模块1是糖艺展示作品；模块2是庆典蛋糕制作；模块3是巧克力糖果制作；模块4是甜点制作，此模块属于神秘模块，考验选手的临场技能发挥。比赛中对选手的技能要求主要包括环保节约、有序计划、卫生安全；理解不同原材料的特性并通过正确的生产技能加工原材料；理解食材的色彩搭配、口味组合和质地协调；用不同材料制作糖果、巧克力和糕点，运用巧思对其进行装饰。

③烹饪（西餐）。烹饪（西餐）项目要求选手在16小时内准备4道16份高质量菜品，包括汤、主菜、甜点。依据商业厨房规则，考核选手订购、储存、准备、加工食材和展示菜品的能力。赛前最后时刻揭晓主要神秘食材和举办国食材是项目的最大难点和亮点。

④餐厅服务。餐厅服务项目指考核选手对客礼仪、推销技巧、桌前菜肴制作、酒水及咖啡制作和不同西餐形式服务的竞赛项目。比赛中对选手的技能要求主要包括具备广泛的国际餐饮知识；掌握一套完整的服务总规则；沉着、机智，良好的仪容仪表及行为举止，能与客人进行良好互动；灵活服务，根据不同场合提供适宜的服务；遵循职业健康与安全规范，最低浪费及环保操作的有关规范。

⑤酒店接待。酒店接待项目是旅游服务业的一项竞赛项目，是酒店关键的形象窗口，更是一门对客接待服务艺术。经济全球化和人口流动变化以及交通方便快捷，极大地推动了酒店旅游业的繁荣发展，同时对酒店服务管理的前台接待提出了新的更高要求。比赛中对选手的技能要求主要包括职业形象、礼仪修养、沟通表达艺术、宾客公共关系、销售技巧、英语书面和口语表达、旅游文化知识、解决突发事件的能力、计算机互联网应用、收银知识、预定程序、接待问询、入住退房等业务知识和技能的熟练应用。这些服务技能决定客人的满意度，影响酒店服务的品质声誉。因此，酒店接待是一个真正的国际化和全球化的职业，从业人员要具备较高的综合职业素养。

4）世界奥林匹克烹饪大赛

世界奥林匹克烹饪大赛是世界厨师联合会认证的国际顶级专业赛事，1900年由德国厨师卡尔马索班兹在法兰克福创办，1956 年起每 4 年举办一届，同期举办国际食品展会。百年间，越来越多的国家和专业厨师选手参与此项比赛并将在比赛中获奖视为从厨生涯的至高荣誉。中国商业部曾在 1988 年和 1996 年两次组建中国国家烹饪代表队，委派中国烹饪大师李耀云和葛贤萼等领队参加了第十七、第十九届德国奥林匹克烹饪大赛，取得了 7 枚个人金牌、1 枚银牌、1 枚铜牌和 1 枚团体铜牌。由于种种原因，自 1996 年后，中国就没有组建国家烹饪队参加此项大赛。

近年来，随着中国综合国力提高，中华美食文化的国际影响逐年提升，中国美食全球共享已成为大势所趋。时隔 20 年，中国烹饪队第 3 次参赛。2016 年 10 月 21—25 日，第 24 届奥林匹克世界烹饪大赛在德国埃尔福特市会展中心举行，来自全球 45 个国家和地区的代表队参赛，分为国家队、青年厨师组、专业组等多个组别，以及冷展台、热厨房、面点艺术等多个项目。中国烹饪国家队参加了 22 日的冷展台和 24 日的热厨房两大项目，在烹饪技艺、甜品艺术和热厨房 3 个项目评定中，分别斩获 1 枚银牌，再次让中国味道在世界舞台扬威。

2020 年 2 月 14—19 日，由世界厨师联合会主办，德国厨师协会协办的第 25 届世界奥林匹克烹饪大赛在德国斯图加特举行，大赛吸引了来自全球 70 多个国家和地区的专业厨师团队参赛。由中国烹饪协会组建的中国国家烹饪代表队荣获 2 项世界冠军、1 枚金牌、3 枚银牌、3 枚铜牌 9 项大奖的优异成绩。

[任务总结]

各级各类烹饪职业技能竞赛在经验上不断积累和在赛制上探索，参与烹饪职业技能竞赛的人数逐年增加，社会影响力不断地扩大。由于烹饪职业技能竞赛人数增加，烹饪职业技能竞赛在全社会的知名度和影响力与日俱增。随着经济发展对烹饪技能人才数量和质量提出新要求，烹饪职业技能竞赛无疑是引领新时代烹饪职业培训和烹饪高技能人才培养的一面旗帜。

任务 3　探讨中国厨师节活动

[案例导入]

最大剁椒鱼头

2013 年 10 月 19 日，第 23 届中国厨师节在湖南长沙开幕，其中一大亮点便是"洞庭鱼头王·剁椒鱼头"申报吉尼斯纪录现场制作演示活动。现场制作的罕见有机鳙鱼长 1.4 米，重 56 千克，由湘菜大师许菊云领衔制作出"剁椒鱼头王"，并在现场进行了拍卖。起拍价是 5 000 元，最终被某餐饮企业以 13.2 万元高价拍到，所有款项将捐赠给贫困学生。至于这份巨型"剁椒鱼头"，就送给现场观众品尝了。

这条从慈利江垭水库打捞上来的鳙鱼王鱼头重约 18 千克，仅装鱼头的盘子直径就有 1.68 米，灶具、蒸笼也是特制的。这么大的鱼一般腥味很重，肉质也偏粗，为了保证这道特殊"剁椒鱼头"的色、香、味完美展现，许菊云的团队精心制订方案，在烹制手法和调料使用方面都做了充分准备。

经过近两小时的猛火蒸制，世界最大的"剁椒鱼头"在"湘菜故里"长沙亮相。吉尼斯工作人员经过现场测量、公证，为这道"剁椒鱼头王"颁发了相关证书。

[任务布置]

中国厨师节是我国餐饮业最具规模和国际影响力的品牌活动。其规模大、档次高、影响面广，堪称厨师界的盛典。那么，中国厨师节是从哪年开始举办的？已举办了多少届？每一届的具体情况又是怎样的呢？请通过学习完成表7.3。

表7.3　历届中国厨师节举办情况一览表

届　次	年　份	举办城市	主办单位	协办单位	主要活动
一					
二					
三、四					
五					
六					
七					
八					
九					
十					
十一					
十二					
十三					
十四					
十五					
十六					
十七					
十八					
十九					
二十					
二十一					
二十二					
二十三					
二十四					
……					

[任务实施]

🍥 7.3.1 中国厨师节的起源和组织

1) 厨师节的起源

"中国厨师节"活动始于 1991 年，由杨朝升、叶述先、朱刚发起创办。最初由济南、杭州、上海等全国十二大城市参加，名为"全国十二城市厨师联谊节"，这个名称一直沿用到 1998 年在上海举办的厨师节。1999 年，从第九届开始更名为"中国厨师节"。2000 年，第十届中国厨师节的规模和档次得到了进一步发展。2003 年，中国厨师节被正式列入国务院批准的餐饮行业振兴计划中的重大活动之一。2004 年经联合国非政府组织同意，每年 10 月 20 日正式定为世界厨师日。截至 2014 年，中国厨师节已经在不同的城市成功举办了 24 届。

2) 厨师节申办条件

①当地具有较好的烹饪文化基础，餐饮市场繁荣。
②当地政府重视餐饮业发展，支持申办工作。
③交通便利，具有相应的活动场所和接待能力。
④热情支持厨师节活动，多次组团参加。
⑤申办报告整体设想明确，工作计划具体可行，并确定本地筹备机构和人员。
⑥得到全国广大地区和餐饮同行认同，具有一定的号召力和影响力。
⑦经费方案合理可行，有一定经济实力保证。

3) 组织委员会

为了加强中国厨师节的组织工作，成立中国厨师节组织工作委员会。在中国烹饪协会的领导下，中国厨师节组织工作委员会负责中国厨师节活动的组织工作。中国厨师节组织工作委员会委员由各省市和厨师节发起城市以及各界热心厨师节活动组织的代表组成，委员的产生经委员会会议和中国烹饪协会通过。委员会设立主任、副主任和秘书长，聘请名誉主任和顾问。为更好地协调全国各地的组织工作，委员会秘书处办公地点设在中国烹饪协会，与各地协会和有关方面共同做好组织工作。

4) 机构职责

①负责中国厨师节的组织领导工作，确保厨师节各项活动顺利和成功举行。
②组织召开组委会工作会议，确定厨师节活动主题、活动方案等。
③协调工作中的有关事项，及时向中国厨师节组委会、主办方和相关单位汇报和通报工作进展情况。
④总结本届厨师节各项工作情况，提出改进工作意见和创新建议。
⑤审议厨师节的财务状况，确保厨师节所接受的大型活动专项资金、企业及团体资助等一切收入均用于厨师节的各项活动开支。

🍥 7.3.2 历届中国厨师节概况

1) 第一届中国厨师节

1991 年 10 月 20—26 日，首届厨师节在济南市举办，由济南烹饪协会承办，济南市委、政府、人大、政协大力支持。山东省副省长郭长才、济南市委书记（市长）翟永博、市人大主任李元荣、副市长王丕俊、政协副主席王炳琴等领导出席厨师节开幕式，名厨胡长岭同省市领导上主席台并同台讲话。南京、长沙、杭州、合肥、广州、上海、福州、西安、成都、沈阳、北京宣武区、济南共12个城市或地区的厨师代表参加，其中有正式代表300余人，观摩代表2 000余人。

2) 第二届中国厨师节

1992年10月20—26日，第二届厨师节在南京市举办，由南京烹饪协会饮食集团承办，南京市政府大力支持。南京市人大主任马昭宏、副市长钟裕辉、市政府副秘书长张树成等领导出席厨师节开幕式。南京、长沙、杭州、合肥、广州、上海、福州、西安、成都、沈阳、北京宣武区、济南、哈尔滨、苏州、常州、郑州共16个地区的厨师代表参加，其中有正式代表400余人，观摩代表5 000余人。

3) 第三、第四届中国厨师节

1994年10月20—26日，第三、第四届厨师节在长沙市举办。此届厨师节由长沙烹饪协会承办，长沙市政府大力支持。湖南省副省长周时昌、长沙市市长王柏林、市财办主任谬佐明等领导出席厨师节开幕式。南京、长沙、杭州、合肥、广州、上海、福州、西安、沈阳、北京宣武区、济南、郑州、洛阳、烟台、泉州共15个地区的厨师代表参加，有正式代表500余人，观摩代表4 500余人。

1993年第三届厨师节举办时间由于赶上全国性体制改革和全国第三届烹饪大赛，在预备会上经大家讨论决定第三、第四届合起来在长沙市一起办。

4) 第五届中国厨师节

1995年10月20—26日，第五届厨师节在杭州市举办。此届厨师节由杭州烹饪协会、市饮食公司承办，杭州市政府大力支持。南京、长沙、杭州、合肥、广州、上海、福州、西安、成都、沈阳、北京、济南、哈尔滨、郑州、南昌、烟台、宁波、香港共18个地区的厨师代表参加，有正式代表500余人，观摩代表3 000余人。此届厨师节开始收取参会费用，以会养会。由于厨师节参与城市越来越多，因此将原"十二城市联谊厨师节"更名为"全国大中城市联谊厨师节"。

5) 第六届中国厨师节

1996年10月20—26日，第六届厨师节在合肥市举办。此届厨师节由合肥饮食集团、合肥市烹饪协会承办，合肥市政府大力支持。南京、长沙、杭州、合肥、广州、上海、福州、西安、成都、沈阳、北京、济南、哈尔滨、南昌、太原、烟台等地区的厨师代表参加了本次活动，有正式代表600余人，观摩代表3 500余人。

6) 第七届中国厨师节

1997年10月20—26日，第七届厨师节在福州市举办。此届厨师节由福州市政府主办，福州市财办、福州市烹饪协会承办。福州市人大副主任张守祥、福州市副市长黄耀梅、福州市政府办公厅副主任曾守华、商务部原副部长张世尧等应邀参加本次厨师节。济南、南京、上海、广州、合肥、西安、成都、天津、福州、哈尔滨、乌鲁木齐、太原、南昌、长春、烟台、香港、台湾等地区的厨师代表参加了本次活动，有正式代表 800 余人，观摩代表 4 000 余人。

7) 第八届中国厨师节

1998 年 10 月 21—24 日，第八届厨师节在上海市举办。此届厨师节由上海市黄浦区政府、上海市烹饪协会主办，上海杏花楼集团承办，上海市政府大力支持。上海市副市长冯国勒、黄浦区区长张来庆等领导嘉宾出席厨师节开幕式。济南、南京、福州、广州、杭州、天津、合肥、上海、长沙、西安、成都、哈尔滨、南昌、长春、乌鲁木齐、烟台、青岛等地区的厨师代表参加了本次活动，有正式代表 1 000 余人，观摩代表 8 000 余人。

8) 第九届中国厨师节

1999 年 10 月 26—29 日，第九届厨师节在天津市举办。此届厨师节由国家内贸局、天津市政府共同主办。国家内贸局消费司副司长、天津市长、副市长等领导嘉宾出席了厨师节开幕式。南京、长沙、杭州、合肥、上海、福州、西安、成都、济南、哈尔滨、南昌、太原、海口、昆明、重庆、武汉、南宁、港澳台、大连、烟台、青岛等地区的厨师代表参加了本次活动，有正式代表 1 500 余人，观摩代表 5 000 余人。

此届厨师节由原来民办公助的联谊厨师节改为政府主办国内贸易局参与的政府行为，把原"全国大中城市联谊厨师节"更名为"全国厨师节"。

9) 第十届中国厨师节

2000 年 9 月 26—29 日，第十届厨师节在广州市举办。此届厨师节由国家内贸局、广州市政府主办。国家内贸局副局长苟培泉、广州市副市长王守初、广州市旅游局负责人等领导嘉宾出席厨师节开幕式。中国南京、长沙、杭州、合肥、广州、上海、福州、西安、成都、济南、哈尔滨、南昌、太原、海口、昆明、重庆、武汉、南宁、大连、烟台、青岛、港澳台等地区和德国的厨师代表参加了本次活动，有正式代表 1 600 余人，观摩代表 8 000 余人。

10) 第十一届中国厨师节

2001 年 5 月 24—28 日，第十一届厨师节在西安市举办。此届厨师节由中国商业联合会、西安市政府主办。中国商业联合会副会长王晋卿、西安市副市长张凡等领导出席厨师节开幕式。南京、长沙、杭州、合肥、广州、上海、福州、西安、成都、济南、哈尔滨、太原、南昌、长春、海口、昆明、天津、武汉、青海、烟台、大连、洛阳等地区的厨师代表参加了本次活动，有正式代表 1 200 余人，观摩代表 10 000 余人。

11) 第十二届中国厨师节

2002 年 10 月 25—27 日，由中国商业联合会、四川省人民政府和世界中国烹饪联合会支持，中国烹饪协会和成都市人民政府主办的"第十二届中国厨师节"在四川成都天一生态大世界举行。

来自全国各地的烹饪精英 6 000 余人参加了此次盛会，其中来自日本、新加坡及欧美等国和地区的观摩者有 200 多人。我国台湾地区的朋友也组成了台南团和台北团，出现在中国名宴的展示现场。金箔宴、孔明宴、长安八景宴、雪域风情宴和面点展示、拉面绝活、食雕比拼都成为此届厨师节的亮点。据不完全统计，厨师节 3 天共迎海内外宾客约 3 万人。

12) 第十三届中国厨师节

2003年10月15—18日，第十三届中国厨师节在江西南昌市隆重举办，来自全国各地及港澳台地区和海外10多个国家的60多个代表团近万名代表参加了本次活动。

此届厨师节活动正式列入商务部振兴餐饮业的重大活动，并更名为"中国厨师节"。其间，组委会一共开展了6大品牌活动：一是中华烹饪美食暨"中国名菜、中国名点、中国名宴"认定会；二是全国风味小吃美食展销；三是烹饪技艺表演和餐饮企业对口交流活动；四是全国餐饮技术用品、食品调料品展销会；五是举办中国烹饪论坛；六是开展"中华金厨奖"表彰。中国烹饪协会名厨专业委员会第二届年会同时也在南昌举行。

13) 第十四届中国厨师节

2004年10月20—23日，"劲霸调味品杯"第十四届中国厨师节暨中国海峡两岸美食节在福建省福州市隆重举办，来自全国各地（含香港地区和台湾地区）以及海外8个国家的96个代表团近万名代表和来宾参加活动，创下历届厨师节组团的最高纪录。

此届厨师节的主要活动内容有"中华烹饪美食展暨'名点、名宴、名菜'认定会""中华风味小吃展销""全国名厨专业委员会年会和中外烹饪技艺表演""全国餐饮博览会""中国餐饮烹饪论坛""中华闽菜文化游"等。

14) 第十五届中国厨师节

第十五届中国厨师节暨第七届武汉（国际）美食文化节于2005年10月18—20日在武汉隆重举办。此届厨师节遵循"塑造知识型厨师，引导品牌健康消费"主题，本着把厨师节办成世界厨师的节日、中国餐饮业的盛会的宗旨，通过一系列大型活动成功举办，向世界展示了博大精深的中华饮食文化，抒写了精彩美食、魅力中华的又一传奇篇章。全国30个省、自治区、直辖市和解放军、大型餐饮企业以及高等院校的42个代表团、1 500余人前来参会，1万多名来自海内外的专业人士到会观摩。

组委会对活动项目进行严格筛选，推出了首届全国中餐技能创新菜大赛、全国名厨联谊活动、中华美食精品菜点和宴席展示、中华风味美食展销、中华金厨奖颁奖晚会等系列特色活动。

15) 第十六届中国厨师节

第十六届中国厨师节于2006年10月20日在中国厨师之乡顺德盛大开幕，并于22日圆满闭幕。以"时代创新厨艺，世界同享佳肴"为主题的此届中国厨师节虽然只有短短的两天时间，而且是第一次在一个小小的区县举办，却是有史以来规模最大、阵容最豪华整齐、活动最丰富的厨师节。

此届厨师节共规划展览面积3万多平方米，布设展位800多个，来自世界25个国家、地区和全国省、自治区、直辖市的2 000多名专业厨师和1万多名非专业厨师亮相此次厨师节。大会在两天时间内精心组织了餐饮博览会，中华金厨奖和中国大师、名师表彰颁奖大会，2006年全国烹饪技能竞赛，世界中国烹饪联合会举行15周年庆典及表彰活动，世界烹饪联合会"红口袋"中外烹饪比赛，"顺峰杯"首届厨艺绝技演示鉴定大会，烹饪机器人表演，中华风味美食展，顺德美食图片展、顺德美食风情游、餐饮灯谜会、花车巡游等近20项活动。

16) 第十七届中国厨师节

第十七届中国厨师节暨 2007 南宁·东南亚国际旅游美食节于 2007 年 10 月 19—31 日成功举办。此届厨师节的主题是"弘扬中华餐饮文化，推动中外厨艺交流，展现民族菜风采，增进中国—东盟美食文化交流。"遵循以厨师为本，以弘扬民族餐饮文化为宗旨，以美食展示、美食品尝、节庆游乐为特点，集饮食、休闲、商贸、旅游为一体，推动餐饮业的技术创新和品牌塑造，厨师节活动成为国际餐饮行业交流展示的盛会、老百姓参与品尝及餐饮文化展示交流的盛会。同时，推动中国餐饮行业的技术创新和品牌塑造，弘扬博大精深的中华饮食文化，扩大中国烹饪厨艺在世界的美誉度和知名度。

17) 第十八届中国厨师节

第十八届中国厨师节于 2008 年 10 月 17—20 日在北京举行。此届厨师节由中国烹饪协会、北京市商务局、北京市西城区人民政府联合主办，并共同成立第十八届中国厨师节组织委员会。同时，由世界中国烹饪联合会主办的第六届中国烹饪世界大赛与此届厨师节在同一时间、同一地点举办。中国全聚德（集团）股份有限公司承办上述两项活动。"第十八届中国厨师节"的活动主题：弘扬中华饮食文化，提升行业社会影响力，展示北京"中国美食之都，世界餐饮之窗"的崭新风采。

18) 第十九届中国厨师节

2009 年 10 月 18—20 日，为期 3 天的第十九届中国厨师节在扬州市体育公园体育馆圆满闭幕。扬州作为此届厨师节的主办城市，在此期间举办了丰富多彩的活动，成为此届厨师节的亮点。此届厨师节以"烹绿色餐饮，享健康人生"为主题，展现了烹饪事业"百花齐放"的发展成果，弘扬了中华餐饮博大精深的文化内涵。

此届厨师节期间举行的第二届高等学校烹饪技能大赛暨首届全国高校餐旅类专业创业大赛、首届中国市长餐饮发展论坛、2009 年中国餐饮业博览会暨中国（扬州）国际餐饮业供应与采购博览会等 15 项主要活动，为来自全国各省市的代表团及名厨和来自美国、日本、澳大利亚、德国、韩国等 20 多个国家和地区的海外同仁提供了切磋技艺、交流经验的平台。

19) 第二十届中国厨师节

2010 年 9 月 11—13 日第二十届中国厨师节暨首届中国清真美食节在新疆乌鲁木齐市举行，共有 7 大类 21 项活动，其中包括综合类活动、展览类活动、节庆类活动、展赛类活动、旅游类活动、互动类活动和表彰类活动。美食节期间，还举办了丝绸之路旅游推介、第二届中国市长餐饮论坛，2010 年中国餐饮业博览会，首届中国清真美食展，全国清真创新烹饪技能大赛，新疆清真美食大世界吉尼斯世界纪录认定和名菜、名点、名宴鉴定会以及西域 36 国炊饮器皿展等活动，来自国外 15 个国家和国内 28 个省市的 2 000 多位代表参加。

20) 第二十一届中国厨师节

2011 年 10 月 18 日，第二十一届中国厨师节暨首届滇池泛亚国际美食节在昆明国际会展中心隆重开幕。在开幕式上，分别取自云南曲靖珠江发源地、玉溪江川年虎铜案青铜器发现地、楚雄元谋县元谋人遗址、红河建水孔庙、大理剑川海门口、香格里拉梅里雪山和德宏芒市边境山寨的"火镰薪火""钻木薪火""燧石薪火""竹片火""竹筒薪火""天火""排波薪火"在商务部、云南省商务厅、昆明市政府、中国烹饪协会、世界中国烹饪联合会和世界厨师联合会领导以及海内外餐饮业厨师和企业家们的共同见证下汇集到一起，共同点燃了主会场"七彩薪火"火盆，以此寓意"薪火传承""生生不息"。

此届中国厨师节以"绿色美食汇云南，民族盛宴聚泛亚"为主题，持续3天。除保留往届的"全国中餐技能创新大赛总赛""国际中餐青年厨师争霸赛""中国餐饮百强投资考察及商贸合作洽商会""中华厨艺绝技表演"等传统活动外，还新增了"中国滇菜饮食文化形象大使选拔""北京人民大会堂国宴大师亲民互动"等活动。厨师节期间，各地民间厨艺高手联袂为春城市民带去了难得一见的绝活绝技表演，如九十米萝卜丝、面吹气球等绝活。

21) 第二十二届中国厨师节

2012年10月20—23日，第二十二届中国厨师节在河南省开封市举办。此届厨师节由中国烹饪协会、河南省人民政府主办，开封市人民政府承办。来自全国30个省市自治区的近2 000名厨师代表参加了伊尹祭拜仪式、全国餐饮业群英大会暨中华金厨奖表彰大会、全国厨师联谊晚会——千鸡宴、中原饮食文化论坛、全国名厨烹饪大赛、全国餐饮业餐厅服务技能竞赛以及特色美食展、首届中原餐饮博览会等一系列精彩活动。

此届厨师节开幕式彰显了开封作为"七朝古都"的深厚底蕴。"大宋·东京梦华"大型实景文艺演出以《清明上河图》为背景，市井小贩的穿梭叫卖、迷离绚烂的灯光、婉约的诗词歌舞、飞扬的马蹄、缓步的驼队……厨师代表欣赏了一台如梦如幻、仿佛穿越千年、交织着历史沧桑和文化咏叹、美轮美奂的开幕式晚会。

伊尹祭拜仪式是此届中国厨师节的重要活动之一，也是此届厨师节的一大亮点。拜祖仪式在伊尹故里杞县葛岗镇空桑村举行，来自全国各地的大师、名厨在伊尹广场祭拜这位厨师鼻祖。中国烹饪协会副会长刘秀军、河南省餐饮协会副秘书长张海林等为伊尹像敬献花篮，伊尹第140代掌门孙伊、海誉等3人以及相关领导和厨师代表为伊尹像敬香。

22) 第二十三届中国厨师节

第二十三届中国厨师节于2013年10月19—21日在长沙举办，此届厨师节由中国烹饪协会和湖南省人民政府主办，由长沙市人民政府、湖南省商务厅承办，长沙市商务局、长沙市会展办、长沙市旅游局执行承办。

本届中国厨师节以"弘扬饮食文化，推动厨艺交流，倡导绿色餐饮，服务经济发展"为主题，围绕主题开展了长沙30家餐饮企业与全国餐饮名店名厨对口交流、中国餐饮博览会、湘菜食材展销会、经典特色湘菜菜品展示、特色小吃展卖、湘菜"剁椒鱼头"申创吉尼斯世界纪录、中华湘菜厨王争霸赛等体现湖南特色、展现湖湘文化的活动。

此届活动严格按照"国八条"和中央、省市关于节俭办会的精神，本着勤俭而不失热情，高效而不失成果的原则，对各项活动的规模进行压缩，对活动内容进行调整，在优化活动内容的同时对厨师节的总体经费预算做了相应精减，在原预算的基础上精减财政预算资金100多万元。

23) 第二十四届中国厨师节

2014年5月30—6月1日，第二十四届中国厨师节在烟台举行。本届中国厨师节由中国烹饪协会、烟台市人民政府主办，市商务局、旅游局承办，主题是"弘扬饮食文化，推动厨艺交流；倡导绿色餐饮，服务经济发展"。展览面积12 000平方米，共设餐饮用品展、调味品展、腌制品展、食品展、餐饮企业采购洽谈会、厨房厨艺书籍、各地农副土特产以及酒店宾馆各类用品展销、厨房设备、管理系统等专业展区，其中80%为特装展位。来自27个省、自治区、直辖市以及韩国等国家和地区的120多家企业、1 500多名行业代表参会参展。其间，举办了鲁菜至尊大师烹饪技艺传承展示、中国鲁菜之都特装展、中国厨师节博览会、最大规模卷饼吉尼斯、中国名厨精品菜展评、中国名厨书画摄影展、烟台特色餐饮展等10多项丰富多彩的特色活动，参会参展人数突破10万人，贸易成交5 000多万元。同时，开幕式上举行了"中国鲁菜之都"授牌仪式，烟台成为继成都、重庆、乌鲁木齐、舟山、银川、湛江、临安、常熟后的全国第九个美食之都。

24）第二十五届中国厨师节

2015年9月10—12、13、15日，第25届中国厨师节分别在广州、香港和澳门举办，主题是"弘扬中华饮食文化，推动餐饮产业升级"。本届厨师节除延续往届的固定活动外，新增加了中国美食峰会、中国厨师烹饪技艺大比武全国总决赛，中国厨师首次走进香港、澳门地区举办"中华美食推广日"等精彩活动。同时，首批注册中国烹饪大师授勋、"中国最美厨师"评选表彰和中华金厨奖表彰成为中国厨师界最高荣誉的颁奖盛典。为搭建中国餐饮产业链全景展示交易平台，为供需双方降低交易成本提供最佳解决方案，厨师节期间还举办了CRE第五届中国餐饮业联合采购大会暨中国餐饮业供应与服务展、中国绿色食材食品展和首届"中国盛宴"美食博览。同期同场举办的2015中国（广东）国际旅游产业博览会、第十三届中国（广东）国际酒店用品博览会将与厨师节相得益彰、交相辉映，堪称名流汇集、文化荟萃、好戏连台、盛况空前。

25）第二十六届中国厨师节

第二十六届中国厨师节于2016年10月20—23日在陕西渭南举办。本届厨师节以"弘扬中华饮食文化、推动餐饮产业发展、展示烹饪技艺风采、拉动餐饮市场消费"为主题。在厨师节期间，来自全国各地的餐饮界人士齐聚渭南，500多家企业参展参会，一起聆听了中国名厨报告，观看了金厨颁奖典礼，见证了师徒传承峰会，感受了餐饮采购热情，欣赏了水果烹饪技艺。洽川拜始祖，华山论厨艺，同州赛陕菜，老街品美食，这些活动对弘扬陕菜、发展陕菜、振兴陕菜是一次极大的鼓舞，宣传了渭南，展示了渭南，推介了渭南，渭南的对外形象得到了进一步提升。希望各位精英能够继续弘扬中国饮食文化，让中华美食走向世界。

此次厨师节，渭南通过打造"陕菜之都"品牌、祭拜中华烹饪始祖伊尹以及举办"华山论剑"中国厨师烹饪技艺大比武总决赛这三大亮点，更加让人们认识到陕菜以及中华饮食文化的源远流长。

26）第二十七届中国厨师节

2017年10月13—15日，第二十七届中国厨师节在重庆市举办。本届中国厨师节以"弘扬中华传统饮食文化、展示德艺双馨厨师风采、传承创新中餐烹饪技艺、助力全国餐饮产业发展"为主题，以重庆南坪国际会展中心为主会场，举办多项活动。如重庆"中国小面之都"的授牌仪式，中国烹饪大师名人堂亮相，年度"中华金厨奖""中国最美厨师"获奖厨师颁奖盛典暨注册中国烹饪大师授勋仪式，第七届中餐技能创新大赛，厨师职业技能"命题"比武，中国厨师节美食峰会，第十四届中国餐饮食品博览会，第三届中国酒店及餐饮业职业教育国际论坛，渝菜品鉴带来"中国盛宴"等。

27）第二十八届中国厨师节

2018 年 10 月 19—21 日，第二十八届中国厨师节在湖北宜昌召开。本届中国厨师节由中国烹饪协会与宜昌市人民政府共同主办，以"弘扬华夏美食文化、展示当代厨师风采、倡导绿色健康餐饮、促进餐饮行业发展"为主题。共 31 个省、自治区、直辖市的千余名中国烹饪大师、厨师精英和中国烹饪工作者同场切磋交流技艺。通过中国厨师节美食峰会、2018 中国名厨大会、宜昌主题文化菜品设计与创新技能竞赛、职业技能大比武、三峡美食节、食材博览、小吃狂欢节等丰富多彩的内容和形式，增进了行业交流，激发了创新活力，向社会广大消费者展现了中国餐饮产业发展的新水平。

28）第二十九届中国厨师节

2019 年 9 月 23—25 日，第 29 届中国厨师节在天津举办。本届厨师节的主题为"展大师厨艺，品津门美食，挖掘特色饮食文化，献礼祖国 70 年华诞"。厨师节期间，举办了中国厨师节开幕式，中国厨师节美食峰会，中国盛宴暨第二十九届中国厨师节欢迎晚宴，中华金厨奖颁奖盛典暨注册中国烹饪大师授勋仪式、2019 中国烹饪大师名人堂师徒传承鉴证盛典，第八届全国烹饪技能竞赛总决赛、第八届全国中餐技能创新大赛、第五届中国厨师职业技能大比武、第十六届中国餐饮食品博览会等精彩活动。

29）第三十届中国厨师节

2021 年 6 月 16—18 日，第三十届中国厨师节由中国烹饪协会、河北省商务厅、河北省冬奥办、张家口市人民政府，在张家口市联合举办。

[任务总结]

截至 2021 年，中国厨师节已经在不同的城市成功举办了 30 届。其目的是通过厨师节的举办，进一步弘扬中华饮食文化，加强全国各地餐饮业的技术交流，营造尊重厨师、崇尚创新的良好气氛，鼓励厨师为我国餐饮业的发展不断努力奋斗。作为行业例会，中国厨师节已成为我国餐饮行业中最具规模和影响力的品牌活动，对加强行业交流，推动行业发展，弘扬中华饮食文化发挥了重要作用。一年一度的中国厨师节，已经被誉为中国"厨师峰会""世界厨师的奥林匹克"和"餐饮行业的广交会"。

 任务 4　调研美食节的现状

[案例导入]

广州国际美食节

广州国际美食节的前身是 1983 年在广州酒家举办的"名菜美点评比展览"。1987 年 9 月 25 日至 12 月 10 日第一届广州（国际）美食节隆重举行，此后每年在秋交会前后举行。从 1997 年开始，广州国际美食节由广州市政府主办，其规模及影响力逐年扩大。逐渐形成了以"食"为主，集饮食、娱乐、商贸、旅游于一体，成为既具有鲜明的地方特色，又具有国际性、广泛性、群众性、专业性、科学性的著名旅游节庆活动。20□□□□□节于11 月 22 日至 12 月 1 日在番禺区雄峰国际美食文化城举办，主题沿用"□□□□饮食文化，展广州美食之都风采"。广州国际美食节作为广州一年一度的旅游与饮□盛事，吸引了大量海内外专业人士和广大市民的参与，它对弘扬中华饮食文化，尤其是广州独具特色的饮食文化，加强海内外旅游饮食界的交流与合作，拉动内需，刺激消费，促进广州社会经济和旅游业的发展，丰富市民节日生活都起到了很好的推动作用。

[任务布置]

目前，很多地方都举办美食节。那么，什么是美食节？美食节有哪些种类？举办美食节的目的和意义是什么？美食节的现状、问题和发展方向有哪些？下面，我们来学习本专题（图 7.2）。

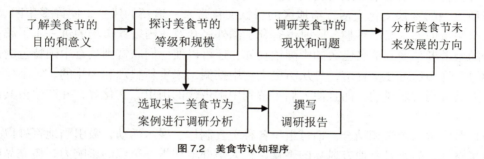

图 7.2 美食节认知程序

[任务实施]

7.4.1 举办美食节的目的和意义

美食节是一种以制作、展示、推广、品尝美味食品为主要内容而刻意创造的节日，或利用传统节日或有纪念意义的事件赋予美食含义而形成或创造的节日。

节日，通常指纪念的日子，也是传统的庆祝或祭祀的日子。既然是节日，就包含着庆典或喜庆的概念。古往今来，无论是东方人还是西方人，对节日都有着一种特殊的感情。美食节就是利用人们这种对节日的感情，借美食节的机会进行美食促销的。举办美食节具有重要的经济价值和社会意义。

1）增加经济效益，塑造餐饮企业形象

对举办者和餐饮经营者而言，美食节是一种美食的营销、展示活动，是树立和提升品牌重要而有效的手段之一，同时还能够增加食品销售与经济效益。

餐饮经营中定期举办美食节活动对塑造餐饮企业形象、体现企业精神有重要作用。当前，许多企业希望通过各种途径来体现企业精神，形成自己的企业文化。因为企业精神对企业长期发展、获得顾客认可、带动企业全面健康发展具有积极作用。通过美食节来体现和展示自己的企业文化、企业精神，具有直观性、具体性等优点。

2）适应市场变化需求，满足客人求新心理

对餐饮消费者而言，美食节是一种了解美食、品尝美食的全民活动，可以丰富自身的饮食生活。

在当今，人们的消费观念也在不断更新，对餐饮消费的需求，已不再满足于传统单一的就餐方式，人们总是在追求不断变化的消费形式。由于餐饮市场竞争越来越激烈，餐饮经营者为了满足人们的各种消费需求和竞争需要，就要不断推出各种美食节活动以适应市场变化发展的趋势。

举办美食节活动，顺应了人们的意愿和社会的发展，在菜品上不断出新，在经营上立意新颖。美食节活动在菜品质量上有更高的要求，就是在正常一日三餐的经营中来点新鲜感，满足客人喜新厌旧的进食心理。美食节活动的场地布置，也使就餐的环境在氛围上产生了新的特色。

3）产生良好的社会效应

尽管美食节活动是某个地区餐饮行业或企业的经营促销形式，但对于所在地域来讲，丰富了当地人民的餐饮文化生活，给地区的餐饮文化带来一道新的风景，使许多集团、公司、企业社交关系增添了新的雅趣，同时也有利于国外民众对我国餐饮市场的进一步了解；除了使来华的旅游者享受到慕名已久的中国饮食外，还可以使他们欣赏到具有中国特色的饮食文化情趣等。许多仿古宴美食节，是从历史文化中挖掘出来重新整理和编排的，它不仅可以使中外客人品尝到古之风韵，而且使人们了解到中国古代的历史、文化等，并产生极其深远的影响。

美食节常常与旅游相结合，通过组织各种美食制作、展示活动，吸引当地百姓以及国内外游客来参观、品尝具有地方风味的美食，扩大举办地和举办单位的影响力，树立品牌，提升知名度，促进地方旅游业和餐饮业发展，宣传地方美食文化，丰富百姓饮食文化生活。

7.4.2　美食节的等级与规模

1）全国性美食节

如中国烹饪协会、太原市人民政府共同举办、江南集团承办的"中国·太原国际面食节"，中国烹饪协会、江苏省经贸委、淮安市人民政府联合举办的"中国·淮安·淮扬菜美食文化节"，中国饭店协会和某一地方政府共同举办的"中国美食节"，中国烹饪协会、中国旅游协会、宁波市人民政府联手举办的"中国（宁波）国际海鲜美食节"等。这类美食节由于其由上而下的重视，无论在宣传、招商、管理，还是在卫生等各个环节往往都做得相当出色，具有较为广泛的社会影响力和社会满意度，对于改善举办城市的投资环境和城市知名度起着积极的作用。

2）地方性美食节

如北京市海淀区人民政府主办、海淀区商委、海淀区饮协联合举办的"首届中关村国际美食节"，福建省龙岩市举办的"首届汀州客家美食节"，以及原先由盱眙县举办，后来升格为江苏省政府举办的"中国龙虾节"等。

3）企业性美食节

由一家餐饮企业或几家餐饮企业联手举办的美食节，如北京万豪酒店"泰国美食节"、杭州开元名都大酒店"绍兴经典菜美食节"等。

7.4.3 美食节的现状和问题

我国的美食节最早出现在 20 世纪 80 年代，其主要内容是制作、展示和品尝美食。美食节成功举办，可以使人们十分全面、详细地了解和认识举办地区以及当地的美食品牌，极大地提高当地的知名度。但目前举办的美食节良莠不齐，还存在许多问题。

1）环保问题突出

低碳、环保生活已被世人认可，美食节聚积了人气，迎来了财源，但有些美食节现场可以用"脏、乱、差"来形容，破坏了环保。给人印象最深的是游客消费完的食品残渣不能有效处理，沿途的垃圾桶里堆满了塑料盒子、竹签、纸巾，整洁的地面被汤水、果汁浸染，烧烤类摊位生成的油污附着在地面上。一些参展工作人员的围裙和套袖上沾满了油渍，身后乱七八糟地堆放着满是油污的纸箱子和蛇皮袋。美食节环保问题，与举办方、参展商、游客自身的素质都有关系。如举办方考虑不够周到，给参展商提供的食品粗加工场所较少；提供的设备不全；设置的垃圾桶不够多，不方便游客舍弃废物；管理不到位，对破坏环境行为缺乏有力的惩罚措施；参展商唯利是图，不注意环保；游客随手乱扔垃圾等行为。这些成为美食节的突出问题。

2）美食卫生有待加强

民以食为天，食以洁为本。美食给游客带来的是原始的、人类本能的快乐，这种快乐得以安全、卫生为前提，否则，游客得到的会是呕吐、腹泻、高烧等。美食节客流量大，存在不少卫生安全隐患，主要表现在 3 方面。一是参展商不自觉，销售不符合卫生要求的食品。虽然组委会已与参展商签订合同，明确了食品卫生管理要求，但部分参展商无视规定，甚至不服从卫生监督员的监督，趁卫生监督员不在摊位现场时偷偷销售不符合卫生要求的食品，如染色臭豆腐、着色鹌鹑、着色乳鸽等。二是参展商雇请的临时工大多数都无有效健康合格证明，由于需要足够多的人手，许多参展商临时雇用了工人，基本不会对这些工人进行健康体检。三是由于摊位有限，需要加工的食品只能在展位后方的空地进行，加工场地卫生条件简陋。美食节卫生问题，与主办单位、承办单位、参展商等都有关系。

3）美食价格过高

物美价廉、物有所值，是游客衡量旅游质量的重要标准。但在美食节中，物超其值是普遍现象。据调查，美食节大多数小吃都比市面上的同类小吃贵两成以上。以 2010 年南宁·东南亚国际美食节为例，一份冰冻西瓜，一般在南宁市区卖 1 元，最高卖 2 元，但是在美食节现场却卖到 5 元；烤牛肉，一般在南宁的烧烤摊上卖 15 元 10 串，在美食节现场却卖 20 元 10 串……过高的价格让前来品尝美食的游客进退两难：不远万里来美食节不吃什么觉得冤枉，吃了太多东西又觉得花了不少冤枉钱。美食价格不合理，也使游客看得多买得少。

4）美食品种重复，特色不突出

特色是个性，呈现与众不同之处；特色是品质，蕴含着丰富的内容；特色是资源，具有吸引力和开发价值。品种重复、特色不突出，几乎是食客对美食节最大的抱怨。在各个美食节上几乎都能寻觅到烤肉、臭豆腐、叫花鸡、撒尿牛丸等食品，甚至一次美食节上就有多家摊位卖同样的美食。以 2010 年 11 月 3 日落幕的台州经济开发区东商务区美食节为例，大连铁板鱿鱼和烤羊肉串几乎占据了美食节的半壁江山，与前者同名的就有 8 家，后者虽然打着诸如大西北烤肉、蒙古烤肉、阿凡提烤肉等不同招牌，但实际上就是辣椒少放点和多放点的差别。虽然一些美食节上也推出了一些地方特色美食，但并不足以撑起整个美食节。

5）宣传不到位

纵观全国各地举办的美食节，发现大多数美食节宣传上存在诸多问题，如缺少明确的宣传主题、宣传的主题与美食节的内容不太相符、宣传口号不响亮、宣传途径太少等，对美食节都会产生影响。以广西环江毛南族自治县 2010 年第一届五香美食节为例，活动主题定位是"五香"美食（香猪、香鸭、香菇、香牛、香米），主要目的是宣传推广本地"五香"特色美食，这是环江饮食的特色。宣传的主题不错，但宣传的主题与美食节的内容不太相符，唱主角的应是本地"五香"特色美食，但事实上是外来的烧烤摊、兰州拉面和杂货铺子喧宾夺主。"五香"美食节，实为"内蒙古烧烤节"。此次美食节宣传的途径少，知名度低，参与的人很少。

6）尚未形成品牌，缺少吸引力

品牌是无形资产，其价值不可估量。品牌从出生到成长，需要经营，其中商品的品质是其物质内涵，文化是其灵魂，两者缺一不可。具备两者后还要运用各种手段加以营销推广，这需要时间，需要金钱，需要文化，需要策略，需要整合。目前，全国举办的美食节有泛滥之势，在市场竞争越来越激烈的时代，需要打造品牌美食节以吸引人气，提高知名度和美誉度。

美食节的这些问题，与食客求安全、求新、求奇、求美、求知等心理不太吻合。必须采取有效措施，使美食节发挥更大优势与作用，为餐饮业更好地发展助力。

🔔 7.4.4　美食节的提升策略

1）充分认识，高度重视

主办方应当从思想和观念上充分认识举办美食节的重要意义和目的，树立和提升美食品牌形象，增加经济效益，丰富百姓饮食生活。而对地方政府及相关部门和行业协会而言，更应当重点关注地方特色美食节与打造、提升地方美食品牌形象之间的密切关系。

2）精心策划，办出特色

美食节重在特色，尤其是地方特色。举办美食节时应深入、全面地挖掘本地的独特饮食文化、烹饪技术、风味特色乃至独特的烹饪原料、餐饮器具等，并且将其独特之处精心设计、运用到美食节之中，在美食节的特色和打造特色美食品牌上起到锦上添花的作用。

3）严格管理，确保质量

作为美食节的主办方，在挖掘地方特色、精心设计美食节的各项活动和内容之后，还要对美食节的全过程严格地进行管理，确保质量，实现预期目的。首先，从美食节的餐饮招商开始严格把关，所有餐饮商家无论企业还是个人，都必须技术过硬、身体健康、拥有相应的证照。其次，对食品加工制作过程和进餐环境有效地进行管理，与卫生防疫、质量监督等部门密切合作，对烹饪原料选择、初加工、切配、烹调和餐饮器具使用等进行监督检查，发现问题，及时并且严厉查处，让假冒伪劣食品的制作者付出沉重代价，以儆效尤。再次，在醒目的位置设立餐饮质量咨询投诉点，充分发挥消费者的监督作用，加大检查监督的广度和力度。

总之，只有充分认识美食节的重要意义并高度重视，以博大精深的饮食文化、丰富的物产和千姿百态的美味菜点为基础，精心设计，严格管理，才能打造出特色鲜明，品质优良，具有较高知名度和影响力的美食节。

[任务总结]

美食节是以正常的餐饮经营为基础，以多种美食为表现形式，以系列主题餐饮产品为推销目的的营销活动。美食节和正常餐饮产品的销售方式有所不同，是产品内容上更丰富多彩、经营方式上更灵活多样、活动方式上更变化多端、社会影响范围上更深入广泛、组织过程上更复杂难控的一项食品展销活动，可以说，美食节活动是餐饮企业餐饮产品销售的延伸与发展。

【课堂练习】

一、单项选择题

1. 下列属于企业性节事活动的是（　　　　）。
   A. 中国厨师节　　　　　　　　B. 丰泽园饭店举办的第八届海参文化节
   C. 港澳台风土人情文化美食节　　D. 广东省首届"省长杯"中式烹调师技能大赛
2. 全国烹饪技术比赛，是以提高厨师技术水准为目的而举行的技术交流活动。从 1983 年开始，每（　　　　）年举办一次。
   A.2　　　　　　　B.3　　　　　　　C.4　　　　　　　D.5
3. 在全国职业院校技能大赛中获得国家奖的参赛者，通过相应的理论考试后，将会直接取得（　　　　）认证。
   A. 中级工资格　　　B. 高级工资格　　　C. 技师资格　　　D. 高级技师资格
4. "普通教育有高考，职业教育有（　　　　）"，是近几年教育部提出的号召。
   A. 鉴定　　　　　　B. 技能　　　　　　C. 竞赛　　　　　　D. 实习
5. 第（　　　　）届厨师节正式更名为"中国厨师节"。
   A. 九　　　　　　　B. 十　　　　　　　C. 十二　　　　　　D. 十三
6. 下列美食节是以某一类原料为主题命名的是（　　　　）。
   A. 海鲜菜肴美食节　B. 圣诞美食节　　　C. 夏之夜美食节　　D. 金秋硕果美食节
7. 下列美食节以食品功能特色为主题的是（　　　　）。
   A. 饺子宴美食节　　B. 药膳菜点美食节　C. 系列火锅美食节　D. 法国菜美食节
8. 博古斯世界烹饪大赛的创办人保罗·博古斯（Paul Bocuse）是（　　　　）。
   A. 美国人　　　　　B. 法国人　　　　　C. 德国人　　　　　D. 英国人
9. 中国美食节始创于（　　　　）年，由国内贸易部批准，由中国饭店协会联合有关地方人民政府及商务主管部门共同主办，多次被列为商务部重点支持展会。
   A. 2000　　　　　　B.2005　　　　　　C.2010　　　　　　D.2015

二、多项选择题

1. 有两个城市已分别举办了两届厨师节，这两个城市是（　　　　）。

A. 江苏南京   B. 湖南长沙   C. 广东广州

D. 浙江杭州   E. 福建福州

2. 目前美食节的问题有（　　　　）。

A. 环保问题突出   B. 美食卫生有待加强   C. 美食价格过高

D. 美食品种重复，特色不突出   E. 宣传不到位

3. 进入第三十一届博古斯世界烹饪大赛决赛的亚洲国家是（　　　　）。

A. 日本   B. 泰国   C. 韩国

D. 新加坡   E. 中国

4. 2019 年 5 月 16—22 日，作为亚洲文明对话大会的活动之一，亚洲美食节在（　　　　）同期举行，以美食为纽带，推动亚洲美食文明大发展、文化大交流、人民大联欢。

A. 北京   B. 广州   C. 成都

D. 杭州   E. 西安

5. 下列属于第四十五届世界技能大赛正式比赛项目的是（　　　　）。

A. 烘焙   B. 糖艺 / 西点制作   C. 烹饪（西餐）

D. 餐厅服务   E. 酒店接待

三、填空题

1. "中国厨师节"活动始于_____年，原名为_____。

2. 首届厨师节在_____举办，由_____承办。

3. 第二十一届中国厨师节上的"七彩薪火"火盆，寓意是_____，_____。

4. 第二十三届中国厨师节在_____举行。

5. 职业技能竞赛实行分级分类管理，通常可以分为国家级、_____、_____三级，国家级又分为国家级_____竞赛和国家级_____竞赛。

6. 博古斯世界烹饪大赛是由世纪最佳厨师 Paul Bocuse 于 1987 年创立于法国，每_____年，来自世界各地的厨师都会齐聚法国_____，参加厨师比赛。

7. "世界技能组织"的前身是"国际职业技能训练组织"，成立于 1950 年，由西班牙和葡萄牙两国发起，目前总部设在荷兰_____。世界技能大赛，每_____年举办一次，号称技能领域的"奥林匹克"。

8. 世界奥林匹克烹饪大赛是全球顶级烹饪赛事，_____年由德国厨师卡尔马索班兹在法兰克福创办，_____年起每 4 年举办一届，同期举办国际食品展会。

9. 2019 博古斯世界烹饪大赛总决赛的冠军是_____队，_____队和_____队分获亚军和季军。

【课后思考】

1. 烹饪节事活动有哪些特点和作用？

2. 举办烹饪职业技能竞赛有什么意义？

【实践活动】

以小组为单位，策划举办校园美食节的具体方案。

项目8
中外烹饪交流与互鉴
——走向世界的中国烹饪

　　我们所居住的地球，有着100多个国家以及数量众多的民族。他们要吃饭，便有了烹饪。相处一起，必然有交往，也便有了交流。这样，中国烹饪传往许多国家，许多国家的烹饪也传入我国。这种交流，从烹饪原料开始到烹调技法、烹饪设备都有。在历史的长河中，由于自然环境、社会文化等多种原因，导致了中外烹饪方面的差异。随着全球化浪潮不断推进，世界各国的烹饪也"大交流"与"大融合"。"文明因交流而多彩，因互鉴而丰富""文明有姹紫嫣红之别，没有高低优劣之分"。中国要永葆"烹饪王国"的桂冠，就必须了解世界烹饪、研究世界烹饪、借鉴世界烹饪。

知识教学目标

◇ 了解世界烹饪的三大体系及其代表性国家的烹饪特点和特色美食。

◇ 了解中外烹饪交流的历史和现状。

◇ 理解中西烹饪的主要差异。

◇ 知道中国烹饪的优势、面临的挑战和走向世界的主要举措。

能力培养目标

◇ 能够收集、整理有关中西烹饪方面的文献资料。

◇ 能够分析中西烹饪的主要差异。

思政教育目标

◇ 扩展学生知识面，拓宽学生国际视野，提升学生的文化修养。

◇ 增强学生对中国烹饪文化的认同感和自豪感，树立正确对待中西方烹饪文化的观念。

任务1　了解世界各国烹饪的基本特色

[案例导入]

丝绸之路另一端，改变世界烹饪的国度

非洲——这块神秘的大陆，这个人类诞生的地方，从古到今都在丝绸之路的贸易上扮演着十分重要的角色。不过，非洲最"吸引人"的贡献应该是它为世界烹饪史作出的贡献——原产非洲的许多香料后来都成为"地球人都喜欢"的好东西。

非洲对世界烹饪的贡献甚多，改变世界烹饪之一的是芝麻。想象一下，如果东亚菜不用芝麻油烹饪，那么风靡美国的中国菜肴"左宗棠鸡"会是什么味道？如果没有香味醇厚的芝麻酱，那老北京卤煮、清真爆肚儿和东来顺的涮羊肉会是什么味道？

改变世界烹饪之二的是酸角。在南亚和东南亚，人们将它的种子经过浸泡制成酸角泥或者酸角汁，用来调制咖喱和酸辣酱。如果是在西方国家，人们常会用它来调制伍斯特沙司和烧烤酱。在非洲东部人们不仅用酸角来调制咖喱和调味酱，还会用它的果实做汤，这种汤在津巴布韦很受欢迎。酸角在新大陆被广泛使用，通常情况下，它和糖混合在一起制成一种酸甜口味的糖浆包裹在玉米壳上，它还可以作为调配碳酸饮料、苏打水，甚至是冰淇淋的糖浆。

改变世界烹饪之三的是罗盘草，它主要集中在非洲北部，在丝绸之路进行贸易中为迦太基和昔兰尼的财富积累奠定了一定的基础。厨师们视这种植物为珍宝，因为从它的根茎上收集到的树脂可以晒干制成粉末，这种粉末兼有洋葱及大蒜的味道。古时候的人根本不可能培植罗盘草，经过一系列的过度采摘、常年战争和生长环境的破坏，罗盘草在公元1世纪末或公元2世纪就灭绝了。罗盘草树脂的供应越来越紧缺，最终被原产于中亚的阿魏胶所替代。

改变世界烹饪之四的是胡椒，在非洲西部菜肴里它被称为kieng，仍然被广泛使用在日常烹饪中。在16世纪中叶，欧洲、西亚和南亚非洲胡椒的使用量和贸易量日渐缩小，从印度进口的黑胡椒和产自新大陆的辣椒作为替代品被广泛使用。

改变世界烹饪之五的是豆蔻，非洲豆蔻在13世纪欧洲胡椒紧缺的时候作为替代品被广为使用，当时的人们认为这是来自天堂的恩赐，因此称其为"天堂的种子"，它是另一种从现代亚欧菜肴中已经消失的丝绸之路上的香料，但是在非洲西部和北部一些地区仍有使用。

（资料来源：独家网，2014-12-12.）

[任务布置]

由于地理、气候、物产、人文等因素不同，世界各国的烹饪在原料选择、烹调技艺、菜品特点等方面，形成了各自鲜明的特色。但是，在一定地域内的各国烹饪之间，却仍有共同之处，即具有一定共性和近似的特点。归纳起来，世界烹饪大致可以划分为东方烹饪、西方烹饪和中东烹饪三大体系（图8.1）。那么，这三大体系如何划分？有哪些代表？又各有什么特点呢？

图 8.1　世界烹饪的三大体系

[任务实施]

🔔 8.1.1　东方烹饪

东方烹饪指以中国为中心包括东亚、东北亚和东南亚区域内的烹饪。东方烹饪已经有5000多年发展历程，因其活跃在东半球而得名。东方烹饪主要影响该区域内20多个国家和地区的16亿人口。其中有源远流长、博大精深的中国烹饪，闻名世界的"东洋料理"，以及近年来正在大力推动世界化战略的韩国烹饪……它们异彩纷呈，共同构筑起东方烹饪体系，使其在世界烹坛独树一帜。

1）中国烹饪

中国烹饪，历史悠久，内容丰富，技术精湛，流派众多，是千百年来中国人民创造的宝贵遗产，具有独特的民族特色和浓郁的东方魅力，其主要特点表现为以味的享受为核心，以饮食养生为目的的和谐与统一，是世界烹坛一朵瑰丽的奇葩。

2）日本烹饪

在古代，日本烹饪文化受中国影响很深，曾引进众多"华食"。1868年明治维新以后，由于资本主义迅速发展，日本烹饪文化中又充实进欧美"洋食"的成分。到了20世纪，日本则将"华食""洋食"与大和民族的"和食"巧妙融合，形成独具特色的"东洋料理"。

日本料理以地域可分为关东、关西料理。关东料理以东京料理为代表，口味较重，尤以四喜饭闻名。关西料理以京都料理、大阪料理（又称浪花料理）为代表，较关东料理的影响大。根据日本菜点的自身特色、形成过程、历史背景等，日本料理又可分为本膳料理、怀石料理和会席料理。

本膳料理起源于室町时代（约14世纪），以传统的文化、习惯为基础，是正统的日本料理体系，也是其他传统日本饮食形式与做法的范本。本膳料理一般分三菜一汤、五菜二汤、七菜三汤等形式，其中以五菜二汤最为常见。烹调时注重色、香、味的调和，也会做成一定图案以示吉利。古时候，本膳料理在日本上层社会中颇为流行，至江户时期，它一方面变得极为奢侈豪华，另一方面也在一般平民中通过办红白喜事而逐渐推广开来，现在本膳料理的形式越来越趋于简化了。

在各类日本传统料理中，怀石料理的品质、价格、地位均属最高等级。怀石料理，最早是从日本京都的寺庙中传出来的，有一批修行中的僧人，在戒规下清心少食，吃得十分简单清淡，但却有些饥饿难耐，于是想到将温暖的石头抱在怀中，以抵挡些许饥饿感，因此有了

"怀石"的名称。后来怀石料理将最初简单清淡、追求食物原味精髓的精神传了下来，发展出一套精致讲究的用餐规矩，从器皿到摆盘都充满禅意气氛。怀石料理讲究环境的幽静、料理的简单和雅致，必不可少的菜式为一汤三菜，汤即日本独有的酱汤，三菜即生鱼片、煮炖菜和烧烤菜。

会席料理是宴席上所有料理的总称，也叫宴会料理。随着日本普通市民社会活动的盛行，产生了料理店，形成了会席料理。它以简化了的本膳、怀石料理为基础，也包括各种乡土料理。现在日本饭店里供应的宴席料理大多属于此类。

2013年12月5日，联合国教科文组织将被称为"和食"的日本传统料理列入了世界非物质文化遗产名录。

日本特色美食有寿司、刺身、天妇罗、幕内盒饭、牛肉火锅等。

3）韩国烹饪

韩国位于朝鲜半岛南部，北部与朝鲜接壤，东部濒临东海，与日本隔海相望。韩国人的祖先本来是活跃在中亚的游牧民族，后来他们渐渐向东迁移，最后定居于东北亚和韩半岛。中国古代把他们称为东夷貊族，由于他们是游牧民族，因此长久以来形成了消费家畜肉类的饮食文化。1 000多年前，新罗和百济在韩半岛兴起，由于新罗和百济把佛教奉为国教，因此在他们统一的很长一段时间内食肉被禁止。后来到了高丽时期，虽然佛教依旧盛行，但随着游牧民族蒙古侵入，吃肉的风俗又恢复了，韩国古老的烤肉文化复活。和蒙古的关系建立后，在当时的首都开城，出现了一种叫作"雪下觅"的饮食，也就是今天的烤牛肉片。后来发明了一种即时烤肉的特殊装置，即在饼铛上钻洞，用饼铛下面的火来烤肉。朝鲜时代，奠定了儒家文化的统治地位，以孝为根本侍奉祖先，注重家长制的饮食生活，形成了像现在一样的韩国传统饮食生活体系。由此可知，韩国的烹饪是自然背景与社会、文化环境相融合发展起来的。

近年来，韩国大力推动"韩餐世界化战略"，以推动韩餐跻身世界五大料理（中国料理、法国料理、意大利料理、日本料理和泰国料理）之列。2013年，韩国越冬泡菜文化入选联合国教科文组织人类非物质文化遗产。韩国烹饪在其漫长的发展过程中，形成了自己固有的民族特色。

韩国特色美食有韩国泡菜、韩国拌饭（图8.2）、参鸡汤、冷面、海鲜料理、炒年糕等。

图8.2　韩国拌饭

🔔 8.1.2　西方烹饪

西方烹饪指分布于欧洲、美洲、大洋洲等区域的烹饪，有3 000多年的发展历史。它以法国烹饪为主干，以俄罗斯烹饪和意大利烹饪为两翼，还包括英国、德国、瑞士、希腊、波兰、西班牙、芬兰、加拿大、巴西、澳大利亚等国家的烹饪，主要影响该区域内的60多个国家和地区的15亿人口。其中有被誉为"世界艺术烹饪之家"的法国烹饪、被誉为"欧洲大陆烹饪之始祖"的意大利烹饪和"家庭美肴"之称的英国烹饪等。

1）法国烹饪

作为世界三大烹饪王国之一，法国的烹饪历史悠久，在西方最具影响和特色。但法国烹饪真正的发展是在16世纪亨利二世迎娶了意大利公主后，随着公主嫁到法国，意大利文艺复兴时期盛行的烹调技艺、烹饪原料、华丽的餐桌装饰艺术也被带到了法国宫廷，法国饮食在追求豪华、注重排场、烹调技术等方面迅速推进，并开始繁荣起来。

从路易十四开始，法国烹饪又获得了一次飞跃的机缘。随着法国国力上升以及路易十四自己也爱好奢华，法国菜从精致、美味发展到豪华、奢侈，宫廷餐宴排场盛大，菜肴品种繁多，豪华的程度已经成为欧洲各国之冠。路易十四还开始培养法国本土厨师以摆脱对意大利人的依赖，他举办全国性的烹饪大赛，获胜者会被招入凡尔赛宫授予"全法国第一食神"功勋奖，这就是"泉蓝带奖"，至今这个大奖依然是全法国厨师乃至全世界厨师梦寐以求的殊荣。之后的路易十五更在此之上将法国烹饪进一步发扬光大，法国饮食的品种和品质大幅度提高，并从注重排场转移到注重食物小巧精致、不断创新品种上，法国烹饪逐渐自成体系。厨师们的社会地位也随之大幅度提高，厨师成为了一项既高尚又富有艺术性的职业。

在法国大革命后，宫廷豪华饮食逐渐走向民间，成为大多数法国人都能享受到的佳肴。之后，拿破仑率军南征北战，法国烹饪随着拿破仑的大军传至欧洲各国，法国厨师也被各国聘请，法国烹饪的影响力传播到了欧洲各个角落，登上了"西餐之王"的宝座。精美的菜品、高超的烹饪技艺以及华丽的就餐风格让人们惊叹于法国饮食的华美，法国饮食以精致、浪漫、豪华征服了世界，从而奠定了法国美食在世界上的地位。

随着时代进步，法国烹饪也在不断变化。19世纪末，法国烹饪革命的代表人物艾斯科菲，针对法国烹饪传统的大排场提出"高雅的简单"主张，并且简化菜单，合理调整菜点的量，创制了许多新名菜，提升菜点的装饰艺术，为法国烹饪的发展作出了重大贡献。近年来，法国烹饪不断精益求精，并将以往的古典菜肴推向所谓的新菜烹调法，讲究风味、天然性、技巧性、装饰和颜色的配合。

21世纪以来，法国人开始推动他们的"烹饪和美食遗产"纳入联合国教科文组织的《人类非物质文化遗产名录》。2006年，在欧洲饮食史及饮食文化研究所、图尔大学的联合倡议下，法国顶尖名厨、知名学者、作家和文化界人士组成了一个法式烹饪"申遗"游说团，向文化和旅游部进言。游说团集中了法国当今3位厨神：连续40年荣获米其林美食指南三星级厨师（该项目评比的最高纪录）的保罗·伯库斯以及另外两位三星级厨师米谢·格瑞哈和阿莱·杜凯斯，他们提出了"烹饪是文化"口号。当时，联合国教科文组织刚刚在非物质文化遗产中添加了"无形的非物质文化遗产"不久。2008年2月23日，在第45届巴黎国际农业展开幕式上，法国总统萨科齐正式宣布法式烹饪的"申遗"决定，决心要让法国成为第一个将烹饪载入世界遗产名录的国家。2010年"法国大餐"申遗成功。

法国的特色美食主要有法式面包、焗蜗牛、鹅肝酱（图8.3）、奶酪羊鞍扒、烩土豆、洋葱汤等。

图8.3　鹅肝酱

2）意大利烹饪

意大利地处欧洲南部的亚平宁半岛，国民绝大多数信奉天主教。自公元前753年罗马城兴建以来，罗马帝国在吸取了古希腊文明精华的基础上，形成了先进的古罗马文明，从而成为当时欧洲的政治、经济和文化中心。

在古代，意大利是西方烹饪中历史最悠久、最杰出的风味流派，也可以说是欧洲烹饪的鼻祖。意大利的烹饪源自古罗马帝国宫廷，并且在15世纪以前就形成了独特的烹饪风格。在文艺复兴时期，意大利的烹饪艺术家充分展现出自己的才华，不仅制作出品种丰富、样式多变的菜肴，还制作出了以通心粉和比萨为代表的众多面食，并最终形成了意大利饮食独有的古朴风格，强调选料新鲜、烹饪方法简捷，注重原汁原味、菜式传统且有浓厚的家庭风味。用最简单的烹饪工艺制作出最精美、最丰富的菜点，成为意大利人对美食的理解与追求。意大利烹饪繁荣兴盛的局面，强烈地影响着其他西方国家。随着意大利公主嫁给法国亨利二世，作为陪嫁的30名厨师把意大利先进的烹饪方法和新的原料带到法国，极大影响和促进了法国烹饪的发展。意大利烹饪繁荣兴盛的局面一直保持到16世纪末，之后它在保持

图 8.4　比萨饼

自己特色与风格的基础上进入了长时间的平稳发展时期，欧洲烹饪的领导地位也由法国取代了。

意大利的特色美食主要有炖牛骨髓、米兰炸小牛肉、米兰炒米饭、意大利面、罗马烤鸡、通心粉素菜汤、焗馄饨、奶酪焗通心粉、肉末通心粉、比萨饼（图8.4）等。

2017年，意大利那不勒斯比萨制作艺术被列入联合国教科文组织的人类非物质文化遗产名录。

3）俄罗斯烹饪

作为一个地跨欧亚大陆的世界上领土面积最大的国家，俄罗斯虽然在亚洲的领土非常辽阔，但由于其绝大部分居民居住在欧洲部分，因此其烹饪更多受欧洲大陆影响，呈现出欧洲大陆烹饪文化的典型特征。从历史发展来看，俄罗斯的烹饪受其他国家影响很大，许多菜肴是从法国、意大利、奥地利和匈牙利等国传入后与本国菜肴融合而形成的。据资料记载，意大利人16世纪将香肠、通心粉和各种面点带入俄罗斯；德国人17世纪将德式香肠和水果带入俄罗斯；法国人18世纪初期将沙司、奶油汤和法国面点带入俄罗斯。俄国沙皇时代的上层人士非常崇拜法国，不仅以讲法语为荣，而且饮食和烹饪技术也主要向法国学习。经过多年演变，特别是由于特殊的地理环境、人文环境以及独特的发展，俄罗斯逐渐形成了自己的烹饪特色。

俄罗斯的特色美食主要有黑面包、鱼子酱（图8.5）、莫斯科红菜汤、莫斯科式烤鱼、黄油鸡卷、红烩牛肉、布林饼、欧拉季益、俄罗斯酸黄瓜、熏肠、俄式肉冻、俄式沙拉、含羞草沙拉等。

图 8.5　鱼子酱

4）美国烹饪

美国烹饪技术，与意大利和法国相比，虽然历史并不长，但风格独特。美国烹饪之所以能够在西方饮食中占有一席之地，与美国独特的地理气候和人文风俗有密切关系。

美国位于北美洲的南部，东临大西洋，西濒太平洋，北接加拿大，南靠墨西哥及墨西哥湾。土地辽阔，充沛的雨量、肥沃的土壤、众多河流湖泊，是美国烹饪形成与发展的物质基础。除此之外，美国烹饪的形成与发展，还得益于美国是一个典型的移民国家。自从哥伦布1492年发现美洲大陆后，欧洲的一些国家就开始不断向北美移民，在此开拓殖民地。在开发当地经济的同时，他们也把原居住地的生活习惯、烹调技艺等带到了美国，所以美国菜可称得上东西交汇、南北合流。但由于其中大部分居民都是英国人，且到了17世纪和18世纪后期，美国受英国统治，因此英式文化在这里占统治地位。现在，大部分美国人是英国移民的后裔，美国烹饪也主要是在英国烹饪的基础上发展而来的，另外又融合了印第安人及法、意、德等国家的烹饪精华，兼收并蓄，形成了自己的独特风格。

美国的特色美食主要有肯塔基炸鸡、布法罗鸡翅、烤火鸡、阿拉斯加鳕鱼柳、特大晴、科布色拉、夏威夷沙律、美国大龙虾、果塔饼干、苹果派等。

8.1.3 中东烹饪

中东烹饪又称阿拉伯烹饪、清真烹饪、穆斯林烹饪，因其诞生于阿拉伯半岛，与伊斯兰教同步发展而得名。中东烹饪以土耳其烹饪为代表，包括巴基斯坦、印度尼西亚、伊朗、伊拉克、科威特、沙特阿拉伯、巴勒斯坦、埃及等国家的烹饪，主要影响西亚、南亚和中北非的40多个国家和地区的7亿多人口。其中，土耳其被誉为"穆斯林美食之乡"。伊斯兰堡、雅加达、德黑兰、巴格达、科威特、利亚多、耶路撒冷、开罗等都市的特色馔肴，也都以"清""真"二字闻名于世。

1）土耳其烹饪

土耳其烹饪艺术起源于故乡中亚，继突厥人进入安纳托利亚之后吸收了地中海文化。数百年中经过苏丹宫廷的精加工和丰富，口味追求朴素自然的传统一直保留至今。在宫廷烹饪之外，安纳托利亚地区也形成了自己的烹饪特色。作为世界三大菜系之一，土耳其烹饪的影响遍及欧洲、亚洲、中东和非洲。

土耳其的特色美食主要有"卡八"（土耳其烤肉）、萨拉特、派德、季节沙拉"萨拉特"、传统甜点诺亚布丁等。

2011年，土耳其美食小麦粥被联合国教科文组织列入人类非物质文化遗产代表作名录。小麦粥是土耳其婚礼、宗教节日等重要场合不可或缺的一道传统仪式菜。小麦必须提前一天在祈祷中清洗完毕，然后放到大石臼中，随着当地传统音乐的伴奏声进行研磨。烹饪小麦粥通常在户外进行。婚礼或节日当天，由男女共同合作将铁壳麦、肉骨块、洋葱、香料、水和油添加到锅中熬煮一天一夜。到第二天中午时分，村寨里最强壮的年轻人用木槌敲打小麦粥，在人群的欢呼和特殊音乐声中，小麦粥被分给人们共同享用。这种饮食与表演相结合的方式，通过教授学徒而代代相传，已经成为当地人日常生活不可缺少的一部分。土耳其小麦粥通过代代相传加强了人们对社区的归属感，强调分享的理念，有助于推动文化多样性。

2）埃及烹饪

埃及是中东人口最多的国家，也是非洲人口第二大国，位于北非东部，领土包括苏伊士运河以东、亚洲西南端的西奈半岛。埃及是古代四大文明古国之一，曾经是世界上最早的国家，在经济、科技领域长期处于非洲领先地位。

埃及烹饪广泛使用大米、黄豆、羊肉、山羊肉、家禽和鸡蛋，大量食用奶酪（山羊奶酪）以及酸制品，也喜欢用蔬菜做菜，在沿海区域流行鱼肴。由于埃及的国教为伊斯兰教，因此埃及人禁食猪肉。

埃及烹饪以烧烤煮拌为主，多用盐、胡椒、辣椒、咖喱粉、孜然、柠檬汁调味。埃及有两种风格的烹饪：在富贵家庭流行法国烹饪和意大利烹饪，在贫困家庭则以阿拉伯烹饪为主。多种菜肴成分中都加有葱、蒜和辣椒。

特色美食主要有电烤羊肉、酥嫩全羊、大饼欧希、考谢利、锦葵汤等。

[任务总结]

虽然世界烹饪分为以法国、土耳其和中国为代表的三大流派，但就其实质而言，基本上属于两大类型：在农业经济基础上形成的农业烹饪以及在畜牧业经济基础上形成的牧业烹饪。中国烹饪属于农业烹饪范畴，法国烹饪和土耳其烹饪属于牧业烹饪范畴。除上述三大流派以外，世界上还有不少国家和地区的烹饪流派也很有特色。只是由于种种原因，它们还不具有世界性影响。

任务2　弄清中外烹饪交流的历史和现状

[案例导入]

"匠心品质、世界共享"中国美食走进联合国

当地时间 2017 年 5 月 30 日晚，为期一周的"匠心品质、世界共享"中国美食走进联合国中国美食节开幕仪式在纽约联合国总部隆重举行。

联合国助理秘书长巴齐奥塔斯，中国驻纽约总领馆文化参赞李立言，西班牙常驻联合国代表 Román Oyarzun Marchesi 大使，中国烹饪协会会长姜俊贤、副会长边疆，益海嘉里品牌总监周强，中国烹饪协会名厨委员会主席高炳义，美国中餐联盟总顾问陈善莊、主席朱天活等百余位嘉宾出席当晚活动。活动由中国烹饪协会副会长边疆主持。

姜俊贤在致辞中表示，中国烹饪协会致力于推动中餐"走出去"，在国际舞台推广中国美食文化，用美食"讲好中国故事、传播好中国声音"。近年来，协会连续组织了"中国美食走进联合国""中国非遗美食走进联合国教科文组织""中国非遗美食走进联合国维也纳总部"等中国美食文化国际推广活动。他说，本次美食节得益于联合国餐饮办公室的大力支持和积极指导，活动从中国八大菜系中分别选拔了优秀的烹饪大师，承担各场美食品鉴活动的制作及技艺展演项目；并特邀中国烹饪协会副会长、名厨委主席高炳义大师主持设计了本次美食节活动的菜谱，精选了一百余道中国精品美食，其中有不少是进入了中国非物质文化遗产名录的项目。相信未来一周时间里，凡是前来品尝的嘉宾们，都能全面感受到中国美食文化的魅力。

"在当今世界，中国在诸多领域的国际影响力越来越大，美食更是闻名全球。我们今晚在这里就领略到了中国美食文化的丰富多彩。"巴齐奥塔斯致辞时说。随后她饶有兴致地学习包粽子，并聆听了关于粽子历史渊源的介绍。

周强表示，此次"中国美食走进纽约联合国总部，享誉美利坚"活动，是金龙鱼与中国烹饪协会一系列合作的延续。近年来，金龙鱼一直以实际行动支持中国美食申遗与海外推广，去年更携手各菜系大师举办了川、徽、浙、鲁等菜系民间厨艺大赛，号召和影响了更多民间厨艺高手为地方饮食文化和烹饪技艺的传承共同努力。

晚会上，主办方展示了代表中国天南海北风味的美食，包括担担鳕鱼、雪莲金汤冰川瓜、翠菜炸生蚝、烤鸭、凤尾虾托、拔丝冰激凌、红馅水晶饺等各色菜肴。现场，食品雕刻大师岳振东现场表演了将西瓜变成刻有精美文字与图案的"灯笼"，令人惊叹不已；数十年研究和制作粽子等美食的烹饪大师王桂云、王长华在现场与来宾们进行了互动，教嘉宾包粽子；烹饪大师吴永东为观众带来了拉面绝活，赢得了热烈的掌声。

（资料来源：新华网，2017-06-02.）

[任务布置]

中国几千年的烹饪技术在世界烹饪发展史上，写下了光辉、璀璨的一页。从古至今，中外烹饪技术的交流从来没有停止过。中国烹饪"拿来主义"的兼收并蓄，使外来烹饪如潺潺流水汇入中国烹饪的汪洋大海，并成为其中的有机组成部分。同时，中国烹饪"送去主义"的外向开放，使中国烹饪如"润物细无声"的春雨洒遍世界，使世界不断认识和欣赏中国烹饪。正是这种精神，展示出中国烹饪的魄力、魅力、征服力和气度。那么，中外烹饪交流的历史和现状是怎样的呢？下面，我们来学习这方面的知识（图8.6）。

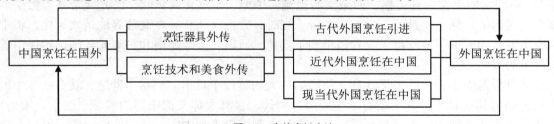

图8.6　中外烹饪交流

[任务实施]

8.2.1　中国烹饪在国外

中国烹饪自古以来便与海外进行着各种交流活动，这是中国烹饪发展中的重要篇章之一。

1）烹饪器具外传

在很长时间，中国烹饪在国外之所以声名远扬，并非出自烹调技术和美食传递，而是由于那些输出海外名目众多的锅灶、釜镬。这些物质文化的实体又是烹饪技术高超及饮食文化发达的生动体现。那时中国的烹饪技术虽无如此广阔的影响，然而中国式的烹饪器皿却从海上走遍了整个旧大陆。

早在商代晚期，中国的烹饪器具由于丁零等边区民族的大迁徙而向外传播，曾到达西伯利亚的外贝加尔湖地区，在那里从地下挖掘到的陶鼎和陶鬲就有 30 余件，其他各类陶器也都远布中国的西北和东南边境以外。汉代，中国式的烹饪器具被带到了马来亚。鼎，这种极古的烹饪器具，在中世纪转成"锅""炉"。宋代八大出口货物中，优质铁器占了一项，其中相当数量便是铁铸锅灶。南宋末年，中国铁鼎已是畅销阿拉伯、菲律宾、爪哇等近邻国家的大宗货物。到 14 世纪，又远销地中海，在大西洋滨摩洛哥的丹吉尔成为极受欢迎的货物。中国的烹饪文化也随之漂洋过海传遍了世界各地。

除了烹饪器具之外，华美的中国食器，也对中国烹饪在海外的影响起到了重要作用。18世纪，中国大量烧制专为外销欧洲的"中国外销瓷"。据最保守估计，在整个 18 世纪销量在6 千万件以上。在 19 世纪末中国社会急剧"西化"的过程中，中国式烹调却在西欧和美国开了花，许多中国式餐馆在西方正式开张。西方人在欣赏了中国华美的食器之后，便迫切想品尝盛在这些食器中的美味佳肴。各国饮食界纷纷邀请中国名厨前去传艺、献技，或派人来我国求学。中国烹饪已是世界饮食文化宝库中一颗璀璨的明珠。

2）烹饪技术和美食的外传

先秦时期，我国与域外各国的交往是有的，但史料记载较少，往往都带有"天方夜谭"式的神话色彩。秦统一中国后，特别是西汉文、景、武帝时期，大汉帝国国力强盛，与外国的文化交流活动逐渐多了起来。

汉武帝时期，朝廷曾派张骞多次出使西域各国，后来班超再次出使西域，和江都王刘建之女细君远嫁乌孙国王等友好活动，在中国与中亚，西亚各国之间，开辟了一条"丝绸之路"。中国文明迅速向外传播，西域文明也流向中原、东汉建武年间，汉光武帝刘秀派伏波将军马援南征，到达交趾（今越南）一带。当时，大批汉朝官兵在交趾等地筑城居住，将中国农历五月初五端午节吃粽子等食俗带到了当地。所以，至今越南和东南亚各国仍然保留着吃粽子的习俗。

从世界范围来看，受中华饮食文化影响较大的莫过于日本。早在 4 世纪，就有一些中国人经过朝鲜移居日本，其中就有不少厨师。唐代，鉴真大师又把中国的佛学、医学、酿造、烹饪等文化艺术带到日本。与此同时，大批日本僧人也来到中国，随着他们归国，唐代宫廷与民间美味也传到日本，中华先进的饮食文化对日本宫廷与民间的饮食生活产生了深远的影响。例如，日本宫廷的饮食制度就改效唐制，不少宫廷宴会也改用中国的烹饪方法，并时常派人来华学习和研究中式烹调。

唐代以后，中国的许多菜点在日本流行开来，如中国的环饼（即馓子），一种用面经油炸做成的类似麻花的食品，传到日本后，被称为"万加利"。又如粽子，传到日本后，日本人称之为"茅卷"，现在日本特色的粽子，如御所粽、道喜粽、葛粽、饴粽等，都是在中式粽子的基础上发展起来的，据日本学者木宫泰彦所著的《日中文化交流史》记载，唐宋以来，传到日本的中国风味饮食有胡麻豆腐、隐元豆腐、唐豆腐、馒头等。

值得一提的是，明清时期中日两国的烹饪交流也很频繁。日本人羽仓用九在日本天保甲寅年撰写了一本饮食专著，叫《养小录》。日本的铁研学人对此书的评价很高，"简堂翁（即羽仓用九）食单一篇，凤炙麟脯，珍膳罗列，加以烹炼，字字有味，披而读之，食指累动，馋涎横流，作过郇厨想。盖翁既能以笔代舌，为此奇文，遂能使人以目代腹，一览属餍。乃谓之食中董狐，文中易牙，亦谁为不可也。"其推崇备至，简直无以复加。但是如果把这本书与乾隆年间刊刻的顾仲的《养小录》和袁枚的《随园食单》对照一下就会发现，不仅在书名上相同，而且在行文结构、用语方面都有明显的相近之处，但此书的内容却是地道的日本特产，故有人说，这是"日本瓶装中国酒"。就全书的结构而言，按四季列菜单，有"宜春单""宜夏单""宜秋单""宜冬单"，其体裁与《随园食单》如出一辙；其烹饪，如"油炸""耳食"等亦如《随园食单》。这部日本的饮食著作深受中国古老烹饪文化的熏陶，同时也表明，中日两国不仅在食馔上有密切关系，而且在烹饪理论方面也有交流。

从 19 世纪中叶开始，数以百万计的华人远涉重洋，足迹遍及世界各地。从俗称"南洋"的东南亚和南亚次大陆到非洲、大洋洲、欧洲及美洲新大陆，无处不见华人社区。华人海外移民，与近代中国的政治、社会及经济的重大变迁息息相关，也对国际贸易、外交关系和所在国的发展产生了深远的影响。同时，海外移民也是一部中国烹饪全球化的历史。

改革开放之后，尤其是在 1997 年香港回归后，国内的不少厨师将中国烹饪进一步推向了世界。包括全聚德在内的中华老字号、品牌餐饮企业在国家政策的鼓励下纷纷走出国门开设中餐馆。

20 世纪 90 年代以来，中国烹饪在海外的交流和影响越来越大。中国又不断派出烹饪专家、技术人员到各国讲学、表演，参加世界性烹饪比赛，乃至合作开办中餐馆等，使海外更多人士了解中国烹饪，喜爱中国菜点，也提高了世界烹饪水平。据《全球中餐发展形势报告（2016 年）》，目前海外中餐厅已经约达 50 万家，市场规模超过 2 500 亿美元，相当于中国餐饮市场的半壁江山。这些海外中餐馆主要分布在五大洲，其中以欧美和东南亚相对集中。

知识链接

中国美食走进联合国

国际在线报道（记者 徐蕾莹）：联合国的外交官们最近有口福了。来自中国的 10 多位烹饪大师把中国八大菜系的特色菜肴和风味小吃一起带到了纽约联合国总部。到底有哪些菜系走进了联合国？外交官们又是如何看待中国美食的？

当地时间 11 月 12 日晚，"中国美食走进联合国"活动在纽约联合国总部拉开帷幕。10 多位中国厨师精心准备了烤鸭、琥珀桃仁、菊花酥等多种菜品和小吃，集中展示了川、鲁、苏、粤等不同菜系的特色菜肴。还有烹饪大师现场展示了制作龙须面和食品雕刻技艺。

联合国秘书长潘基文、第 68 届联大主席阿什、副秘书长吴红波，连同多位联合国高级官员以及各国常驻联合国使节等近 400 人出席了活动。

潘基文在致辞中愉快地回忆起多次中国之行，每次去中国都能品尝到完全不同的美食，可见中国美食的丰富多样。他还风趣地表示，羡慕东道主中国常驻联合国代表刘结一大使，因为他带来了众多优秀的中国厨师。

"如果你有一个中国厨师，那就是天堂（一般的生活）。所以我羡慕刘大使，他有那么多优秀的中国厨师。"

中国美食不仅是精美的菜品，更是一种文化，是中华民族悠久历史文化的重要组成部分。刘结一大使也向现场嘉宾做了简要介绍。

"中国的饮食文化深深植根于中国的哲学之中。在烹饪食物时，厨师会精选当季新鲜食材，从色香味等各方面去呈现。所以从根本上来说，它反映的是人与自然之间的和谐关系。"

8.2.2 外国烹饪在中国

1）古代外国烹饪的引进

国外烹饪历史悠久，是伴随着我国人民和西方各族人民的交往而传入我国的。但国外烹饪到底于何时传入我国，至今还没有定论。据史料记载，早在汉代，波斯古国和西亚各地的灿烂文化通过"丝绸之路"传到中国，其中就包括膳食。汉明帝时佛教传入中国，到齐梁时期，南朝四百八十寺，寺院遍布全国，西南亚饮食进一步传入我国，华夏始有香积之厨。

早在公元7世纪中叶，从陆路来到长安的阿拉伯、波斯穆斯林商人，在经商的同时，自然而然地带来了许多阿拉伯、波斯地区的清真菜点及其烹饪方法。如回族的烧饼据说就是唐代传入的。这些回族先民按照他们原来的饮食烹饪方法在长安等地长期生活，从水路来到广州、泉州等地的回族先民也同样带来了许多清真面点和菜点。如唐代就盛行"油香"，相传是从古波斯的布哈拉和亦思法罕城传入中国的。据《一切经音义》说："此油饼本是胡食，中国效之。"西北回族聚居区的糕点"哈鲁瓦"，原为阿拉伯地区的一种甜食（"哈鲁瓦"为波斯语的"甜"字），后从唐朝长安流传至今。

宋代，有一道清真菜叫"冻波斯姜豉"。相传，这道菜是回族先民从波斯传入中国的，先在沿海一带后传到内地。元代，回族饮食更是丰富多彩。这一时期的回族饮食，一是品种花样多，大街小巷及市场上都有回族饮食摊点；二是具有回族的饮食特点，既保留、继承了阿拉伯、波斯地区的一些清真菜点，又吸收了中国菜点、面点的一些制作方法。如"饦饦馍"就是当时回族人民在阿拉伯烤饼和中国烤饼的基础上创新的一种食品。

元朝，意大利著名学者马可·波罗在我国旅居数10年，也给成吉思汗的子孙带来了意大利人民的佳肴美馔。明代三保太监郑和在公元1405—1433年的28年间，率众7次下西洋，游历了37个国家，由太平洋而达大西洋彼岸，这在航海史上的确是一件了不起的大事。这件事对于促进中外文化交流包括烹饪交流无疑是有益的。明代基督教传入中国，明天启二年（公元1622年）来华的德国传教士汤若望在京居住期间，曾用"以蜜面和以鸡卵"制作的"西洋饼"款待中国人，使食者皆"诧为殊味"，于是效法流传开来。印度的笼蒸"婆罗门轻高面"、枣子和面做成的狮子形的"木蜜金毛面"等，也在元明时期传入。

到清代初期，随着外国商人、传教士蜂拥来华，中国宫廷、王府官吏与洋人交往频繁，逐渐对西餐产生了浓厚兴趣，有时也吃起西餐来了。如清代乾隆年间的袁枚曾在粤东杨中丞家中食过"西洋饼"。但当时，我国的西餐行业还没有形成。

2）近代西方烹饪在中国的发展

1840 年鸦片战争后，西方列强用武力打开了中国门户，争相划分势力范围，并同清政府签订了一系列不平等条约，使来华的西方人与日俱增，从而把西方饮食的烹饪技艺带入中国。外国的领事馆、教堂、兵营、商店等，但凡有外国人的地方都有自制西式菜肴和糕点。起初，只是自制自食，有时用来招待客人，显然，这些西式美食的享受者，仍限于外国人和官吏贵族。当时曾有诗云："海外珍奇费客猜，西洋风味一家开。外朋座上无多少，红顶花翎日日来。"

随着时间推移，到清代光绪年间，在外国人较多的上海、北京、天津、广州、哈尔滨等地，社会上出现了以营利为目的专门经营西餐的"番菜馆"和咖啡厅、面包房等，从此我国有了西餐行业。据清末史料记载，最早的"番菜馆"是出现在上海福州路的"一品香"。之后相继开业的有"江南春""一家春""海天春""万年春""吉祥春"；北京在这期间也开设了"醉琼林""裕珍园"；哈尔滨则有"马迭尔"餐厅等。

1900 年八国联军进入北京后，北京成了外国人的乐园，西餐也随之在北京安营扎寨。首先是两个法国人于 1900 年创办了北京饭店，在此前后，西班牙人创办了三星饭店，德国人开设了宝珠饭店，俄国人开设了石根牛奶厂，希腊人开设了正昌面包房。另外，当时的宫廷王府等也都设有番菜房。

辛亥革命以后，我国进入军阀混战的半殖民地半封建社会，各饭店、酒楼、西餐馆等成为军政要人、洋人、买办、豪门贵族交际享乐的场所，每日宾客如云，西餐业在这种形势的刺激下很快发展起来。在上海，20 世纪 20 年代又出现了礼查饭店、汇中饭店、大华饭店等几家大型西式饭店。进入 30 年代，国际饭店、华懋饭店、上海大厦、成都饭店等相继开业。与此同时，社会上的西餐馆也随之增加，"大西洋""沙利文"等都是这时出现的。此外，其他城市也出现了西餐馆，如天津的"维克多利""起士林"及广州的"哥伦布"餐厅等。这些大型饭店所经营的西餐大都自成体系，但不外乎英、法、意、俄、德、美式菜肴，有的社会餐馆也经营带有中国味的番菜及家庭式西餐。这些西餐饭店开业，在中国上层官僚、商人以及知识分子中掀起了一股吃西餐的热潮。享用西餐，似乎成为上层社会追求西方文化和物质文明的一种标记。例如，退出清王朝帝位的末代皇帝溥仪对西餐的享用就达到了如痴如狂的地步。据《溥仪档案》记载，1922 年 7 月整整一个月，溥仪每天都吃番菜，而且天天不重样，有冷食有热食，有甜有咸，有煮得极烂的山豆泥子，也有鲜嫩的花叶生菜，有烤牛排、猪排，也有新鲜的水果、咖啡等。为了配合洋厨师做西餐，溥仪的番菜膳房一次就添置了冰淇淋桶 2 个，银餐刀、叉、勺各 20 把，咖啡壶 3 把，银盘、银套碗等 20 件。江西景德镇还为溥仪特制了一套白色的紫龙纹饰的西餐具，包括汤盘及大、中、小号盘等 40 多种，至今还保存在故宫内。

在这一阶段，将国外烹饪系统地传授给中国厨师及家庭主妇的外国人，最著名的是美国传教士高丕第夫人。高丕第夫人生于美国亚拉巴马州，1852 年随夫到上海传教，1910 年在中国去世，历时 58 年。高丕第夫妇来华后，逐渐穿儒服，习汉语。在办学之余，她撰写了《造洋饭书》（*Foreign Cookery*），并于 1866 年首次在上海出版（现存广东省中山图书馆的为 1909 年美华书馆本）。此书内容丰富，情节清楚具体，书的开头有篇"厨房条例"，详细地强调了入厨房须知和注重卫生等内容，以下设各类西餐菜点食谱，计 17 类，267 个品种或半成品，外加 4 项洗涤法，大部分品种都列出用料和制作方法。此外，书后还附有英文索引。该书大致能反映出西餐传入中国时早期的基本风貌和特点。

在以《造洋饭书》为代表的国外烹饪得到广泛传播的同时，不少熟悉国外烹饪的中国知识分子利用他们特有的文化条件，编撰了许多介绍国外烹饪的书籍，这说明国外烹饪在中国的传播发生了重大变化，中国人开始唱主角。1917 年 4 月，由中国人撰写的《烹饪一斑》一书中首次专列"西洋餐制法"，介绍了咖喱饭、牛排和汤等 13 种西餐的制法。此外，李公耳的《西餐烹饪秘诀》、王言纶的《家事实习宝鉴》、梁桂琴的《治家全书》等，都是这一时期由中国人自己普及国外烹饪知识的代表性著作。在中国饮食文化史上，19 世纪中叶至 20 世纪三四十年代，是国外烹饪大规模传入时期，其中 20 世纪二三十年代，西餐在我国传播最快，达到了全盛时期。

3）现当代外国烹饪在中国

中华人民共和国成立前，国外烹饪在我国的传播和发展受到限制，西餐业已濒临绝境，从业人员所剩无几。新中国成立后，随着我国国际地位的提高，世界各地与我国的友好往来日益频繁，国外烹饪在我国进一步发展，并陆续建起了一些经营西餐的餐厅、饭店，如北京的北京饭店、和平饭店、友谊饭店、新侨饭店、莫斯科餐厅等都设有西餐厅，由于我国与以苏联为首的东欧国家交往密切，因此 20 世纪五六十年代我国的西餐以俄式菜发展较快。到 1966 年，西餐在我国城市餐饮市场已占有一定地位，几乎所有中等以上城市甚至沿海地区的县城都有数量不等的西餐馆或中式餐馆兼营西餐。

20 世纪 80 年代后，随着中国对外开放政策实施、中国经济快速发展和旅游业崛起，全国各地特别是沿海各城市兴建不少合资饭店和宾馆，如世界著名的凯宾斯基、希尔顿、假日饭店。这些宾馆和饭店的西餐厅大都聘用外国厨师，而且部分烹饪原料和设备从国外进口。以经营法式西餐为主，英式、美式、意式、俄式等全面发展的格局，适应了西方人来华投资旅游的需求。与此同时，原来的老式西餐店也不断更新换代，我国又相继派出厨师去国外学习，因此我国的西餐也相继有了新的发展和提高。

[任务总结]

从古至今，中外烹饪技术交流从来没有停止过。世界已经迈进 21 世纪，经济全球化、全球信息化，地球成为"地球村"，世界各国烹饪的"大交流"与"大融合"是世界烹饪历史发展的客观要求和必然趋势。中国作为世界最有活力的市场之一，应当积极吸引外资，积极引进外国烹饪为我所用。同时，中国作为世界公认的"烹饪王国"，要抓住机遇，与时俱进，乘势而上，开拓创新，掀起一个到国外去创业、到海外去发展的新高潮！

任务 3　区分中西烹饪技艺的差异

[案例导入]

从做鸡看中西饮食文化的差异

中国和西方均有悠久的饮食历史文化，但两者有明显差异，我们从做鸡的方法和目的就可以看出其中的差异。

全球中西各国养鸡、食鸡的历史悠久，早在人类有文字记载时，就有了关于鸡的养殖及食用的记录。而中国人和西方人在食用鸡的饮食文化上，有明显的差异。

在中国，关于鸡的文化源远流长。例如，鸡的"五德"之说，鸡与"吉"谐音，寓意吉祥，北方一些地区，结婚宴席，菜品的内容和顺序都有讲究，其中，第一道菜是"鸡"，而在广东，也有"无鸡不成宴"的说法。充分说明中国人对鸡这一食物的喜爱。对中国人来说，做鸡或做任何其他食品或菜品，强调"色、香、味"，尤其强调味道必须好。正因为如此，许多食品或菜品要经过长时间油炸或慢火炖，熬制出味道，例如，中国典型的名菜"佛跳墙"就是慢火熬出来的。而对于做"鸡"的食品而言，国人有百种做法，将鸡与蔬菜、蘑菇、竹笋等混合在一起炖或炒，甚至鸡肉与面一起也能做出各种口味独特的美食来。与鸡有关的典型菜品如宫保鸡丁、辣子鸡、蘑菇炖鸡等。鸡蛋的吃法也是种类繁多，如炒、煮、煎、蒸等。

在西方饮食文化中，鸡也是常见的食物。例如，著名的全球餐饮连锁店麦当劳、肯德基等，都会做各种鸡的食品，而国际航班上，鸡肉米饭也是常见的航空食品。但与中国传统饮食文化不同的是：西方是理性的饮食观念，西方的饮食无论色、香、味如何，讲究一天要摄入多少维生素、热量和蛋白质。例如，全世界的肯德基几乎是一个味道，对鸡的做法实施标准化、流程化。例如，炸的时间、温度，配料的科学、精确比例，甚至要用天平来称量。西方的菜品制作调料精确到克，时间精确到秒，而中国则靠厨师的经验和品尝来掌握。

从做鸡可以看出，中西饮食文化的差异。中国的饮食文化，是感性文化，强调口味；而西方的饮食文化，是理性的，强调营养搭配。中方的宴会，强调菜的品质及口味；西方的宴会，虽然也强调品质和口味，但更注重宾客之间的交流。狮子湖喜来登酒店近期推出了中西结合的全鸡宴，融合了中西做法，有宴会时，采取分餐等形式，既让宾客享受到清远鸡的美食，又便于宾客交流，将中西饮食文化进行了有机融合，受到了顾客的好评。

（资料来源：南方日报，2012-08-17.）

[任务布置]

在悠悠历史长河中，中西方不同的思维方式和处世哲学造就了中西文化的差异，进而产生了中西方烹饪的差异。那么，中西方烹饪有哪些方面的差异？具体表现是什么？下面，我们来弄清这些问题（图8.7）。

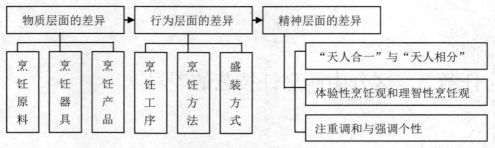

图 8.7　中西烹饪比较学习内容

[任务实施]

🍽 8.3.1　物质层面的差异

1) 烹饪原料

中国自春秋战国以后，种植业成为农业结构占绝对优势的经济结构，人们的食物来源主要依靠种植业，烹饪中谷物占主要原料，很少会烹制肉食。东周时期，只有 70 岁的老人和官高禄厚的人才能吃到肉，被人们冠以"肉食者"。这一局面一直持续到封建社会瓦解。历史上，西方烹饪中肉的比例要大于中国烹饪，并随着时间推移而愈加明显。到明清时期，当中国人纷纷引进高产作物如玉米、红薯、土豆以解决粮食紧缺时，西方烹饪中肉食的比重大大超过谷物类，谷物则主要用来饲喂家畜，以转化成肉、奶、蛋等高品质的食物。

中西烹饪原料的种类也有着较大差别。中国是一个杂食民族的国家，林语堂先生在《中国人的饮食》中谈道："凡是地球上能吃的东西我们都吃。出于爱好，我们吃螃蟹；由于必要，我们又常吃草根……我们的人口太多，而饥荒又过于普遍，不得不吃可以到手的任何东西……"中国烹饪原料极其广泛。而欧洲一些国家和地区则是直接由游牧民族发展而来的，没有太长的农业文明史，烹饪原料选用比较单一。有人统计，中国人的食用植物达 600 种之多，是西方人的 6 倍。

2) 烹饪器具

在刀具上，中国烹饪几乎以一把厨刀显功夫。动植物各种原料，皆通过各种刀技变成丁、条、丝、片等各种形状。中餐厨刀与西餐厨刀相比，大小、形状、质量不同。中餐厨刀的运用，还包括双刀同时运用，如剁法。中餐厨刀体现出更有力度、更灵动、更富于变化，更利于原料向精细化加工方向发展，也适应了筷食的需要。西餐常用的刀具有 10 多种，各具功能，各司其职，"单独行事"，并以用途命名。如制作沙拉用沙拉刀，剔骨有剔骨刀，加工生蚝有专门的生蚝刀，蔬果削皮也有专门的削皮刀。

在锅具上，从城市到农村，从汉族到各少数民族，中国烹饪使用的都是锅底为凹圆形的炒锅。西式烹饪则通常选用煎盘。

3) 烹饪成品

由于烹饪原料结构不同，中西烹饪成品的结构也有着较大的差别。中国烹饪成品结构是由饭和菜相结合的"饭菜结构"。其中饭是主食，菜则是副食，包括蔬菜和肉，主要是蔬菜。西方烹饪没有中国式"饭菜结构"，他们的烹饪成品是肉奶蛋佐以面包或蔬菜，没有严格的主副食之分。

8.3.2 行为层面的差异

1）烹饪工序

中国烹饪多将烹与调合为一体，而西方烹饪多将烹与调分为前后两道工序。在中国烹饪中，虽有整鱼、整鸡或整羊等，但原料成形基本上是以丝、丁、片、块、条等为主。上火前，它们是独立的个体形式，待放入圆底锅翻炒后，便按照厨师的构想进行融汇。出餐后，装入盘的是一个色、香、味、形俱佳的整体。在西式烹饪中，除少数汤菜是以多种荤素原料集一锅而熬制之外，正菜中鱼就是鱼，鸡就是鸡，彼此虽共处一盘之中，但却"各自为政"，互不干扰。只待食至腹中，方能调和一起。

2）烹饪方法

在中国，烹饪的方法多种多样，有炒、炸、焖、熘、爆、煎、烩、煮、蒸、烤、腌、冻、拔丝等，做出的菜肴让人眼花缭乱。西餐的烹饪方法主要是烧、煎、烤、炸、焖等几种。

在锅具的使用上，中餐烹饪时，左手持锅翻炒，右手持勺翻拌，"协同作战"，加调料也在锅的运动中完成，食物原料、调料在锅内通过颠翻、翻拌混合、融合，达到菜肴"和美"的目的。中餐炒锅柄短、锅底深。柄短，易于控制；底深，锅内原料量大有汁，增加了翻锅的难度。但如能掌握得当，大翻锅、侧翻锅、颠炒小翻锅，左手晃锅，右手淋芡，协调默契，一气呵成，在短时间内完成操作。厨师需要长期烹调实践才能达到整体协调的烹调效果，进而形成和谐的操作美感。西餐烹饪时，盘与原料形成相对独立的关系，在加热过程中，盘通常在灶面上滑动，煎盘也很少离开灶面，盘中原料通过锅铲翻动，不需要与锅进行互动，调料用匙加入，不需要与锅配合翻动。

中国烹饪比较强调随意性，而在西方，烹饪的全过程都严格按照科学规范行事。中国烹饪为了追求色、香、味、形之美之奇，在刀工、火候等方面具有很强的技艺性，其中绝大部分技艺为机械所不能代替，有的技艺也为科学所不能解释，甚至有些称得上绝技、绝招。西方烹饪具有显著的技术性，如天平、量筒、温度计等工具非常普遍，属于技术型的加工方法。它可以借助机械实现大批量的快速生产，烹饪的全过程比较科学规范，调料的添加量精确到克，烹调的时间精确到秒，厨师好像化学实验室的实验员。

3）盛装方式

通常情况下，中国烹饪是将每道菜盛装在一个容器内上桌，食客围坐在餐桌旁各取所需，餐桌上的任何一种饭菜都属于每一个食客，每个人都根据各自具体的主观感受选择客观的食品。西餐通常是按照每桌就餐人数分份烹制或烹制后一人一份上桌，每个食客只能吃各自的那一份饭菜。

8.3.3 精神层面的差异

精神层面上的差异主要是烹饪观念的差异。烹饪观念是人们在烹饪过程中形成的观念，它深受自然环境和社会环境影响，尤其深受哲学影响。不同的哲学思想及由此形成的文化精神和思维方式对不同烹饪观念的形成具有重大作用。

1) "天人合一"与"天人相分"

中西文化的根本差异，在于对"人与自然"关系问题上的看法，中国文化重视人与自然、人与社会的和谐统一。这种"天人合一"的"中坚思想"，贯穿整个中国思想史，成为中华文化发展的基础性缘由和深层次根源。而"天人相分"作为西方传统文化的"中坚思想"，贯穿整个西方思想史，遍涉各种哲学倾向与派别，成为西方文化发展的基因和根由。由此可见，"天人合一"与"天人相分"的区别，是中西文化最根本、最核心的差异。

2) 体验性烹饪观和理智性烹饪观

本着"天人合一"思想，主体只能在与客体的交融共存中被体会、感受、领悟。反映在烹饪上，中国人的烹饪既是一种体验，又是一种享受。中国人在烹饪时，注重的不是食物的营养而是食物的口感和进餐的精神享受，整个烹饪活动体现出强烈的体验性和感受性，其中主要是对"美味"的追求。这种极力追求"美味"的强烈体验式的烹饪是非理性的，它对营养科学只是一种经验性的模糊把握，而没有理性的分析和逻辑的判断。

在"天人相分"思想指导下的西方烹饪则充满理智性，讲求科学性。这是一种重认识、重功利、求真的烹饪观。他们强调所烹饪食物的营养价值，注重食物中蛋白质、脂肪、热量和维生素等的含量，在烹饪上反映出一种强烈的实用性和功利性。

3) 注重调和与强调个性

"天人合一"的思想不仅要求人与自然统一，还要求人与人、人与社会之间和谐一致，反映在烹饪上就是注重调和，重视菜肴的整体风格，强调通过对不同烹饪原料的烹饪调制使食物的本味、加热以后的熟味、加上配料和辅料的味以及调料的调和之味交织、融合、协调在一起，使之互相补充、互相渗透、水乳交融、你中有我、我中有你，创造出新的综合性的美味，达到中国人认为的烹饪之美的最佳境界——和，以满足人的生理与心理的双重需要。但是，这样调制出来的成品，虽然整体光彩焕然，但个性全被淹没，这与中国文化注重群体认同、贬抑个性、讲平均、重中和的中庸之道是相通的。

西方"天人相分"观念在烹饪上表现为，个性突出，注重个体特色，强调通过对食物原料的制作加工，保持和突出各种原料的个性，创造出西方人心目中烹饪的最佳境界——独，同时满足人的生理需要。与中国人进餐用筷子不同，西方人用刀叉。刀叉和筷子，不仅带来了进食习惯的差异，更重要的是影响了东西方人的思想观念。刀叉必然带来分餐制，西方人到了餐桌前，直截了当，你吃你的我吃我的。这种"个人主义"行为，在人际关系上既体现了个性独立，又表现了对他人烹饪行为的尊重。

知识链接

烹饪、菜肴与阶级

《烹饪、菜肴与阶级》是一本研究烹饪、菜肴与社会阶级之间关系的社会人类学著作。英国著名社会人类学家杰克·古迪教授参考了前人的人类学成果，将西非的烹饪作为自己的观察对象，提出了"为什么非洲不像世界其他地区一样出现有分化的高级菜肴"问题。他首先描述了西非的烹饪，接着考察了历史上主要欧亚社会（古埃及、罗马帝国、中古的中国到早期的现代欧洲）的烹饪行为。他把这些社会出现的食物制作、食物消费方面的差异，与当时的社会经济结构的差异联系在一起，揭示了食物背后不同的社会经济结构性质。作者在研究中尤其注重比较历史的维度和阶级社会内部的文化差异。对所有关注文化史和社会理论的社会学家和历史学家来说，本书所呈现的论证将是饶有趣味的。

（资料来源：烹饪、菜肴与阶级．浙江大学出版社，2010．）

[任务总结]

中国和西方的烹饪历史有着比较明显的差异。中国的烹饪历史呈现出大一统式的发展格局，各主要地区的饮食烹饪在每一重要历史阶段的发展都较为平衡。其主要原因在于中国长期处于统一状态，经济和文化发展较为均衡。西方的烹饪历史呈现出板块移动式的发展格局，出现了意大利、法国和美国3个高峰。其主要原因是，西方国家在政治上长期处于分裂局面，西方的经济和文化中心不断迁移。中国与西方的烹饪在烹饪原料、技术器具、技术制作、宴会礼仪等方面存在很大差异。

任务4　探讨中国烹饪如何走向世界

[案例导入]

中国烹饪协会会长：积极推进中餐"走出去"

中新社北京2014年9月4日电（记者 刘长忠）　新当选中国烹饪协会会长的姜俊贤4日在北京表示，将积极推进中餐走出去战略，努力实现中国餐饮业的国际化发展。

在当日举行中国烹饪协会第六届会员代表大会上，姜俊贤当选为中国烹饪协会会长。在接受记者采访时，姜俊贤说，中国的餐饮产业经过近30年的高速发展已初步具备了国际化发展的实力。

他说，中国烹饪协会将引导和支持有实力的中餐企业抱起团来，联合开发国际市场。积极参与各国孔子学院推广中餐文化的活动，适时推动中餐文化进入联合国总部，进入联合国教科文组织的活动，力争"中餐文化（技艺）"能够早日进入世界非物质文化遗产名录。还将继续加强与世界厨师联合会的联系，逐步确立中餐在世界厨师联合会中的地位与话语权，为中餐走向国际市场创造宽松的环境与条件。

他说，中国餐饮行业调整结构、转型升级的任务十分艰巨。如何引领行业回归大众、回归理性，实现转型，健康发展，是摆在中国餐饮行业面前严肃的课题。

他表示，将制定严格标准，规范大师认证，提高中国烹饪大师称谓的权威性和公信力，引领行业自律，提高行业经营管理水平。提升餐饮企业在消费者心目中的公信力，杜绝使用过期变质原料，不乱用食品添加剂，及时发现和总结行业内转型升级，业态创新，运用现代信息化新技术，推动行业健康发展。

（资料来源：中国新闻网，2014-09-04．）

[任务布置]

中国烹饪历史悠久，文化积淀深厚，中国历史发展过程的各个时期都赋予了中国烹饪绚丽多彩的文化内涵。而地域特色及相互间的兼收并蓄，绘制出一幅气象万千、多姿多彩的烹饪文化百花园。历史发展至今，中国烹饪的发展现状如何？面对 21 世纪新的竞争压力与挑战，中国烹饪在开放的今天应该如何发展？下面，我们来探讨中国烹饪的优势、挑战以及走向世界的主要途径（图 8.8）。

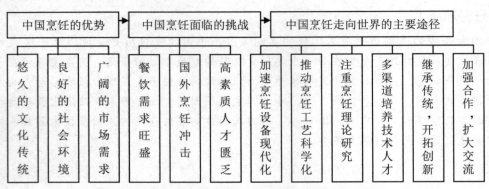

图 8.8　中国烹饪的优势、挑战以及走向世界学习提纲

[任务实施]

8.4.1　中国烹饪的优势

当代中国烹饪的发展已进入一个新的历史时期，世界范围内科学技术进步，经济文化交流日益频繁，尤其是中国自身的伟大变革，给中国烹饪的发展提供了前所未有的条件和契机。中国烹饪有它独特的民族文化特征，与世界各国、各民族的饮食烹饪相比较，更有自己的优势。

1）悠久的文化传统

中国不仅是世界上的文明古国之一，而且是世界上唯一文明传统未曾中断的国家。中国烹饪历史悠久，如果将直接用火熟食的历史计算在内，中国的烹饪文化至少可以追溯到50 万年前。中国烹饪文化从产生之后，虽然经历了数十个王朝兴亡更替，却一脉相承传播下来。

中国烹饪文化涉及领域广阔，内涵博大精深，层面丰富多彩，亦为世界其他烹饪文化所不及。从物质文化方面讲，如烹饪原料无所不取、烹饪工具复杂繁多、工艺技巧丰富多样、风味流派众多纷繁，不但自成系统，而且规模庞然。从精神文化方面讲，烹饪理论概括的领域全面，涉及的学科非常广泛，包容的思想观念相当广阔，各自可成为一个大千世界。

2）良好的社会环境

新中国成立后，特别是改革开放以来，烹饪事业比以往任何时候都更加受到重视。如政府主管部门制定了发展烹饪事业的相关政策，颁布了中（西）式烹调师、中（西）式面点师、厨政管理师等国家职业标准，实行了国家职业资格证书制度，为烹饪工作者评定技术等级；烹饪教育事业得到快速发展，兴办了各级各类烹饪学校，初步形成了比较完备的烹饪教育体系；烹饪理论研究不断深入，出版了大批烹饪方面的杂志、报纸、书籍；烹饪从业人员的工作环境不断改善，福利待遇不断提高，经济地位、社会地位发生明显变化，从全国人大代表到地方各级人大代表和政协委员，都有厨师代表，有卓越贡献的厨师还获得了各种荣誉称号；成立了各种层次、类型的烹饪行业组织，开展烹饪竞赛，派遣专家、厨师到国外讲学、表演、服务，进行各种形式的中外烹饪交流等。良好的社会环境，为中国烹饪的可持续发展提供了保障。

3）广阔的市场需求

中国烹饪源远流长，一直受到国内和世界上很多国家人民喜爱，有着巨大的市场。在国内，改革开放以来，随着国家经济实力不断增长，人民生活水平显著提高，餐饮市场异常活跃，饭店、餐馆林立，食摊、夜市兴旺，目前全国有 500 多万个餐饮网点，使消费者既满足了追求营养、安全、时尚、健康的消费观念，也满足了追求新、奇、特的消费心理。在国外，有数千万侨胞分布在世界各地，通过世代文化交流，中餐馆在全球各地开花，中国烹饪在世界各国受到普遍欢迎，并已经成为联系中外友谊的桥梁和纽带。

8.4.2 中国烹饪面临的挑战

中国烹饪虽然有文化优势、社会优势、市场优势，但是面对 21 世纪世界各国烹饪的大发展、东西方饮食文化的大交流、世界餐饮市场的大竞争，仍面临严峻的挑战。

1）餐饮需求旺盛，变化快

随着居民收入不断提高，居民消费观念、生活方式变化和休闲时间增多，餐饮消费的要求也不断提升。人们不仅对烹饪产品的口感、花样、营养成分以及风味特色等方面要求得更高，而且更加注重饮食的健康、营养、时尚、安全等。同时，随着感性消费时代到来，顾客的心理需求越来越强烈，在享受服务的进程中更希望获得心理上的尊重。市场变化很快，顾客需求变化也很快，这就需要烹饪工作者刻苦钻研烹饪技艺，深入挖掘烹饪文化内涵，不断开拓创新，这样才能跟上顾客需求的变化，餐饮企业才能获得比较好的经济效益和社会效益。

2）国外烹饪不断冲击

近几十年来，许多国外的烹饪涌入我国餐饮市场。外国文化与中国传统文化碰撞，吸引了更多年轻人开始关注、喜欢西餐、韩餐、日餐等外国餐饮。年轻活跃的消费群体是外国餐饮在全国各大城市遍地开花的坚实基础，外国文化渗透为外国烹饪进入中国市场提供了有力的后备力量。引进的电影、电视剧中，外国烹饪的身影无处不在。虽然外国烹饪及其产品在亲情、友情和文化、传统、风土人情、饮食习惯等方面与中国烹饪无法比拟，但其有资金、人才、技术、设备、管理、营销等方面优势。国外许多快餐食品，如炸鸡、汉堡包、比萨饼等原来都是地方传统烹饪成品，他们后来采用统一配方，大批量生产，品质稳定，经济实惠，在餐馆的经营管理上不断改进，所以在餐饮市场上很有竞争力。随着社会发展，人们的工作、生活节奏进一步加快以及人际交往的需要，国外烹饪将越来越多地走进老百姓的日常生活中，对中国的传统烹饪形成挑战。

3）高素质烹饪专业人才匮乏

在影响中国烹饪可持续发展与繁荣的诸多因素中，人才问题一直是一个瓶颈因素。虽然我国通过开办烹饪中高等职业教育为餐饮业培养了一大批烹饪专业技术人才。但目前烹饪工作者的整体素质仍然偏低，高素质人才匮乏。究其原因是多方面的：一是受传统观念影响，人们对烹饪这一职业还存在偏见或误解，许多人不愿意从事烹饪工作；二是烹饪职业给人的印象是准入门槛低，技术性要求不高，具体到对人的素质要求也相对较低；三是传统烹饪传、帮、带的人才培养模式在一定程度上制约了从业人员素质的全面提升；四是烹饪工作劳动强度大、压力大，加上一些企业人力资源管理观念滞后，缺少吸引和留住人才的环境；五是一些烹饪专业院校的人才培养模式落后，课程设置与社会实际需求脱轨，师资力量薄弱，毕业生与市场需求相去甚远，不能满足餐饮业发展的需要。

8.4.3　中国烹饪走向世界

21 世纪，随着经济全球化、全球信息化，地球成为"地球村"，中国烹饪理应大踏步地走向世界。一方面，我们要努力向世界进一步传播中国烹饪文化，让世界人民更多地认识中国烹饪文化；另一方面，我们要进一步认识世界烹饪文化，使中国烹饪和世界烹饪达到新的交融、新的发展。

1）加速中国烹饪设备的现代化

中国烹饪要走向世界，首先要实现中国烹饪设备器具现代化，缩短与世界先进水平的差距。与发达国家相比，我国的炊具整整落后了 10 ~ 20 年。这主要表现在：一是设备配套性差，自动化程度低；二是设计落后，缺乏优化设计和可靠性设计；三是技术鉴定没有统一标准，标准化、通用化、系列化水平低；四是材料落后，使用效能和环保质量难以达到要求。烹饪设备现代化有利于改善劳动环境，提高工作效率和安全卫生标准。中国烹饪传统的手工工具，虽然在一定时期内还将占据主导地位，但其中一些落后的工具必须得到改造或者被淘汰。

2）推动传统烹饪工艺的科学化

中国烹饪历来带有很大"模糊性"，所谓"千个师傅千个法"。记录烹饪工艺的"菜谱"也往往不规范，常常"各拉各的弦，各吹各的调"。特别是一些名菜名点的工艺标准，说法甚多，不知究竟以谁为"典范"，这直接影响烹饪工艺继承和发展，不利于营养检测和成本核算。法国、日本的烹调技法和筵席编排都相当严谨。他们编写菜谱和席谱就和审定《药典》一样认真。每道菜用什么原料和调料，各用多少，是什么品种；每道菜如何制作，有几道工序，技术要领怎样，质量指标如何。这些都记得相当详尽和准确，与现代食品工业的规范要求比较接近。这样，每种菜和每种筵席都有"样板"可依，都有"规则"可循，在标准化方面下了真功夫，值得借鉴。当然，由于各种原因，中国烹饪的标准化、科学化有很大难度。不过，只要努力，一些预备性工作还是可以开展的。如可以生产主、辅、调、配四料配套的小包装原料，生产某一味型的标准剂料，使用自动测温炉具，准确注明菜品营养成分等。特别是各地应当集中力量，精选出一批知名度高的风味名菜点，采用规范方法制作，并准确地整理出版。有了这些"权威菜"开路，烹饪工艺的标准化、科学化工作就可以出现新局面。

3）注重烹饪学术理论研究

理论是行动的指南，它源于实践，又高于实践。中国烹饪要走向世界，必须加强学术理论研究。既要挖掘发扬中国传统烹饪文化的精粹，又要学习创新现代烹饪文化的内涵。广大烹饪工作者要解放思想，放眼世界，用科学的态度和创造性的方法努力开拓中国烹饪理论研究的新局面。

4）继承传统，开拓创新

中国烹饪在走向世界的过程中，必须保持自身的基本特色。中国烹饪之所以为世界各国人民所欢迎，就是因为它具有浓烈、独特的民族特色。但也要积极主动地适应不同国家和地区不同层次人们的口味、饮食心理、习惯等需要。如果墨守成规、一成不变，其结果必然是四面碰壁、走投无路。如果不能保持自己民族的基本特色，缺乏相对的稳定性，其结果必然是失去根本而萎靡消亡。中国烹饪必须在批判继承民族传统文化的基础上面向现代化、面向世界、面向未来。

5）多渠道培养烹饪技术人才

人才是中国烹饪走向世界的基础。大力发展烹饪教育、加快烹饪人力资源开发，是提升中国烹饪国际竞争力的重要途径。在新形势下，各级各类烹饪教育培训机构要以中国特色社会主义理论为指导，落实科学发展观和党的群众路线，把加快烹饪教育发展与繁荣餐饮经济、促进就业、提高人民饮食生活水平紧密结合起来，增强紧迫感和使命感。坚持以就业为导向，进一步深化烹饪教育教学改革，特别是要加强烹饪专业学生实践能力和职业技能培养，大力推行工学结合、校企合作的培养模式，把德育工作放在首位，采取强有力的措施，全面推进素质教育，力求在烹饪教育方面早出人才，多出人才，出好人才。

6）加强合作，扩大交流

中国烹饪"走出去"是国家"走出去"战略的重要组成部分，也是我国餐饮业发展的必经之路。政府部门和行业组织要积极引导和支持有实力的中餐企业抱团联合开发国际市场；积极参与各国孔子学院推广中餐文化的活动，推动中餐文化进入联合国总部，进入联合国教科文组织的活动，力争使中国烹饪早日进入世界非物质文化遗产名录；继续加强与世界厨师联合会的联系，逐步确立中餐在世界厨师联合会中的地位与话语权，为中国烹饪走向国际市场创造宽松的环境与条件。

[任务总结]

在"走出去"与"闯进来"的面对面碰撞中，以"手工操作、经验把握"为基本特征的中国传统烹饪在"全球化"大潮中，受到了现代科学技术和时代文明的双重检验。

近年来，随着全球化浪潮不断推进，中国烹饪也在与国际接轨。从全聚德在墨尔本开设澳大利亚第一家分店，到厉家菜在东京被评为亚洲第一家米其林三星餐厅，再到小肥羊在美国、加拿大、日本等地开设20多家餐厅，以及海外华裔开设的20万家餐馆，都显示着中国烹饪的勃勃生机。当然，中国烹饪"走出去"也面临着不少挑战。中国烹饪在保持自身特色的同时，还要学习世界其他国家烹饪的优点，深入挖掘、包装优秀的中国烹饪技艺，并进行推广、推介，提高国际竞争力。

【课堂练习】

一、单项选择题

1. 1917 年 4 月，由中国人撰写的（　　　）一书中首次专列"西洋餐制法"，介绍了咖喱饭、牛排和汤等 13 种西餐的制法。

　　A.《烹饪一斑》　　B.《西餐烹饪秘诀》　　C.《家事实习宝鉴》　　D.《治家全书》

2. 中东烹饪以（　　　）为代表，且该地被誉为"穆斯林美食之乡"。

　　A. 巴基斯坦　　　　B. 土耳其　　　　　　C. 巴勒斯坦　　　　　D. 埃及

3. 下列属于日本特色美食的是（　　　）。

　　A. 天妇罗　　　　　B. 拌饭　　　　　　　C. 鹅肝酱　　　　　　D. 焗蜗牛

4. 下列属于法国特色美食的是（　　　）。

　　A. 寿司　　　　　　B. 拌饭　　　　　　　C. 刺身　　　　　　　D. 洋葱汤

5. 2010 年 11 月 16 日，在肯尼亚首都内罗毕举行的联合国教科文组织保护非物质文化遗产政府间委员会第五次会议经过审议，将（　　　）传统美食文化列入世界非物质文化遗产代表作名录。

　　A. 中国　　　　　　B. 法国　　　　　　　C. 英国　　　　　　　D. 韩国

6. （　　　）年，土耳其美食小麦粥（Keskek）被联合国教科文组织列入人类非物质文化遗产代表作名录。

　　A. 2010　　　　　　B. 2011　　　　　　　C. 2013　　　　　　　D. 2016

二、多项选择题

1. 韩国特色美食有（　　　）。

　　A. 冷面　　　　　　　　B. 咖喱饭　　　　　　　C. 拌饭

　　D. 红菜汤　　　　　　　E. 寿司

2. 日本菜点根据自身特色、形成过程、历史背景等，可分为（　　　）3 类料理。

　　A. 关东料理　　　　　　B. 本膳料理　　　　　　C. 怀石料理

　　D. 会席料理　　　　　　E. 和食料理

3. 已成功进阶世界"非遗"烹饪项目的国家有（　　　）。

　　A. 美国　　　　　　　　B. 法国　　　　　　　　C. 日本

　　D. 中国　　　　　　　　E. 韩国

4. 下列属于"世遗名录"美食的是（　　　）。

　　A. 意大利的那不勒斯比萨饼　　　B. 亚美尼亚的拉瓦什脆饼

　　C. 北克罗地亚的姜饼　　　　　　D. 乌兹别克斯坦的抓饭

　　E. 阿塞拜疆的葡萄叶羊肉卷

5. 下列属于法国特色美食的是（　　　）。

　　A. 卡巴　　　　　　　　B. 冷面　　　　　　　　C. 鹅肝酱

　　D. 焗蜗牛　　　　　　　E. 洋葱汤

三、填空题

1. 被誉为"欧洲大陆烹饪之始祖"的是＿＿＿＿＿＿＿＿＿＿。

2. 在中外烹饪的交流中，值得重视的是《造洋饭书》的出版。此书为美国传教士高丕第（K.P.Crawiora）夫人所编著，于_____年在上海出版。

3. 2013 年 12 月 5 日，联合国教科文组织将被称为"_____"的日本传统料理列入了世界非物质文化遗产名录。

4. 2013 年，韩国_____文化入选联合国教科文组织人类非物质文化遗产。

5. _____年 11 月，商务部和中国常驻联合国代表团主办、中国烹饪协会组织"中国美食走进联合国"活动，自中国恢复联合国安理会常任理事国以来，中国美食和烹饪技艺首次登上联合国总部舞台。

【课后思考】

1. 中国与西方的烹饪技术有哪些差异？
2. 中国烹饪的优势、面临的挑战和走向世界的主要举措有哪些？

【实践活动】

以小组为单位，考察 1 ~ 2 家西餐馆，具体探讨中西烹饪的差异。

项目9
烹饪教育与烹饪职业技能
等级认定
——踏上烹饪高技能人才成功之路

中国烹饪走向世界，为我们每一位烹饪工作者提供了成才的机会。作为一名烹饪工作者，除了学好专业理论、苦练专业技能之外，还要懂得烹饪教育和职业技能鉴定的基本知识，这有助于将来升学、深造和获取国家烹饪职业资格证书并走向成功之路。

知识教学目标

◇ 了解我国烹饪教育的发展历史和层次体系及其贯通模式。

◇ 清楚烹饪职业技能鉴定的过程、意义，知道国家烹饪职业资格证书体系。

◇ 理解国家职业标准的概念和作用，了解国家烹饪职业标准的基本内容。

能力培养目标

◇ 能够检索国内外烹饪教育信息。

◇ 能够对将来的职业进行初步规划。

思政教育目标

◇ 激发对烹饪专业的学习兴趣。

◇ 积极进取，树立远大理想，立志成才。

任务 1　了解烹饪教育的历史与现状

[案例导入]

陶文台与烹饪教育

我国的烹饪高等院校从无到有，现在已发展壮大，步入正轨。陶文台同志是较早提出开办中国烹饪高等教育的建议人之一。

1980 年 10 月 2 日的《光明日报》刊出了陶文台《建议举办高等烹饪院校》的文章。事情的发展，基本是如陶公所建议的路子一步步走来。

扬州的江苏省商业学校是全国重点中专，烹饪专业的基础也比较好，且有附属的实验菜馆，给在校学生提供实践的技艺场所。1982 年初，商业部和江苏省商业厅拟将江苏省商业学校（扬州）升级为江苏省商业专科学校，并开设中国烹饪专业。

扬州商校于 2 月初建立筹备小组，同时抽调人员分赴上海、杭州、北京、青岛、西安实地调查，并向分布在国内 9 省市的本校历届烹饪专业毕业生发函进行书面调查。听取了各组调查汇报后，校领导指定由陶文台同志汇总梳理并起草了《关于筹建高等烹饪院校的调查报告》，于 1982 年 6 月 21 日呈报商业部和江苏省商业厅。

该报告首先列举了必要性，并反映了各界人士的看法。如清华大学副校长滕藤教授说："我在美国讲学，发现许多大学都设营养系……一位华人在美国出了《中国名菜》一书，成了社会名流，可见中国烹饪在世界上享有崇高的声誉。"北京市第一服务局王文乔同志说："旧社会厨师没有文化，传艺只能靠口传心授。那时，教会了徒弟，饿死了师傅，师傅保守是很自然的，带的徒弟有限，传艺时间很长，手艺也不全面系统，不利于多出人才快出人才。"北京大学王利器教授说："旧社会不少老厨师身怀绝技，但没有文化，说不出，写不出，人一去世就失传。高级技艺需要有高素质文化的青年去继承。"

…………

报告很快得到商业部和江苏省的认可，并决定将南京的商业专科学校搬迁到扬州，与扬州的江苏省商业学校合并重组为"江苏省商业专科学校"，设有烹饪专业并于当年即参加了全国高校的统一招生，江苏乃至全国才有了培养中国烹饪高级人才的高等院校和烹饪专业的大学生。

1991 年组建扬州大学时，江苏商专成为扬州大学商学院，并开设中国烹饪系。随着扬大各院系的进一步调整，烹饪系独立出来与师范学院有关专业合建为旅游烹饪学院（食品科学与工程学院），并开始招收本科生，使烹饪教育又上升了一个更高的层次。

（资料来源：扬州晚报，2011-05-11.）

[任务布置]

从 1983 年江苏商业专科学校（现扬州大学旅游烹饪学院）建立中国烹饪系、创办大专层次的中国烹饪专业至今，中国烹饪高等教育已走过 30 多个年头。那么，请同学们想一想，我国是从什么时候才开始出现烹饪学校的？烹饪中职教育、本科教育又走过了怎样的历程呢？下面，我们来学习烹饪教育的历史与现状（图 9.1）。

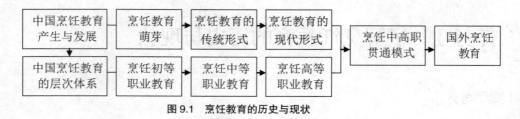

图 9.1　烹饪教育的历史与现状

[任务实施]

9.1.1　中国烹饪教育的产生与发展

1）烹饪教育的萌芽

中国烹饪教育是随着烹饪技术产生而产生的。原始社会，生产力水平低下，作为人们劳动生活组成部分的烹饪技术，其水平自然也是比较低的。那时的烹饪教育还处于萌芽时期，烹饪劳动的过程也是烹饪教育进行的过程，所产生的教与学，也没有带任何约束和限制，是人们在劳动实践过程中自然进行的，当然也没有任何系统性、完整性和科学性可言。

祖辈传授、父子相承是早期烹饪教育的一种重要形式。这种教育形式从奴隶社会一直延续到封建社会，在这种形式下产生的家庭教育就具有早期性、经常性和传统性特点。通过家庭教育，烹饪技术世代相传下来，这不仅使统治阶级减少经济损失，也是社会稳定的因素。

2）烹饪教育的传统形式

封建社会，烹饪教育的形式除了早期的祖辈传授、父子相承外，还产生了"以师带徒"的方式。"以师带徒"指徒弟在师傅的劳动操作中观察和模仿操作进而掌握技艺的学习方法。它既没有规定具体的培养目标，又缺乏科学方法的指导。在这一漫长的历史时期，由于受到社会生产力和科学文化发展限制，"以师带徒"形式的烹饪教育在封建社会阶段停滞不前。主要原因如下。第一，当时社会对专职厨师的需求量较少。祖辈传授、父子相承、"以师带徒"的形式培养出来的烹饪人才足够满足少数统治阶级的需要。第二，处于社会底层的劳动人民是从事饮食行业的主体。在旧社会，他们受教育的权利和机会十分渺小，对他们来说，学习烹饪只是一种自发性的行为，因此烹饪教育也只能在个人之间发展。第三，社会生产力低下，劳动规模较小，饮食行业发展相对缓慢，因此烹饪技术经验，也只是以师傅所拥有的直接经验和技艺为主，在直接的烹饪劳动中传授。

> **知识链接**
>
> **专诸学艺刺王僚**
>
> 战国时的名厨专诸被伍子胥招来刺杀吴王僚，帮助吴公子光（即后来的吴王阖闾）夺取政权。为了使他能完成刺杀任务，伍子胥和公子光根据吴王僚爱吃"炙鱼"的习惯，派专诸向当时吴国的炙鱼高手太湖公（也称太和公）学艺，企图用他的手艺寻找接近吴王僚的机会。3个月后，专诸学艺成功。他利用向吴王僚敬献炙鱼的机会，在鱼腹中藏了匕首，从而刺杀了吴王僚，他自己当然也成了肉酱。据说今天苏州市郊胥口镇的炙鱼桥，就是当年专诸学艺之处。

专诸成功刺杀了吴王僚，公子光成了吴王阖闾以后，为了嘉奖专诸，在今天苏州的金门内有专诸巷，西郊有专诸村，无锡城内还有专诸塔。其实专诸学厨只学了3个月，未必就是名厨，但是他与太湖公之间的师徒关系，倒是中国历史上第一次于史有据的厨艺传授关系，那么这种师徒传艺的形式，至少也该有3000年历史。还应该指出，烹饪技术更大的传承系统，是家庭中母女和婆媳之间的传授关系，至今仍是如此。而太湖公和专诸的师徒关系是职业厨师的技艺传承形式。

（资料来源：食在中国：中国人饮食生活大视野．山东画报出版社，2008.）

20世纪以前，中国烹饪技术的教育形式主要是家庭主妇和职业厨师的言传身教或以师带徒，没有学校教育。饮食摊店的经营者，为了提高被雇佣者的技艺水准，或自行传授，或另请高厨传授技艺，其组织形式是分散的、自发性的。一般都是，时间自定，干到哪儿，学到哪儿，教到哪儿。但是，由于技艺是谋生的资本，因此掌握烹饪技艺的人既不轻易传授，也不相互交流，致使大多数厨师的烹饪技艺和烹饪知识处于片面零散状态。这种以师带徒的单线传艺形式，无疑阻碍了优秀传统技艺交流，使烹饪技术的延续和扩散速度很慢，难以适应社会发展对烹饪技术人才的需求，客观上束缚了烹饪事业进一步发展。

3）现代烹饪教育

20世纪的前30年，中国烹饪技术的传承基本上还是沿袭旧的教育模式，这种情况一直到20世纪40年代前后才有改变，即出现了学校教育的萌芽。19世纪末，为吸收近代西方科学知识，清政府于1862年在北京创设了同文馆。此后，同文馆又增设了与近代西方营养卫生学有关的化学、生物和医学科。1920年，清政府颁布了《钦定学堂章程》（史称"壬寅学制"）。1905年，清政府又宣布废除科举制度。从此，随着西方饮食文化传入和我国饮食科学研究出现，中国烹饪学校教育的形式渐次成形。不少有识之士以医食自古不分家观点，在创设医学专门学校以传授包括近代西方营养卫生知识的同时，也在一些高等学府和师范学校中增设了包括食物化学和烹饪等课程在内的家政或食物化学专业，并编撰出版了有关的教科书，从而使我国的饮食烹饪教育登上了大雅之堂，逐渐走上了学校教育的轨道。究其原因主要有以下几方面。

一是社会原因。由于物质文化生活水平提高，饮食行业、旅游事业发展迅速，烹饪人才的需求量也急剧增加，只有学校教育这种新兴的教学形式，才能稳定迅速为社会培养大批合格的烹饪技术人才。

二是教学内容的发展要求。由于烹饪技术不断加深和提高，有人开始有意识地研究烹饪教育的科学性、系统性，并将这些比较系统的专业理论知识与技能结合起来，准确地传授给受教育者，如此丰富的教学内容是"以师带徒"这样的教育形式所不能达到的效果。

三是烹饪人才全面发展和提高的客观要求。现阶段社会对烹饪人才的要求，不是简单停留在掌握一定的理论知识和技能上，因此，只有通过学校开设文化课、政治课、体育课等，才能较好地达到现在烹饪教育的培养目标。

中国烹饪采用学校教育这种形式是必要的，由于社会生产力水平不断发展和提高，烹饪技术的发展为学校教育提供了较为丰富的教学内容，整个社会文化水平提高又为学校教育提供了人力条件。正是这种必要性和可能性构成了烹饪技术采用学校教育这种形式的必然性。

学校教育作为现代烹饪发展培养烹饪人才的一种基本形式，在烹饪技术学校教育的发展中，其优越性是显而易见的。其一，相比较于其他形式，学校教育具有统一的教学计划、教学大纲和教科书，保持了教学内容基本一致和学生知识架构。其二，专职从事教学的烹饪教师可以专心研究和开展教学工作，保证了烹饪教学的质量。其三，学校教育培养出来的烹饪人才知识比较全面、适应性强、基础扎实、创新能力强、接受新技术快，具有注重食品科学、会技术、懂管理、思想活跃、不保守等众多优点。学校教育突破了几千年来"以师带徒"的单一形式，变分散为集中，变盲目为有目的、有组织、有计划，从而使教学质量稳步上升，在社会主义建设中发挥了更大作用。

知识链接

现代学徒制

"现代学徒制"是，以企业用人需求与岗位资格标准为服务目标，以校企合作为基础，以学生（学徒）培养为核心，以课程为纽带，以工学结合、半工半读为形式，以学校、行业、企业深度参与和教师、师傅深入指导为支撑的人才培养模式，强调的是"做中学、学中做"。主要实施路径：企业通过合作的职业学校，直接从初中毕业生中通过"面试＋中考"录用"学徒"或"学徒生"，学习必要的文化和专业理论知识，约占1/2时间；让他们在实际生产服务一线岗位上通过"师傅带徒弟"方式接受训练和开展工作，约占1/2时间；在规定年限内掌握一定技术、技能并学完相应课程，同时取得职业资格证书和中等职业教育学历证书，出师成为一定等级的技术工人。

9.1.2 中国烹饪教育的层次体系

1）烹饪中等教育

（1）发展概况

我国烹饪中等教育起步于 20 世纪 50 年代末至 60 年代初。20 世纪 50 年代中后期，全国城镇地区的失业问题基本得到解决，国家对城乡私营工商业的改造业已完成，饮食行业中的人际关系起了很大变化，饭店、酒馆的老板和伙计、师傅和徒弟都成了全民和集体企事业单位的职工，他们不仅在政治上一律平等，在经济上也没有了过去那种依附关系，师傅和徒弟只不过是年龄或技术档次的一种标志，因此旧的技术传授系统被打破了。随着人口增长、生产力发展和大批公共食堂建立，饮食业迫切需要较多熟练工人。所以，20 世纪 50 年代末期，在全国各地办起了一些烹饪技术学校，为烹饪技术人才培养开辟了一条崭新的道路。以后，又办起了一些中专层次的烹饪技术学校，使得这方面教育体系逐步配套成龙。据初步统计，1959—1966 年，全国共成立烹饪技术学校 20 多所，如山东饮食服务学校、吉林商业技工学校、上海市饮食服务学校、西安市服务学校、北京市服务学校等。这些学校在创建初期教学条件都极为简陋，是在克服了缺教材、缺教师、缺必要教学设备的情况下上马的，但是，学校教育这种形式适应了社会发展的客观要求。因此，在各地党和人民政府的关怀与重视下，在广大烹饪教育工作者的积极努力下，克服了重重困难，取得了令人欣喜的成绩。一批又一批能文能武的烹饪技术人才充实到餐饮业各个岗位，发挥了重要作用，在烹饪技术学校教育的初创阶段，蓬勃发展的大好形势出现。"文革"开始至十一届三中全会前为烹饪中职教育的低潮阶段，刚刚兴起的烹饪教育遭遇了极大挫折。

知识链接

国务院机关事务管理局成立烹饪学校

国务院机关事务管理局成立烹饪学校，6日举行开学典礼。这个学校是本着勤俭办学的精神创办的，校舍和设备都是机关腾让的，教职员也是由机关工作人员和各大饭店的名厨师兼任。学校设有进修班和普通班，一些志愿参加这个光荣岗位的知识青年和有一定基础的厨师，将在这里得到党的培育和深造。

国务院副总理习仲勋参加了开学典礼。国务院副秘书长齐燕铭、国务院副秘书长兼国务院机关事务管理局烹饪学校校长高登榜在开学典礼上讲了话。他们一致指出，这个烹饪学校是培养又红又专的烹饪工作者的学校，成立这样一个学校是很有必要的：老一辈烹饪工作者的技艺和经验需要及早地继承；我国几千年来丰富的烹饪科学遗产也需要及早地收集、整理和提高。烹饪工作是社会主义建设事业中不可缺少的一项重要工作，因此烹饪工作者是光荣的。在我们新社会里，烹饪工作者服务的对象是千千万万为社会主义建设而辛勤劳动的人民群众，给他们带来生活上的方便和愉快，使他们精力充沛地投入生产和学习。他们在讲话中要求全体学员，努力学习毛泽东思想，坚持政治挂帅，艰苦朴素，刻苦钻研，把自己锻炼成为具有共产主义觉悟，具有一定科学文化知识和专门业务技能的烹饪工作者，以便更好地为人民服务。

全国人民代表大会常务委员会副秘书长余心清、中央国家机关党委会书记处书记郑思远也在开学典礼上讲了话。教师代表和学员代表在讲话中一致表示，感谢党对烹饪工作的重视和关怀。

（资料来源：人民日报，1960-09-09.）

1978年党的十一届三中全会以后，全党的工作重点转移到以经济建设为中心的轨道上来。随着市场活跃、饭店业崛起以及工厂等企事业单位对厨师的需求猛增，烹饪职业技术教育得到了空前的发展。到20世纪80年代后期，全国已有360多所设有烹饪专业的中等（中级）学校。其中，有商业技工学校70多所、劳动技工学校130多所、旅游中专学校10多所、职业中学150多所。这些烹饪技术学校进行了程度不同的各项基本建设——兴建校舍、增添教学设备、制订统一的教学计划、组织编写全国统编教材、举办全国性烹饪师资培训班、多次举行全国或地区性的烹饪教学研讨会。经过采取这些有力措施，烹饪技术学校教育逐步走上了正规化教学道路。

20世纪90年代以来，我国烹饪中等职业教育进一步发展，这从原国家商业部系统1996年的统计资料便可见一斑。截至1995年底，仅商业系统开设烹饪专业的中专就有4所、设有餐旅管理专业的中专有41所（其中有4所同时设有以上两个专业）、设有烹饪专业的技校有70所，设有餐旅管理专业的有53所（其中有45所同时设有以上两个专业）。1995年中专和技校烹饪餐旅管理专业有毕业生8 117名，1996年有12 419名。随着第三产业发展，烹饪专业的毕业生正在逐年大幅度呈递增的速度上升。据统计，2015年全国有开设中餐烹饪专业的学校741所；在校生176 638人；开设西餐烹饪专业的学校有118所，在校生20 087人。

（2）专业设置及培养目标

教育部《中等职业学校专业目录》（教职成〔2000〕8 号），商贸与旅游类设"烹饪"专业，含中餐、西餐和面点。《中等职业学校专业目录（2010 年修订）》（教职成〔2010〕4号）在旅游服务类下设中餐烹饪、西餐烹饪。2013 年，教育部职业教育与成人教育司（教职成司函〔2013〕3 号）将中等职业学校中餐烹饪专业更名为中餐烹饪与营养膳食专业。2019 年新增中西面点专业。2021 年 3 月 12 日，教育部颁布的《职业教育专业目录（2021年）》（职教成〔2021〕2 号），将中餐烹饪与营养膳食专业名称又恢复为中餐烹饪专业。中等职业学校烹饪专业目录（截至 2021 年）见表 9.1。

表 9.1　中等职业学校烹饪专业目录（截至 2021 年）

专业类别	专业代码	专业名称	专业（技能）方向	对应职业（工种）	职业资格证书举例	基本学制	接续高职	接续本科
餐饮类	740201	中餐烹饪	中餐烹调 中式面点制作 营养配餐	中式烹调师 中式面点师 营养配餐员	中式烹调师(中级) 中式面点师(中级) 营养配餐员(中级)	3 年	烹饪工艺与营养、餐饮智能管理、营养配餐	高职：餐饮智能管理、中西面点工艺、西式面点工艺、营养配餐、烹饪工艺与营养 本科：烹饪与餐饮管理、烹饪与营养教育、食品科学与工程、旅游管理
	740202	西餐烹饪	西餐烹调 西式面点制作	西式烹调师 西式面点师 营养配餐员	西式烹调师(中级) 西式面点师(中级) 营养配餐员(中级)	3 年	西式烹饪工艺、餐饮智能管理、营养配餐	
	740203	中西面点	中式面点制作 西式面点制作	中式面点师 西式面点师	中式面点师(中级) 西式面点师(中级)	3 年	中西面点工艺、餐饮智能管理、营养配餐	

①中餐烹饪专业

本专业主要面向饭店、餐馆、酒楼等餐饮企业以及企事业单位的餐厅、食堂、中央厨房等部门工作人员，从事中式烹调、中式面点操作和营养餐设计以及厨房、餐厅的管理与设备养护等工作的劳动者，和具备餐饮一线基本操作能力的高素质劳动者和技能型人才。

本专业毕业生应具有以下职业素养（职业道德和产业文化素养）、专业知识和技能。

A. 职业素养。具有从事餐饮业工作所必备的职业道德，遵守餐饮业相关法律法规，遵守餐饮业操作规范；具有从事餐饮业工作所需的爱岗敬业、吃苦耐劳、积极进取的工作态度。具有从事餐饮业工作所必备的安全生产意识、节约意识、环保节能意识，服务意识和创新意识；具有从事餐饮业工作所必备的学习新知识、新方法、新技术、新工艺的能力；具有从事餐饮业工作所必备的人际交往能力。

B. 专业知识和技能。了解中国饮食文化、烹饪传承发展、餐饮服务市场变化等相关知识；具备一定烹饪原料知识和初步加工能力，掌握基础烹饪技法，能独立制作菜点；能应用现代营养学、食品卫生学和饮食保健基础知识进行菜点创新、营养餐设计与制作；了解食品安全相关法律法规与专业知识，能按照相关要求进行实践操作；掌握餐饮企业成本核算、厨房控制与管理、餐厅服务相关知识，对常用器具设备具备正确的操作及维护能力。

②西餐烹饪专业

本专业主要面向中高档餐饮企业以及高星级酒店西餐厅、咖啡厅等部门工作人员，从事西式烹调、西式面点、冷菜制作和西式厨房管理等工作的劳动者，和具备西餐一线基本操作能力的高素质劳动者和技能型人才。

本专业毕业生应具有以下职业素养（职业道德和产业文化素养）、专业知识和技能。

A. 职业素养。具有从事西餐专业工作所必备的职业道德，遵守餐饮业相关法律法规及操作规范；具有从事西餐专业工作所需的爱岗敬业、吃苦耐劳、积极进取的工作态度；具有从事西餐专业工作所需的安全生产意识、勤俭节约意识、环保节能意识、服务意识和创新意识；具有从事西餐专业工作所需的英语读写能力和良好的中、英口语表达能力；具备从事西餐专业工作所需的基本计算机操作能力和信息资料检索、处理能力。

B. 专业知识和技能。了解西餐风味流派及其发展历史、饮食文化、就餐礼节、餐饮服务等基本知识，掌握西餐餐饮服务的基本技能；掌握西餐厨房常用原料、工具、设备、技法和行业术语，具备在英语工作环境中实现交流的能力；掌握常用西餐烹饪原料性状、营养、鉴别、加工、保管等基本知识；掌握膳食营养基础知识和食品安全卫生知识，能进行合理的膳食营养搭配；掌握一定的成本核算知识，能进行简单菜点成本核算；了解餐饮企业西餐厨房组织管理、岗位设置及基本工作职责分工；熟悉西餐厨房各岗位流程、标准、衔接配合，具备符合厨房各岗位职责要求的基本工作能力。

③中西面点专业

培养具有中西式点心制作技术的基本理论和技能并能在食品原辅料及成品生产加工、流通和消费领域从事中西式点心制作、生产管理、产品推广与开发及技术服务的应用型技术人员。

2）烹饪高等职业教育

（1）发展概况

烹饪科学进入高等学府最初只是作为一门课程，其作为一个专业或一个系在高等院校中设立是在中华人民共和国成立以后。20世纪50年代末至60年代初，为了继承和发扬中国烹饪文化，在商业部门的积极支持下，黑龙江商学院（现哈尔滨商业大学，下同）于1959年创办了中国历史上第一个大专学历层次的公共饮食系（后改为烹饪系），并以调干的形式，在全国饮食技术骨干中招收了"烹饪研究班""烹饪专修班"共4班146名学员。同时，上海财经学院也设置过烹饪专业，但均未成气候，只招收过一届学员而已。

中国烹饪正式步入高等教育的殿堂，是在20世纪80年代初期。当时，江苏商业专科学校（现扬州大学旅游烹饪学院，下同）的领导独具慧眼，成为中国烹饪高等职业教育的拓荒者。1983年，经原国家教委批准，江苏商业专科学校设立了中国烹饪系。同年9月，面向全国招收第一批烹饪工艺专科班学生，开创了我国正规烹饪高等职业教育的先河。那时，这一新生事物受到了社会广泛关注，《光明日报》《人民日报》等新闻单位都曾做了报道，商业部、教育部等有关部门的领导也都给予了积极的关心和重视。

改革开放以来，随着市场活跃，我国餐饮业得到空前发展，并成为我国现代化经济增长的一个亮点。但就总体来讲，烹饪工作者的自身素质水平低于其他行业，远远不能适应现代化建设、改革开放的形势发展。在这种情况下，提高烹饪工作者的基本素质、促进行业发展、加强企业建设成为当务之急。另外，已经形成的中等烹饪职业教育，其师资水平处于低层次水平，培养烹饪中等职业教育师资的任务也显然需要高等教育来完成。为此，不少专家、学者都呼吁尽快成立高等烹饪院校、培养高级烹饪技术人员和研究人员以适应对外开放扩大和餐饮业现代化发展。商业部作为当时全国饮食行业的主管部门，专门组织了对烹饪高等职业教育的论证，提出了开办烹饪专业的方案，并得到了教育部批准。这也标志着国家对烹饪高等职业教育正式肯定。

继 1983 年江苏商专组建中国烹饪系之后，全国不少院校也相继创办了烹饪专业。1985 年，全国第一所专门培养烹饪技术人才的高等院校——四川烹饪专科学校在成都成立。同时，商业部还按东（江苏商业专科学校，现扬州大学旅游烹饪学院）、南（广东商学院，现广东财经大学）、西（四川烹饪专科学校，现四川旅游学院）、北（黑龙江商学院，现哈尔滨商业大学）、中（武汉服务学院，现武汉商学院）地区布局，分别建立了高等烹饪专业，形成了烹饪高等职业教育的重要力量。

20 世纪 80 年代末至今，是中国烹饪高等职业教育的发展探索阶段。在这一阶段，我国开设烹饪专业的高等职业院校不断增多，办学主体呈现多元化。目前全国各省、自治区、直辖市都设有开展烹饪高等职业教育的院校，有的省、市还有多所开办烹饪高等职业教育的院校。

截至 2020 年，全国开设烹调工艺与营养专业的高职院校有 247 所，开设中西面点工艺专业的院校有 44 所，开设西餐工艺专业的院校有 41 所，开设营养配餐专业的院校有 12 所，开设餐饮管理专业的院校有 43 所。

（2）专业设置及培养目标

2004 年教育部《普通高等学校高职高专教育指导性专业目录（试行）》（教高〔2004〕3 号）在餐饮管理与服务类中设烹饪工艺与营养专业（专业代码：640202）。以后几年中，教育部核定招生的目录外专业还有中西面点工艺、西餐工艺、营养与配餐等。教育部 2021 年版《职业教育专业目录》中高等职业教育餐饮类专业见表 9.2。

表 9.2　高等职业教育餐饮类专业目录

专业大类	专业类	专业代码	专业名称	基本修业年限	就业面向	职业资格证书举例	衔接中职专业举例	接续本科专业举例
旅游大类	餐饮类	540201	餐饮智能管理	3年	主要面向大中型餐饮企业、星级饭店，在餐饮服务等岗位，从事餐饮一线生产、经营管理、酒店服务与管理等工作	餐厅服务员（初级、中级）	高星级饭店运营与管理	烹饪与餐饮管理、酒店管理、旅游管理
		540202	烹饪工艺与营养专业	3年	主要面向大中型餐饮企业、星级饭店，在餐饮、厨房等岗位，从事餐饮一线生产、经营管理、食品加工等工作	中式烹调师（初级、中级）、营养配餐师（初级、中级）	中餐烹饪	烹饪与餐饮管理、烹饪与营养教育、食品科学与工程
		540203	中西面点工艺	3年	主要面向大中型餐饮企业、星级饭店的餐饮部门、厨房及各类企事业单位的后勤餐饮服务等部门或独立的中式面点企业及烘焙、西点企业，从事中西面点生产、艺术面包师、糕点主厨、菜单设计、中西面点开发、蛋糕设计等工作	中式面点师（初级、中级）、西式面点师（初级、中级）、营养配餐师（初级、中级）	中西面点	

专业大类	专业类	专业代码	专业名称	基本修业年限	就业面向	职业资格证书举例	衔接中职专业举例	接续本科专业举例
		540204	西式烹饪工艺	3年	主要面向大中型餐饮企业、星级酒店等单位的西餐部门或独立的西餐企业，从事西餐菜品切配、烹调，西式面点制作等工作	西式烹调师（初级、中级）、西式面点师（初级、中级）、营养配餐师（初级、中级）	西餐烹饪	
		540205	营养配餐	3年	主要面向大中型餐饮企业、星级饭店等单位的餐饮部门、厨房及各类企事业单位的后勤餐饮服务等部门，从事餐饮企业、食品加工企业开发营养标签、零点菜单，针对客情设计宴会营养菜单、开发特殊人群的营养菜单等工作	营养配餐师（初级、中级）、公共营养师（初级、中级）	中餐烹饪、西餐烹饪、中西面点	

①餐饮智能管理专业。

A. 培养目标。本专业培养德、智、体、美、劳全面发展，具有良好职业道德和人文素养，掌握餐饮管理专业所必需的文化知识、现代烹饪专业理论知识，具备餐饮一线生产和经营管理能力，从事餐饮和酒店产品研发、营销、经营管理、酒店服务等工作的高素质技术技能人才。

B. 主要职业能力。具备对新知识、新技能的学习能力和创新创业能力；具备对现代烹饪设施、设备操作及维护的能力并能应用现代营养学、食品卫生学和食疗保健基础知识进行菜肴创新的能力；掌握本专业工作所必需的专业英语、中西烹调、面点基本理论、餐饮管理等知识，了解食品卫生安全控制知识；掌握餐饮成本的构成规律与核算的常用方法及厨房生产组织和管理能力；掌握常见的烹饪技法，熟悉我国各地具有代表性菜品的制作工艺流程和风味特色；熟悉餐饮企业部门运行管理与业务流程，现代厨房、餐厅布局常识和中央厨房运行的基本规律。

C. 核心课程。烹饪概论、烹饪工艺基础、语言艺术与交流技巧、食品安全与良好操作规范、宴席设计与服务程序、地方风味制作、餐饮企业运行管理、餐饮信息管理技术、财务管理等。

②烹饪工艺与营养专业。

A. 培养目标。本专业培养德、智、体、美、劳全面发展，具有良好职业道德和人文素养，掌握烹饪工艺与营养专业所必需的文化基础和烹饪专业知识，具备餐饮一线生产和经营管理能力，从事现代餐饮、酒店工作的高素质技术技能人才。

B. 主要职业能力。具备对新知识、新技能的学习能力和创新创业能力；具备一定的厨房生产组织和管理、宴会策划及餐饮营销能力；具备烹饪原料选择、鉴别及初加工和刀工处理能力；具备较强的烹饪实践操作能力及营养分析与营养配餐能力；掌握食品营养配餐、食品卫生安全控制、餐饮英语和烹饪基本理论知识。

C. 核心课程。烹饪营养与配餐、餐饮安全与控制、烹饪原料、中式烹调工艺与实训、中式面点工艺与实训、宴会设计与管理、餐饮生产流程管理等。

③中西面点工艺专业。

A. 培养目标。本专业培养德、智、体、美、劳全面发展，具有良好职业道德和人文素养，掌握中西面点工艺专业所必需的文化知识、现代烹饪专业理论知识，遵守餐饮业操作规范，具备餐饮生产和经营管理能力，从事餐饮业、酒店业中西面点生产、研发、营销、管理工作的高素质技术技能人才。

B. 主要职业能力。具备对新知识、新技能的学习能力和创新创业能力；具备厨房生产组织和管理、宴会策划及餐饮营销能力；具备烹饪原材料营养卫生分析、中西面点设计开发、营养配餐能力；掌握本专业工作所必需的专业英语、中西面点基本理论、餐饮管理等知识，了解食品卫生安全控制方面的知识；熟练掌握中西面点的制作方法。

C. 核心课程。中西烹饪原料、烹饪营养与配餐、餐饮安全与控制、中式面点工艺、西式面点工艺、面点开发与创新、烘焙经营与管理等。

④西式烹饪工艺专业。

A. 培养目标。本专业培养德、智、体、美、劳全面发展，具有良好职业道德和人文素养，掌握西餐专业理论知识，遵守餐饮业操作规范，具备西餐生产和经营管理能力，从事西餐生产、研发、服务、管理等工作的高素质技术技能人才。

B. 主要职业能力。具备对新知识、新技能的学习能力和创新创业能力；具备西餐烹调、西式面点制作能力；具备原料鉴别与加工、西式菜品创新与研发能力；具备西式宴会的组织与策划能力；掌握本专业工作所必需的专业英语、西式餐饮基本礼仪、西式烹调基本理论及器具规范操作等知识；了解食品卫生安全控制知识。

C. 核心课程。烹饪营养与安全、营养配餐与设计、西式烹调工艺与实训、西式面点工艺与实训、西式宴会设计与管理、西餐礼仪与文化等。

⑤营养配餐专业。

A. 培养目标。本专业培养德、智、体、美、劳全面发展，具有良好职业道德和人文素养，掌握营养配餐专业所必需的专业理论知识，具备餐饮一线生产与经营管理能力，从事餐饮业、酒店业、企事业单位后勤的营养配餐、生产管理等工作的高素质技术技能人才。

B. 主要职业能力。具备对新知识、新技能的学习能力和创新创业能力；具备菜点产品设计开发、宴会策划与餐饮营销、餐饮信息化操作能力；具备现代化设备、工具的应用能力；具备较强的营养分析与配餐、烹饪安全控制能力；具备一般原料加工、烹调操作实践、厨房生产组织和管理能力；掌握食品营养配餐、食品卫生安全控制、基础烹饪英语词汇、烹饪基础理论等知识。

C. 核心课程。烹饪原料、烹饪营养学、营养配餐、饮食保健、餐饮安全与控制、中式面点工艺、中式烹调工艺、餐饮经营与管理等。

3）烹饪本科教育

（1）发展概况

1989 年，黑龙江商学院旅游烹饪系创办了烹饪营养方向的本科生教育。但当时餐饮业营养观念淡薄和管理体制上的诸多弊病等因素造成人才市场封闭，毕业生择业十分困难，加上"烹饪营养方向"批复时附于"餐饮企业管理"专业下，后因专业目录取消，"方向"无从依挂，因此一届而止。后来随着我国烹饪中、高等职业教育迅速发展，培养具有本科学历的烹饪专业职教师资被提上议事日程。1994 年，扬州大学商学院（现扬州大学旅游烹饪学院）中国烹饪专业从专科升格为本科，专业名称为烹饪教育（下设烹饪营养与科学方向，专业代码为 040431W），学制 4 年。1996 年，原国家教育委员会登记备案了河北师范大学的烹饪与营养教育本科专业，并于 1997 年开始招生。1998 年，在教育部颁布的《普通高等学校本科专业目录》中，烹饪与营养教育专业列为目录外专业，专业代号为 040333W。随后，河南科技学院（原河南职业技术师范学院）、黄山学院、济南大学、岭南师范学院（原湛江师范学院）等院校相继开办了烹饪与营养教育专业。2012 年 9 月 14 日，教育部颁布的《普通高等学校本科专业目录（2012 年）》（教高〔2012〕9 号）中烹饪与营养教育作为特设专业，专业代码为 082708T。2021 年 3 月 12 日，教育部颁布的《职业教育专业目录（2021 年）》，新增高等职业教育本科专业"烹饪与餐饮管理"。

截至 2021 年 3 月，全国经教育部备案或审批同意设置烹饪与营养教育专业的院校共有 29 所大学的 33 个院、系（表 9.3）。

表 9.3　经教育部备案或审批同意设置烹饪与营养教育专业的院校一览表

地　区	包含省、自治区、直辖市以及中国港澳台地区	开设院校名称（备案或审批年度）	开设院校数量
东北地区	辽宁、吉林、黑龙江	哈尔滨商业大学职业技术学院（1998） 哈尔滨商业大学旅游烹饪学院（2008） 吉林农业科技学院食品工程学院（2005） 吉林工商学院旅游管理分院（2009）	3+1
华北地区	北京、天津、河北、山西、内蒙古	河北师范大学旅游学院（1996） 内蒙古师范大学（2013） 内蒙古财经大学（2013） 北京联合大学（2016） 山西工商学院（2020）	5
华东地区	山东、江苏、安徽、浙江、福建、上海	扬州大学旅游烹饪学院（1994） 安徽科技学院工学院（2004） 黄山学院旅游学院（2002） 济南大学酒店管理学院（2002） 济南大学泉城学院（2005） 青岛滨海学院（2019） 福建技术师范学院（2020） 福建商学院（2020）	7+1
华中地区	湖北、湖南、河南、江西	河南科技学院食品学院（1999） 河南科技学院新科学院（2014） 湖北经济学院旅游与酒店管理学院（2003） 湖北经济学院旅游与酒店法商学院（2008） 武汉商学院烹饪与食品工程学院（2013） 武汉生物工程学院（2017） 信阳农林学院（2020）	5+2
西南地区	四川、云南、贵州、西藏、重庆	昆明学院旅游学院（2010） 四川旅游学院（2014） 桂林旅游学院（2016） 普洱学院（2016）	4
华南地区	广东、广西、海南	韩山师范学院旅游管理系（2009） 湛江师范学院生命科学与技术学院（2003） 广西民族大学相思湖学院（2007） 广东第二师范学院（2013） 北部湾大学（2019）	5
西北地区	宁夏、新疆、青海、陕西、甘肃		0
中国港澳台地区	中国香港地区、中国澳门地区、中国台湾地区		0
合　计			29+4

注：本表数据源于中华人民共和国教育部门户网站；"+"号后面的数，指有几所高校中同时有两个学院招生。

（2）烹饪与营养教育专业的性质

2012 年 9 月，教育部颁布的《普通高等学校本科专业目录（2012 年）》，将烹饪与营养教育专业正式列入目录内特设专业，并将其归属于食品科学与工程类专业，按照学科门类统一授予工学学士，改变了过去不同学校授予理学、工学、教育学、文学学士学位等混乱状态，为今后烹饪高等教育进一步规范与健康发展奠定了基础。

4）烹饪研究生教育

1993 年，原黑龙江商学院利用学科群优势在食品科学目录下招收了首批烹饪硕士研究生，1996 年首批烹饪科学硕士毕业后，1998 年又连续培养现代快餐（即传统食品工业化）硕士。2006 年，哈尔滨商业大学博士学位授权点中有全国唯一的餐饮食品工业化研究方向。2001 年，原黑龙江商学院在食品科学目录下开始培养烹饪职教师资硕士，扬州大学烹饪与营养教育专业挂靠运动人体科学硕士点，增设运动与营养保健研究方向，并接受烹饪与营养教育专业推荐的优秀本科生免试攻读硕士学位。2002 年，扬州大学烹饪与营养教育专业和食品科学专业联合申报食品科学硕士点作为食品科学专业硕士点的特色，下设烹饪科学研究方向，同年，扬州大学获得中等职业院校教师在职攻读硕士学位（课程与教学论专业硕士点烹饪教育研究方向）授予权。2016 年，教育部正式批准哈尔滨商业大学设立烹饪科学硕士学位点，2017 年开始招收真正意义上的烹饪科学硕士研究生。

关于烹饪学科博士培养，早在 2006 年哈尔滨商业大学就在食品科学学科下设有餐饮食品（传统食品）工业化方向，烹饪学科博士培养已在探索中。2019 年，扬州大学旅游烹饪学院在食品科学与工程博士点下设置烹饪科学技术与营养方向，首批招录了 3 名博士生，主要研究淮扬菜烹饪技艺。

表 9.4　2020 年全国烹饪研究生招生学科与方向目录

硕士研究生				博士研究生		备注（招生院校）
学术学位		专业学位		学术学位		
专业名称（代码）	专业方向（代码）	专业名称（代码）	专业方向（代码）	专业名称（代码）	专业方向（代码）	
营养与食品卫生学（077903）	（全日制）烹饪营养与卫生（03）	生物与医药硕士（086000）	（全日制）烹饪与营养膳食（04）（非全日制）烹饪与营养膳食（08）	食品科学与工程（083200）	烹饪科学技术与营养（05）	扬州大学旅游烹饪学院·食品科学与工程学院
食品科学与工程（083200）	（全日制）烹饪科学与工程（06）	农业硕士（食品加工与安全）（095135）	（非全日制）烹饪工艺与安全（07）	—	—	
食品科学与工程（097200）	（全日制）烹饪科学与工程（06）	—	—	—	—	
营养与食品卫生学（100403）	（全日制）烹饪营养与卫生（03）	—	—	—	—	
烹饪科学（0832Z4）	（全日制）传统烹饪工业化（01）（全日制）烹饪营养与科学（02）	—	—	—	—	哈尔滨商业大学旅游烹饪学院

9.1.3 烹饪中高等教育贯通的基本模式

《国务院关于加快发展现代职业教育的决定》（国发〔2014〕19号）提出加快构建现代职业教育体系，教育部等6部门制定的《现代职业教育体系建设规划（2014—2020年）》（教发〔2014〕6号）按照终身教育的理念，设计了服务需求、开放融合、纵向流动、双向沟通的现代职业教育的体系框架（图9.2）。对烹饪教育来说，也要系统构建从中职、专科、本科到专业学位研究生的培养体系，满足各层次技术技能人才的教育需求，服务一线劳动者的职业成长。目前，我国烹饪中高等教育贯通的基本模式有以下几种。

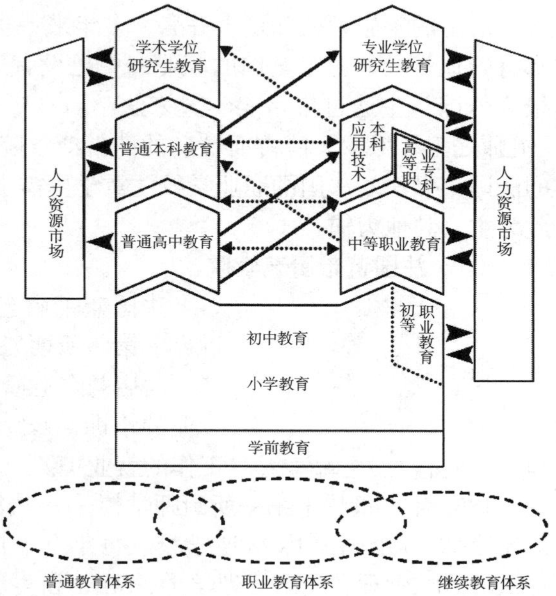

图 9.2　教育体系基本框架示意图

1)"对口升学"模式

中职与高职各自根据自己的学制年限进行教育，部分中职毕业生完成三年中职学习，通过对口升学考试进入专业对口的高职专科或应用型本科院校接受职业教育，这就是"对口升学"模式。在这种模式下，中职毕业生自主选择报考，中高职学校没有合作关系。

2)"一贯制"模式

这种模式是一所高职院校或应用型本科院校与几所中职学校形成的衔接模式，通常称为"3+2""2+3""3+4"分段制。"3+2"和"2+3"指学生在完成中等职业教育（2年或3年）的基础上接受高职教育（2年或3年），毕业后发给相应的中职和高职毕业证书。

所谓"3+4"本科指学生入学后，前三年注册中等职业学校学生学籍；3年期满符合本科录取条件者，升入本科层次学习4年，注册高等学校学生学籍。修业期满、成绩合格者由学校颁发普通高等教育本科毕业证书，符合学位授予条件者由应用型本科院校授予学士学位。

一般情况下，这种模式下的中职和高职学校之间是有合作关系的。

3)"直通制"模式

这是在一所高职院校内部实施的模式，也称"五年一贯制"，即由高职院校直接招收初中毕业生入学，前3年按中专教学计划实施教育，然后按3年的学业成绩和综合表现择优选拔部分学生升入专科。升入专科的学生再学习2年，完成高职专科学业，考试合格颁发专科毕业证书；未升入专科的学生，完成中专学业，毕业时发给中专毕业证书。这是一种在教学计划上整体贯通、在学籍管理上分段衔接的中高等职业教育衔接模式。

9.1.4 国外烹饪教育简介

1)法国烹饪教育

烹饪教育在法国可以追溯到19世纪，在1804年就出现了专门教授烹饪技术的学校，而烹饪高等职业教育则是在 20 世纪 80 年代形成的。烹饪高等职业教育学制为两年，主要招收高中毕业会考毕业生，培训机构为设在技术高中内的高级技术员班（简称"STS"），所有学习合格的学生将获得高级技术员证书（简称"BTS"）。其专业证书的教育层次类似于中国的大专、高职等。

法国的餐旅学校和瑞士齐名，多年来一直吸引着世界各国的学生和职业人员。法国各地都有餐饮学校，遍布全国的职业高中也设有烹饪基础课，不少法国名厨曾在这类学校学习。很多外国学生通过申请奖学金来法学习，毕业后拿"职业会考文凭"（相当于大专）。法国"厨师之王"保罗·博古斯赞助的博古斯学院这类私立学校都向外国学生开放，教授最地道的法国菜做法。法国的职业学校注重学生需求，尤其是烹饪，如果学生想学甜点，学校就以此为主，其他为辅。

（1）法国蓝带厨艺学院

法国蓝带厨艺学院（Le Cordon Bleu Culinary Arts Institute）是世界上第一所西餐与西点人才专业培训学校（图 9.3）。该校在厨艺、酒店与名胜管理、会议与节事管理以及饭店经营领域提供最专业的培训，修完全球厨艺餐饮界皆认可的证书等于取得在全球工作的就业护照。

图 9.3　法国蓝带厨艺学院标志

1895 年，世界上第一所厨师学校——法国蓝带学校在巴黎成立。100 年后法国蓝带分校遍布全球 15 个国家共 28 所学校。每年有来自 70 多个不同国家的两万多名学生。法国蓝带提供的餐饮管理和酒店管理学士、MBA 和美食学硕士学位。

（2）法国保罗·博古斯酒店与厨艺学院

保罗·博古斯酒店与厨艺学院（Institute Paul Bocuse）位于素有"法国美食之都"之称的里昂市。该校由法国著名厨师保罗·博古斯建立于 1990 年，现任主席为雅高（ACCOR）集团的创始人兼合作主席吉拉尔·贝里松。该校建在庄重的维耶城堡内，每年有来自 35 个国家和地区的 300 余名学生到此深造法国的传统酒店与厨艺学。

2）美国烹饪教育

美国注重烹饪教育，有几百所厨艺学院和学校，纽约大学、爱德华州立科技大学等 6 所大学授予厨艺有关科目的博士学位，18 所高等院校授予硕士学位，授予学士和准学士学位的院校就更多了。主修厨艺学士学位的学生，要修习 34 门课程，除了有关烹饪技术的课程外，还要修习《餐馆经营》《厨房管理》《市场行销》《食物成本》《酒品知识》《营养学》《卫生学》《财政学》《食物管理教学》《菜单和装修设计》等课程。

（1）美国厨艺学院

纽约州的"美国厨艺学院"（The Culinary Institute of America，缩写为 CIA）是美国最著名的培养大厨的学府，设立于 1946 年，有着超过半个世纪之久的历史，同时也是美国所有烹饪烘焙厨艺学院中的佼佼者（图 9.4）。最初，CIA 设立于康乃迪克州的 New Haven 市中心，当时学生的人数仅有 50 人。也许因为赶上了时代的潮流，学校发展极为迅速。在第二年，就在耶鲁大学的外围建起了有 40 间教室的教学楼，多少有些像模像样了。到 1969 年，学校已有 1 000 名学生，教师和设备供不应求，学校决定另选新址。一年后，学校在纽约海德公园用 100 万美元买下一座有 150 间屋子的教学楼，用了两年时间建成了今天

图 9.4　美国厨艺学院标志

CIA 的雏形。随后经过几十年发展，CIA 不仅有了一个占地数十英亩的校园，还在加州格累斯顿建了一个分校。

（2）麦当劳汉堡大学

麦当劳汉堡大学是麦当劳的全球培训发展中心，旨在为员工提供系统的餐厅营运管理及领导力发展培训，确保麦当劳在运营管理、服务管理、产品质量和清洁度方面坚守统一标准。麦当劳汉堡大学于 1961 年由麦当劳的前高级董事长弗雷德·特纳创立，现位于美国伊利诺伊州芝加哥橡溪镇（Oak Brook）。位于美国的麦当劳汉堡大学弗雷德·特纳学习中心，是一家拥有 12 000 平方米的培训机构，由 30 位来自世界各地的全职教授传授专业培训课程。麦当劳汉堡大学是麦当劳全球性的训练发展中心，针对全球麦当劳系统内人员提供一系列营运及管理课程。全世界目前一共有 7 所麦当劳汉堡大学，包括美国芝加哥汉堡大学、德国慕尼黑汉堡大学、英国伦敦汉堡大学、巴西圣保罗汉堡大学、澳大利亚悉尼汉堡大学、日本东京汉堡大学以及刚刚成立的中国汉堡大学。自汉堡大学成立 59 年来，全球范围内共有超过125 000 名毕业学员。

3）瑞士烹饪教育

（1）瑞士洛桑酒店管理学院

瑞士洛桑酒店管理学院（Ecole hôtelière de Lausanne，EHL）于 1893 年创立于日内瓦湖畔的一家旅馆里，是世界上第一所专门培养旅馆业管理人员的学校。1975 年，学校从湖畔迁至洛桑城北依山傍湖的哥白镇。洛桑只有酒店管理一个专业，特色鲜明，在全球酒店管理专业大学中排名第一。洛桑目前取得了 3 项认证：在瑞士国内，1998 年，洛桑酒店管理学院被瑞士联邦政府列入高等职业院校序列（Switzerland's University of Applied Sciences，HES-SO or Haute Ecole Spécialisée de Suisse Occidentale），是迄今为止得到联邦政府承认的唯一一所以酒店管理为专业的大学；国际上，洛桑酒店管理学院得到了美国新英格兰高校协会（New England Association of Schools and Colleges，NEASC）认证，其学历在全球 60 多个国家得到承认；洛桑酒店管理学院也是瑞士唯一一所得到中华人民共和国教育部承认学历的四年制本科大学。

（2）瑞士恺撒里兹酒店管理与西餐西点烹饪学校

恺撒里兹 CESAR RITZ，成立于 1982 年，是瑞士名望最高的西餐西点学校，代表瑞士国家形象在奥运会上参展"瑞士屋"，在全球有 6 所分校，主要教授法国、瑞士、意大利西餐西点。学制分两种：一种是只读 1 年 3 个月的纯技术（西餐西点双修），另一种是 2 年 3 个月技术＋厨房管理课程，毕业后可以获得副学士学位，相当于国内的大专。

（3）瑞士 BHMS 国际酒店商业管理学院

BHMS瑞士工商酒店管理学院（Business & Hotel Management School，BHMS）始建于 1928 年，坐落于瑞士著名的旅游城市琉森（也译为卢塞恩），提供本科及硕士课程，学位由英国或美国的合作院校颁发。校区位于琉森市中心，教学楼、学生公寓分别坐落于琉森市的不同位置，设有旅游及酒店管理专业，颁发文凭、高级文凭、本科学位、研究院文凭和硕士学位证书，学位由英国或美国合作的院校颁发。主要专业有 MBA 课程、酒店管理本科学士学位、酒店管理高等大专文凭、酒店管理大专文凭、烹饪厨艺大专文凭、酒店管理研究生文凭等。

4）日本烹饪教育

日本重视烹饪教育，日本辻烹饪集团校创立于 1960 年，创始人辻静雄是日本获得"法国最佳厨师奖（M.O.F.）"的第一人。辻烹饪集团校下设14所分校，不仅在日本最大的两座城市——东京、大阪各有其分校，而且在法国的里昂也有辻烹饪集团校独立经营、供毕业生们进一步深造的分校，是日本培养餐饮管理及烹饪方面专业人才的摇篮。

（1）大阪阿倍野辻厨师专门学校

辻厨师专门学校不仅培养烹调师，而且培养从事各种与饮食相关工作的人才，是厚生省劳动大臣指定的专修学校。

该校设有3个学科。一是烹调技术经营管理学科，学制2年。在校生可取得大阪府河豚处理资格会员证的考试资格、技术考查考试资格以及餐厅服务技能3级考试资格；毕业时可取得烹调师证（免国家考试）、专门技师资格、厨师培训基地助理、食品技术管理人员资格。二是烹调师本科（烹调班），学制1年。这个班除了培养烹调师之外，还培养医院专用烹饪人才、饮食评论人才、料理研究人才等与饮食相关的各种人才。因此，除了烹调实习之外，还要广泛地学习烹调理论、营养学等课程。烹调班可取得烹调师证（免国家考试）、大阪府河豚处理资格会员证。三是烹调师本科（咖啡班），不仅要学习烹调基础，还要综合学习关于咖啡的基础知识和造型创意以及菜品的搭配。咖啡班可取得烹调师证（免国家考试）、大阪府河豚处理资格会员证。

（2）大阪阿倍野辻点心专门学校

辻点心专门学校讲授从传统点心到最新点心品种，重基础，着重培养制作点心的一线人才。它是厚生省劳动大臣指定的专修学校，学制1年。在辻点心专门学校，除了学习法国、德国以及维也纳的西式点心外，还要学习烘焙面包以及凝聚了日本传统文化的和式点心。同时，还要掌握巧克力、拉糖工艺等技术，学习卫生、营养等实用知识。毕业时可取得点心卫生师国家考试资格。

［任务总结］

中国烹饪教育不断地发展和提高，逐步形成了从初等、中等到高等，从全日制到自学考试，从学历教育到岗位培训，国办和私立并存，普通教育与成人教育并举的比较完备的教育体系。在国外，许多国家也重视烹饪教育，有一流的烹饪学院，这些学院的名气一点不输于综合性名校。

任务2　理解烹饪职业技能等级认定的内涵

［案例导入］

厨师必须要"持证上岗"吗？

2014年春节刚过，38岁的厨师苏某因找工作急需，来到市职业技能鉴定中心，想马上报名参加中式高级烹调师的考核，并且想要在一周之内拿到职业资格证书。当工作人员告诉他职业技能鉴定有相关的程序，不可能很快拿到时，苏大厨有些沮丧。

苏大厨于 1995 年毕业于某中职学校的烹饪专业,当年毕业时顺利考取了中式烹调中级资格证书。经过近 20 年磨炼,苏大厨已经成长为一名技术精湛、技艺高超的厨师,在本市一家知名酒店担任厨师长工作。2013 年,他所工作的酒店和众多酒店一样,因受到经济、政策、成本等众多因素影响,日常经营受到强烈冲击。苏大厨想调换工作单位的想法也油然而生。

2014 年初,某大城市高尔夫球场的老总想聘请苏大厨到他的高尔夫球场内的餐厅担任厨师长。经过几次接洽,苏大厨对高尔夫球场老总的为人、餐厅的工作环境、工资待遇都非常满意。球场老总问道:"你做厨师这么多年,是啥级别?"苏大厨还是觉得很为难,这也就有了本文开头的一幕。

[任务布置]

随着职业资格改革深入,技能人员职业资格大幅减少,作为技能人才评价的主要方式,职业资格评价已难以满足技能劳动者需要,技能人才评价制度亟须改革完善,职业技能等级制度亟须建立,并与职业资格制度相衔接。烹饪职业技能等级证书是一个人烹饪技术水平高低的主要证明。现在厨师找工作,如果只是中小型饭店,主要还是靠个人烹饪技术,基本不要求技能等级证。但是,大型餐饮企业和星级饭店则是个人烹饪技术和技能等级证并重的,如果没有技能等级证基本上会受影响。那么,如何才能获取国家职业技能等级证书呢?下面,我们来学习本课内容(图 9.5)。

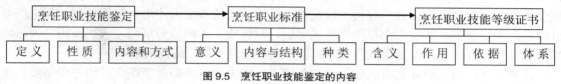

图 9.5 烹饪职业技能鉴定的内容

[任务实施]

9.2.1 国家职业资格证书制度

国家职业资格证书制度是劳动就业制度的一项重要内容,也是一种特殊形式的国家考试制度。它指按照国家制定的职业技能标准或任职资格条件,通过政府认定的考核鉴定机构对劳动者的技能水平或职业资格进行客观公正、科学规范的鉴定,对合格者授予相应的国家职业资格证书。

国家职业资格证书是表明劳动者具有从事某一职业所必备的学识和技能的证明。它是劳动者求职、任职、开业的资格凭证,是用人单位招聘、录用劳动者的主要依据,也是境外就业、对外劳务合作人员办理技能水平公证的有效证件。

《中华人民共和国劳动法》第八章第六十九条规定:"国家确定职业分类,对规定的职业制定职业技能标准,实行职业资格证书制度,由经备案的考核鉴定机构负责对劳动者实施职业技能考核鉴定。"《职业教育法》第一章第八条明确指出:"实施职业教育应当根据实际需要,同国家制定的职业分类和职业等级标准相适应,实行学历文凭、培训证书和职业资格证书制度。"这些法规确定了国家推行职业资格证书制度和开展职业技能鉴定的法律依据。

1)国家职业资格分类

我国从 1994 年开始实行职业资格制度,从人员范围来讲包括专业技术人员职业资格和技能人员职业资格；从性质来讲包括准入类职业资格和水平评价类职业资格。准入类职业资格是对涉及公共安全、人身健康、人民生命财产安全等特殊职业，依据有关法律、行政法规或国务院决定设置，如教师资格、法律职业资格、医生资格等。水平评价类是对社会通用性强、专业性强、技能要求高的职业（工种），根据经济社会发展的需要而实行职业技能等级认定，如中式烹调师、中式面点师、西式烹调师、西式面点师等。根据国家职业资格制度改革的总体思路，在2020年底前，技能人员水平评价类职业资格全部转为职业技能等级认定。

人力资源和社会保障部《关于改革完善技能人才评价制度的意见》（人社部发〔2019〕90号），职业技能等级由用人单位和社会培训评价组织按照有关规定开展职业技能等级认定。符合条件的用人单位可结合实际面向本单位职工自主开展，符合条件的用人单位按规定面向本单位以外人员提供职业技能等级认定服务。符合条件的社会培训评价组织可根据市场和就业需要面向全体劳动者开展。职业技能等级认定要坚持客观、公正、科学、规范原则，认定结果要经得起市场检验、为社会广泛认可。

2）职业技能等级制度与职业资格评价制度比较

评价主体不同。职业资格评价是由政府认定的，而职业技能等级认定是由企业等用人单位和社会培训评价组织第三方机构这两类主体按照有关规定开展的，实行社会化等级认定，接受市场和社会认可与检验，有利于形成以市场为导向的技能人才培养使用机制，促进产业升级和高质量发展。实行职业技能等级认定后，对技能人才的培养培训、选拔使用、表彰激励都会起到积极作用，也能为技能人才成长、成才提供更加广阔的天地。

评价方式不同。职业资格制度由政府部门进行能力鉴定，而对于职业技能等级制度，企业可以自主选择过程考核、结果鉴定、业绩评审、技能竞赛、校企合作等多种评价方式，充分发挥了用人单位的主体作用，谁用人、谁评价、谁发证、谁负责。使评价与培养、使用与激励相结合，拓展了技能人才成长通道，对推动技能提升行动、弘扬劳模精神和工匠精神及培养知识型、技能型、创新型劳动者具有重要意义。

3）职业技能等级证书颁发

"谁用人、谁评价、谁发证、谁负责。"职业技能等级证书由用人单位和社会培训评价组织颁发，由人力资源和社会保障部制定编码规则和规范证书（或电子证书）样式。按规定发放的职业技能等级证书被纳入人才统计和认定范围，作为落实有关人才政策的依据。职业技能等级证书"含金量"等同于国家职业资格证书。

被纳入目录的用人单位和社会培训评价组织，参照人力资源和社会保障部制定的职业技能等级证书编码规则和样式，制作并颁发职业技能等级证书（或电子证书）。按规定发放的职业技能等级证书信息可在人力资源和社会保障部职业技能鉴定中心全国联网查询系统上查询，取得证书的人员被纳入人才统计和认定范围，落实相关政策，兑现相应待遇。

职业技能等级证书编码由1位大写英文字母和21位阿拉伯数字组成，主要包括7部分：评价机构类别代码、评价机构代码、评价机构（站点）所在地省级代码、评价机构（站点）序列码、证书核发年份代码、职业技能等级代码、证书序列码。其中，第一至第四部分由人力资源社会保障部门赋码，第五至第七部分由评价机构赋码。具体表现形式见表9.5。

表 9.5 职业技能等级证书编码构成

序号	1	2	3	4	5	6	7	8	9	10	11	12	13	14	15	16	17	18	19	20	21	22
说明	评价机构类别代码	评价机构代码				评价机构（站点）所在地省级代码		评价机构（站点）序列码						证书核发年份代码		职业技能等级代码	证书序列码					
来源		人力资源和社会保障部门确定														评价机构确定						

第一位是评价机构类别代码。用人单位和社会培训评价组织，分别用大写英文字母 Y 和 S 表示。

第二至第五位是评价机构代码，评价机构先行向人力资源和社会保障部备案的，由人力资源和社会保障部确定并赋码，代码使用阿拉伯数字，从 0001—9999 依次取值；评价机构先行向省级人力资源社会保障部门备案的，固定取值 0000。

第六至第七位是评价机构（站点）所在地省级代码（表 9.6）。

表 9.6 职业技能等级评价机构（站点）所在地省级代码表

代 码	名 称	代 码	名 称	代 码	名 称
11	北京市	12	天津市	13	河北省
14	山西省	15	内蒙古自治区	21	辽宁省
22	吉林省	23	黑龙江省	31	上海市
32	江苏省	33	浙江省	34	安徽省
35	福建省	36	江西省	37	山东省
41	河南省	42	湖北省	43	湖南省
44	广东省	45	广西壮族自治区	46	海南省
50	重庆市	51	四川省	52	贵州省
53	云南省	54	西藏自治区	61	陕西省
62	甘肃省	63	青海省	64	宁夏回族自治区
65	新疆维吾尔自治区	66	新疆生产建设兵团	71	台湾地区
81	香港特别行政区	82	澳门特别行政区		

第八至第十三位是评价机构（站点）序列码，使用阿拉伯数字，由评价机构（站点）参保地省级人力资源和社会保障部统筹研究确定并赋码。

第十四至第十五位是证书核发年份代码，用阿拉伯数字表示，取公元纪年后两位，例如，19 表示证书核发时间为 2019 年。

第十六位是职业技能等级代码，一级（高级技师）、二级（技师）、三级（高级工）、四级（中级工）、五级（初级工）的代码分别是 1，2，3，4，5。

第十七至第二十二位是证书序列码，使用阿拉伯数字表示，由评价机构按年度分，职业技能等级证书序列码分别从00000—99999依次取值。

4）职业技能等级认定监督管理

各地人力资源社会保障部门要做好本地区技能人才评价工作综合管理，通过现场督查、同行监督和社会监督，采取"双随机、一公开"和"互联网＋监管"等方式，加强对用人单位和社会培训评价组织及其评价活动的监督管理。建立职业技能等级认定工作质量监控体系，健全用人单位和社会培训评价组织评估机制，定期组织评估，评估结果向社会公开。

人力资源社会保障部门所属职业技能鉴定中心由于职能调整，逐步退出具体认定工作，转向加强质量监督、提供公共服务等工作。

9.2.2 "1+X"证书制度

1）什么是"1+X"证书制度

简单而言，"1"是学历证书，指学习者在学制系统内实施学历教育的学校或者其他教育机构中完成了学制系统内一定教育阶段学习任务后获得的文凭；"X"为若干职业技能等级证书。职业技能等级证书是毕业生、社会成员职业技能水平的凭证，反映职业活动和个人职业生涯发展所需要的综合能力。"1+X证书制度"，就是学生在获得学历证书的同时，取得多类职业技能等级证书。"1"是基础，"X"是"1"的补充、强化和拓展。学历证书和职业技能等级证书不是两个并行的证书体系，而是两种证书相互衔接和相互融通。

2）实施"1+X"证书制度的背景

在以习近平新时代中国特色社会主义思想指引下，为了贯彻党的十九大精神和全国教育大会精神，全面贯彻落实习近平总书记关于教育的重要论述，推进新时代职业教育改革发展，经中央深改委第五次会议审议，2019年1月国务院印发了《国家职业教育改革实施方案》（以下简称"职教20条"）。把学历证书与职业技能等级证书结合起来，探索实施"1+X"证书制度，是职教20条的重要改革部署，也是重大创新。"职教20条"明确提出，"深化复合型技术技能人才培养培训模式改革，借鉴国际职业教育培训普遍做法，制订工作方案和具体管理办法，启动'1+X'证书制度试点工作。"2019年《政府工作报告》进一步指出，"要加快学历证书与职业技能等级证书互通衔接"。

3）实施"1+X"证书制度的意义

①"1+X"证书制度实施将有利于进一步完善职业教育与培训体系，将有力促进职业院校坚持学历教育与培训并举，深化人才培养模式和评价模式改革，更好地服务经济社会发展。更会激发社会力量参与职业教育的内生动力，充分调动社会力量举办职业教育的积极性，有利于推进产教融合、校企合作育人机制不断丰富和完善，形成职业教育的多元办学格局。

②"1+X"证书制度将学历证书与职业技能等级证书、职业技能等级标准与专业教学标准、培训内容与专业教学内容、技能考核与课程考试统筹评价，这有利于院校及时将新技术、新工艺、新规范、新要求融入人才培养过程，更将倒逼院校主动适应科技发展新趋势和就业市场新需求，不断深化"三教"改革，提高职业教育适应经济社会发展需求的能力。

③"1+X"证书制度实现了职业技能等级标准、教材和学习资源开发、考核发证由第三方机构实施，教考分离有利于对人才客观评价，更有利于科学评价职业院校的办学质量。

④"1+X"证书制度必将带来教育教学管理模式变革，模块化教学、学分制、弹性学制这些灵活的学习制度等人才培养模式和教学管理制度必将在试点工作中涌现出来，这些新的变化必将对职业教育现行办学模式和教育教学管理模式产生重大挑战和严重冲击。

4）职业教育国家学分银行

职业教育国家学分银行简称学分银行，是以学分为计量单位，按照统一标准，对学历证书和职业技能等级证书等所体现的各类学习成果进行认定与核算，具有学习成果存储、积累和转换等功能的学习激励制度和教育管理制度。

学分银行提供个人学习账户和机构账户的建立与管理，个人学习成果的登记、认定、存储、积累、转换以及终身学习档案的建立、学习信息记录和学习信誉查询、学习成果相关证明等服务。

面向院校学生开展 X 证书培训，完成工作任务要求的学习内容，理实一体类按 16 学时计为 1 学分，实训类按 24 ~ 30 学时计为 1 学分。面向社会人员开展 X 证书培训，完成工作任务要求的学习内容，理实一体类按 18 学时计为 1 学分，实训类按 28 ~ 36 学时计为 1 学分。

🔔 9.2.3 烹饪职业技能标准

1）烹饪职业技能标准的意义

标准是为了在一定范围内获得最佳秩序，经协商一致制定并由公认机构批准，共同使用的和重复使用的一种规范性文件。按照标准化对象，通常把标准分为技术标准、管理标准和工作标准三大类。

《中华人民共和国劳动法》第六十九条规定："国家确定职业分类，对规定的职业制定职业技能标准，实行职业资格证书制度，由经备案的考核鉴定机构负责对劳动者实施职业技能考核鉴定。"国家职业技能标准是在职业分类的基础上，根据职业活动内容，对从业人员的理论知识和技能要求提出的综合性水平规定。它是开展职业教育培训和人才技能鉴定评价的基本依据。

国家烹饪职业技能标准最早于 2000 年发布，后经 2006 年、2014 年和 2018 年多次修订。

烹饪职业技能标准属于工作标准，它是根据烹饪职业（工种）的活动内容，对从业人员工作能力水平的规范性要求，由人力资源和社会保障部组织制定并统一颁布。

烹饪职业技能标准是烹饪工作者从事烹饪职业活动、接受烹饪职业教育培训和职业技能鉴定以及用人单位录用、使用人员的基本依据。

2）烹饪职业技能标准的内容

烹饪职业技能标准的内容一般由职业概况、基本要求、工作要求和权重表 4 部分组成（图 9.6）。其中，工作要求是国家职业技能标准的核心部分。

（1）职业概况

职业概况是对本职业基本情况的描述，包括职业名称、职业编码、职业定义、职业技能等级、职业环境条件、职业能力特征、普遍受教育程度、职业技能鉴定要求等 8 项内容。

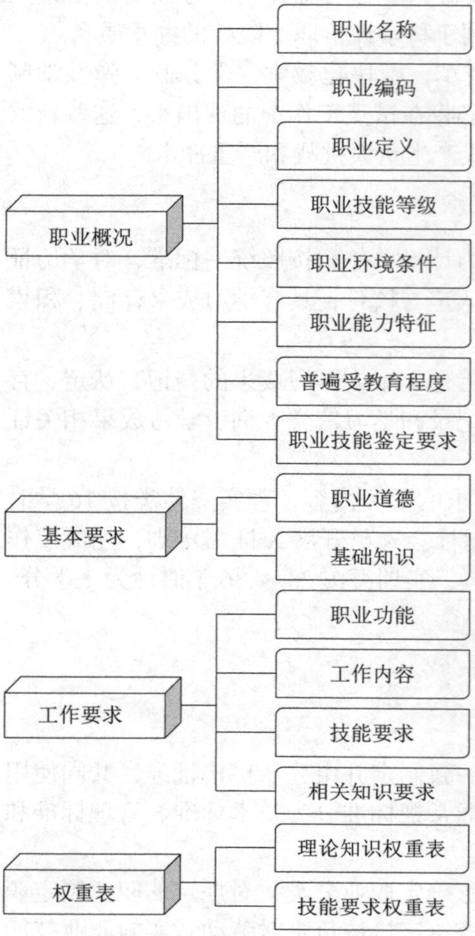

（2）基本要求

基本要求包括职业道德和基础知识。其中，职业道德指从事本职业工作应具备的基本观念、意识、品质和行为的要求，一般包括职业道德知识、职业态度、行为规范；基础知识指本职业各等级从业人员都必须掌握的通用基础知识，主要是与本职业密切相关并贯穿于整个职业的基本理论知识、有关法律知识和安全卫生、环境保护知识。

（3）工作要求

工作要求是指在对职业活动内容进行分解和细化的基础上，从技能和知识两方面对完成各项具体工作所需职业能力的描述。包括职业功能、工作内容、技能要求、相关知识要求。其中，职业功能指一个职业所要实现的活动目标或一个职业活动的主要方面（活动项目）。根据不同职业的性质和特点，可以按工作领域、项目或工作程序来划分。工作内容指完成职业功能应做的工作，可以按种类划分，也可以按程序划分。每项职业功能一般包含两个或两个以上工作内容。技能要求指完成每一项工作内容应达到的结果或应具备的技能。相关知识指完成每项操作技能应具备的知识，主要指与技能要求相对应的技术要求、有关法规、操作规程、安全知识和理论知识等。

（4）权重表

权重表包括理论知识权重表和技能要求权重表。其中，技能要求权重表反映各项工作内容在培训考核中所占的比例，理论知识权重表反映基础知识和每一项工作内容的相关知识在培训考核中应占的比例。

图 9.6　烹饪职业标准内容结构

3）国家烹饪职业技能标准的种类

现行的国家烹饪职业技能标准为 2018 年版，主要包括中式烹调师国家职业技能标准（职业编码：4-03-02-01）、中式面点师国家职业技能标准（职业编码：4-03-02-02）、西式烹调师国家职业技能标准（职业编码：4-03-02-03）、西式面点师国家职业技能标准（职业编码：4-03-02-04）等。

4）烹饪职业技能等级体系

人力资源和社会保障部《关于改革完善技能人才评价制度的意见》（人社部发〔2019〕90 号）指出：按照国家职业技能标准和行业企业评价规范设置的职业技能等级，一般分为初级工、中级工、高级工、技师和高级技师五级。企业可根据需要，在相应的职业技能等级内划分层次，或在高级技师之上设立特级技师、首席技师等，拓宽技能人才职业发展空间。

根据最新的国家烹饪类职业标准，按所从事的岗位和技能高低不同，分设五级，即初级工（国家职业资格五级）、中级工（国家职业资格四级）、高级工（国家职业资格三级）、技师（国家职业资格二级）、高级技师（国家职业资格一级）。对初级工、中级工、高级工、技师、高级技师的技能要求依次递进，高级别包括低级别的要求（图9.7）。

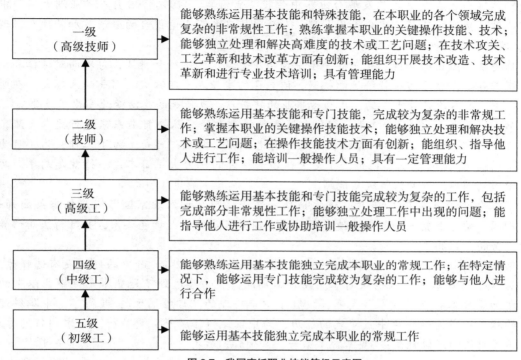

图9.7　我国烹饪职业技能等级示意图

[任务总结]

开展烹饪职业技能鉴定，推行国家职业资格证书制度，是落实党中央、国务院提出的"科教兴国"战略方针的重要举措，也是我国餐饮业人力资源开发的一项战略措施。这对于提高烹饪工作者素质、促进餐饮经济发展具有重要意义。

任务3　清楚烹饪高技能人才的成长路径

[案例导入]

京城女食神——访我国特级烹饪大师崔玉芬

居家生活中掌勺的多数都是女性，但是在烹饪界，高级别的厨师可就是男性居多了。就说在北京，仅有两位女性特级烹饪大师，崔玉芬女士就是其中之一。

崔玉芬，1964 毕业于北京服务学校中餐专业，1981 年起在全国、北京市的各种比赛中多次获得第一；1984 年晋升为特级烹调师，1990 年晋升为国家级烹调技师；1991 年赴土耳其伊斯坦布尔进行技术服务；1992 年任国际饭店总厨师长；1995 年带队赴加拿大中华饮食工业国际博览会，在烹饪技艺及展台比赛中荣获"金厨奖"；1996 年 6 月在"亚洲大厨"中国北京地区选拔赛中获得"优秀大厨"奖；1999 年应日本富士电视台的邀请参加"铁人料理比赛"，获"中华料理铁人"称号。

作为烹坛杰出的女性，崔玉芬一生中经历了无数次的选择和挑战，每次面对选择和挑战时，崔玉芬都抓住了困难带给她的机遇，使自己的事业越来越红火，名气越来越大。在所有的挑战中，有 3 次是最重要的，成为她事业的转折点，也使她的生活就此发生了改变。

第一个转折点是在 1982 年。那年，她和师傅土春隆带队去日本东京进行技术交流，当时她 39 岁，孩子刚上小学二年级，家里还有老人需要照顾。可是，为了工作，为了"为国争光"，她把家里的一切都托付给了丈夫，顶着巨大的压力去了日本，一待就是两年。两年后，她回到国内，晋升为特级烹调师。

第二个转折点是在 1985 年，这次她从全聚德烤鸭店调入北京国际饭店任鲁菜厨师长。在这期间，她通过钻研和创新，使鲁菜发展成国际饭店的一大特色菜系，并且为饭店培养了一批优秀的烹饪高手。

第三个转折点是在 1998 年。这一年，崔玉芬退休了。然而 55 岁的她并没有选择休息，而是选择了去日本为私人老板打工。在日本期间，崔玉芬达到了她从事烹饪事业以来的顶峰，参加了日本料理"铁人"大赛，战胜了中华料理的"常胜擂主"，获得了"中华料理铁人"的称号，成为她一生中最难忘的经历，为中国赢得了荣誉，更赢得了日本同行的尊敬。用崔玉芬自己的话说就是："要拿就拿第一、拿金牌，我有这个自信，在国外也一样。"

（资料来源：北京档案，2003（9）.）

[任务布置]

在烹饪行业里，做一个普通厨师容易，但是要做出名堂，做一个优秀的烹饪大师可就不那么容易了。因为这是一门高深的学问，它要求大师要懂得营养学、美学、饮食文化、历史等方方面面的知识。

[任务实施]

9.3.1 高技能人才的概念、特征及作用

1）高技能人才的概念

（1）人才

对人才的界定，不同时期有不同的含义。传统意义上的人才指具有中专以上学历或拥有初级以上专业技术职称的人。《中共中央、国务院关于进一步加强人才工作的决定》中，对人才的概念进行了全新的、科学的概括：只要具有一定知识或技能，能够进行创造性劳动，为推进社会主义物质文明、政治文明、精神文明建设，在建设中国特色社会主义伟大事业中作出积极贡献，都是党和国家需要的人才。这个人才标准坚持不唯学历、不唯职称、不唯资

历、不唯身份，鼓励人人都做贡献，人人都成才。这个人才标准同时也体现了人才发展的以下几个特征。

①"人才"是个泛义的、有弹性的概念。并不是用学历、职称等方式硬性界定的，文化程度、技术职称可以在很大程度上说明"人才"的某些特质，但毕竟不是人才的全部内涵。

②"人才"是个动态的、相对性的概念。教授、工程师等在取得职称的当时是人才，但如果不进行知识更新，那么也可能昨天是人才，明天就不再是人才。

③"人才"是个多角度、多层次的概念。从横剖面上看，人才的类型可以分为智能型（包括专家、教授、博士等）、技能型（能工巧匠、民间艺人、高技能工人等）人才；从纵剖面看，人才的层次也可以分为高级、中级和初级人才。

（2）高技能人才

中央组织部、人力资源社会保障部《高技能人才队伍建设中长期规划（2010—2020年）》指出：高技能人才指具有高超技艺和精湛技能，能够进行创造性劳动，并对社会作出贡献的人，主要包括技能劳动者中取得高级技工、技师和高级技师职业资格的人员。

烹饪高技能人才是我国人才队伍的重要组成部分，是餐饮产业大军的优秀代表，是烹饪技术工人队伍的核心骨干。

2）烹饪高技能人才的特征

（1）具有高超的烹饪技艺

高技能人才能够进行高难度的烹饪加工，包括烹制难度较高的菜点。在突发事故中，能够防止和排除烹饪中的重大事故和隐患。烹饪高技能人才运用高超的烹饪技艺和技巧，担负着技术含量较高的操作任务。

（2）具有很强的心智技能

高技能人才操作技能结构中的心智技能比重较大，这是高技能人才特点的核心，也是其掌握高、精、尖操作技术的根本原因。心智技能是在动作技能和感觉技能基础上进一步发展而来的。它是融知识、技能、经验、智力因素甚至非智力因素等于一体，在分析、判断、处理烹饪操作中的技术问题，尤其是遇到不正常的情况和突发事故时，具有很强的应变能力，对非常规性的新产品试制和新食材、新设备、新工艺等新技术的应用具有很强适应性的技能。

（3）脑力劳动的比重增大

烹饪技术的劳动，由体力劳动和脑力劳动两部分组成。由于高技能人才的技能结构中心智技能的比重增大，因此高技能人才劳动结构中脑力劳动的比重也增大了。在高技能人才的劳动中，有相当部分已不是直接操作加工的体力劳动，而是进行分析、判断、处理烹饪工艺中产生的技术问题，监控设备、仪器、仪表，参加制定工艺规程，进行技术攻关、技术革新、技术工艺试验，指导初、中级技能人才和进行班组管理等工作。高技能人才掌握理论知识、技术的领域较初、中级技能人才宽、深、综合，这一特点，实际上就是高技能人才的技术基础。

（4）具有较高的创造能力

创造性是所有人才的共同特征。人都具有创造能力，但不同人的创造能力高低不一样。初、中级技能人才主要掌握熟练劳动，而熟练劳动是动作技能的重复。高技能人才较多地掌握了精湛技术，从事的是较复杂的劳动，其心智技能化的程度较高，所以其创造能力也较高。高技能人才的创造性主要表现在相关领域的创造能力，如工艺革新、技术改造、流程改革及发明创造等。

（5）具有较强的岗位适应能力

高技能人才有适应劳动岗位变动的能力。这种适应能力不仅表现在同专业（工种）劳动岗位流动方面，也表现在邻近专业（工种）劳动岗位流动方面。相比之下，初、中级技能人才的岗位适应性远不及高技能人才。一般来说，初、中级技能人才只能固定在某一专业（工种）的岗位上工作，而高技能人才具有从技能操作岗位向一线生产管理岗位转岗的能力。高技能人才较强的岗位适应能力源于他们扎实的技术技能功底、较强的实践能力和创造能力。

3）烹饪高技能人才的作用

（1）生产、技术上的骨干与中坚作用

我国餐饮企业的烹饪高技能人才，不仅始终坚守在生产、工作第一线，及时解决生产上出现的各种难题，烹制出高质量的菜点，而且在提高劳动生产率、节省资金和提高经济效益方面作出了重大贡献，他们是地地道道的生产一线骨干。他们都有高超的技艺，在生产、工作上也都积累了丰富的实践经验。他们不仅能攻克生产、工作上的难关，而且能及时排除生产技术上的障碍，使生产、工作有序地进行，他们是技术上的中坚力量。

（2）岗位、品德上的带头与示范作用

烹饪高技能人才，爱岗敬业，只要生产、工作需要，不分分内分外，挺身而出，迎难而上，直至完成任务。他们在各自的岗位起到了带头作用。同时，他们能以自己的人生经历和经验教训教导广大青年员工，使其热爱祖国、尊敬师长、团结同事、乐于助人、严于律己、生活俭朴、艰苦奋斗、勤奋工作、甘于奉献，对企业全体员工起到了示范作用。

（3）革新、攻关上的能手与巧匠作用

我国烹饪高技能人才，以主人翁的高度责任感和敬业精神坚持搞技术革新和技术改造，不仅为国家、企业创造了大量财富和经济效益，而且大大改善了生产、工作条件和社会环境，充分发挥了生产、工作上的能手作用。他们在工作岗位上刻苦钻研、攻克难关，特别是能及时发现和解决产品质量或设备故障方面的问题，充分发挥了攻关上的巧匠作用。

（4）学习、传艺上的榜样与良师作用

我国企业高技能人才刻苦学习，学习政治理论，学习新知识，学习新技术，学习新工艺，学习新操作技巧，在思想和业务上是工人群众学习的好榜样。同时，他们在生产、工作岗位上积累了丰富的实践经验，也掌握了丰富的科技知识，还练就了不少窍门和绝技。他们毫无保留地、手把手地将经验、知识、技艺和绝活传授给年轻一代，发挥了良师作用。

（5）政治、管理上的参政与参谋作用

高技能人才作为我国工人阶级的重要组成部分，中华人民共和国成立后，他们的政治地位大大提高了，而且其中不少杰出人物被评选为全国和地方劳动模范、先进工作者，有的当选为全国人大或地方各级人大代表，代表人民参政、议政和执政。同时，他们长期生活在企业的广大员工之间，熟悉员工对管理工作的意见和要求，并能对进一步加强管理工作提出切实可行的意见和建议，而且还通过企业职工代表大会、公司监事会等多种形式和多种渠道参与企业的管理与决策。所以，高技能人才对企业管理具有参谋作用。

🔔 9.3.2 烹饪高级技能人才成长路径分析

高级技能人才的培养过程有两条主线：一条是以职业学校为主要培养基地的职业教育；另一条是以企业为主要培养基地的在职培训（图9.8）。

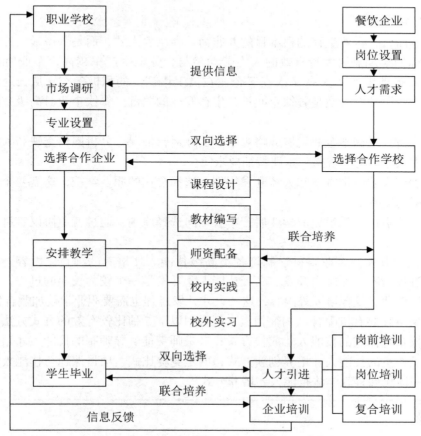

图9.8 高级技能人才成长路径流程图

1）职业学校培养

对于职业学校而言，其职业不等于专业，而是专业的复合、综合、融合。职业学校对高级技能人才的培养一般分为5步。

①人才需求的市场调查，即根据市场的需求选定培养对象，主要调查企业中需要人才的类别、规模、流动状况等，掌握企业对技能人才的现实需求和潜在需求状况并进行统计分析。

②根据调研结果，分解所需的职业能力构成，并据此确定专业培养目标及其内涵，设置专业，根据专业培养目标以及相对应的岗位群所需的综合能力和专项技能重新设置专业目录。

③选择合作企业，教学计划的正式实施需要校企双方合作。当然，这一步骤也可提早进行，人才市场调查、培养目标设定的过程也需要企业参与。

④安排教学工作和教学计划实施，教学计划是落实人才培养目标的具体体现，广义的教

学计划有着十分丰富的内涵，如课程开发、教师聘任、教材编写、课题设计、校内实训和毕业实习等，教学计划的实施过程即学生接受学历教育的全过程，由于学校资金、设备、实践基地等各方面的条件所限，教学计划实施需要企业多方面支持。

⑤学生选择企业。

2）企业在职培训

对于企业而言，企业生存的根本目的并非为社会培养人才，而是获得最大经济效益，但企业这一目标的实现需要大量有效的人力劳动参与，劳动生产率越高，企业所获得的经济效益越大，而劳动生产率提高又依赖于企业在员工培训上的积极参与。从长远角度看，制订正确的人力资源开发方案是餐饮企业长久生存发展的关键。餐饮企业对高级技能人才的培养分4步。

①需求分析。根据本企业发展战略规划和实际运营情况，分析岗位空缺和人员流动的状况，确定所需人才类型、规格、素质特征要求等。

②初步确定人才引进方案和人才开发规划。选择合作的职业学控，这需要企业管理体制和培训体制配套支持。

③技能人才引进。学生完成学业后，本着双向选择原则，通过就业协议签订完成企业人才选拔的引进工作。

④技能人才开发。企业要科学制订各类高级技能人才培养的项目、内容、方法、标准等，实施全过程培养，深层次开发。高级技能人才开发是一个较为长期的过程，主要包括岗前培训、岗位培训、复合培训等内容，这一人才开发过程也需要职业学校加盟合作。

以上两条主线要有机配合，相辅相成，可采用以下5种比较有效的方式方法：一是以企业为主体的校企合作式的技能人才成长方式；二是师带徒、导师制的技能人才培养方式；三是技能大师工作室的技能人才培养创新方式；四是竞赛比武、项目课题与技能人才同步推进方式；五是一体化课程教学法技能人才培养方式等。

知识链接

首届中国烹饪铁人赛暨2014广州高技能人才烹饪大赛成功举行

由美食导报、信基集团、广东省餐饮技师协会、广东省餐饮技师协会、香港餐务管理协会、澳门厨点师协会、广州地区饮食行业协会、广州烹饪协会、广东省各地市饮食行业协会（商会）共同主办的"首届中国烹饪铁人赛暨2014广州高技能人才烹饪大奖赛"于8月29—30日在广交会琶洲A区1.1展馆圆满落幕。

本次大赛是国内首个高规格综合性烹饪大赛，国内高手云集，专家评审坐镇。分设高技能人才组和公开组两个组别。29日为高技能人才组比赛，一共有50多人参赛。区别于常规性赛事，本次大赛特别引入厨师技能认定环节，申报高技能赛的选手在29日当天接受由广州市职业技能鉴定中心根据现场实操进行的技能认定，录入成绩，并参加9月中旬进行的理论知识考核，总成绩按照实际操作技能占80%，理论知识占20%的比例设置。合格后颁发职业资格证书并获得晋升职业资格，并有机会授予中国烹饪大师、名师称号。

30日为公开组比赛，来自珠三角地区，以及吉林、湖南、香港等地共50余名选手齐聚羊城各显神通。该赛事参考"国际料理铁人赛"竞赛办法，根据组委会统一提供的标准食材及配料,由裁判长在比赛前30分钟抽签选材料(家禽类、海鲜类)通知选手,随后参赛选手临场发挥,在90分钟内使用煎、炒、煮、炸、蒸、焖、烩、炖等任何一种方法制作出两道菜式,由专家评委根据味道、新意、艺术性等分项打分,总分高者获胜。

经过激烈角逐,中国烹饪大师、广州十大名厨黄埔华苑行政总厨秦伟雄勇夺本次大赛第一名;台山恒益喜宴酒楼行政总厨林卓业、广州市山山食府行政总厨黄国品荣获第二名;佛山季华轩中餐厅副总厨谭志军、广州养源殿酒店管理有限公司副大厨汤海明、广州庞大一汽大众培训中心会所行政总厨周家标荣获大赛第三名。

活动以"继承发扬,开拓创新,打造御厨,诠食大美,提升价值"为方针,在继承传统的基础上,突出创新,提高餐饮文化品位和国际餐饮厨艺技术含量;在保证食品安全的同时,讲究营养美味,提倡绿色餐饮;坚持以大众化为主,并满足不同档次的社会消费需求;以市场为导向,讲求实用价值和节约原则;在比赛过程中,综合、全面地考查参赛选手。通过大赛组织方式与评判工作的改进,达到激励餐饮从业人员立足本职、钻研技术、勇于创新的意识,促进餐饮企业竭力开拓市场,创品牌,走上更高层次发展道路,更好为社会服务,为餐饮旅游业发展服务,为改革开放和社会经济发展服务,努力发挥中国餐饮市场正能量,并致力于将其打造成为中国餐饮业最具权威性和影响力的重大赛事之一。

🍲 9.3.3 我国烹饪高技能人才的现状与需求

1) 现状

近年来,我国烹饪高技能人才工作取得明显进展,但仍然存在一些突出的问题。一是烹饪高技能人才培养能力与餐饮经济发展对烹饪高技能人才需求之间的矛盾突出,高技能人才总量短缺,结构不合理,领军人才匮乏;二是烹饪高技能人才培养投入总体不足,培养培训机构能力建设滞后,人才发展的体制机制障碍依然存在;三是对烹饪高技能人才的认识仍有偏差,重学历文凭、轻职业技能的观念还没有从根本上得到扭转,企业职工和青年学生学习技能的积极性不高,烹饪高技能人才仍然面临发展渠道窄、待遇偏低等问题,人才成长发展的社会环境有待进一步改善。现有餐饮企业的厨师长、行政总厨中绝大多数是从厨师岗位上成长起来的,习惯于经验型管理,缺乏现代厨政管理理念,不擅长运用现代科学管理知识和先进管理技术。在岗的厨师技能水平不能满足企业发展需要,要想找到技术水平高的厨师很难,这造成企业在低水平层面发展或高价聘请外地人才,增加了企业负担。

2) 需求

随着社会经济快速发展,人们生活水平日益提高,大众餐饮消费需求日益旺盛。当今餐饮业越来越朝着规模化、专业化方向发展,并随着外国餐饮企业进入,餐饮市场的竞争日益加剧,而对人才的争夺,特别是对烹饪高技能人才的争夺日益激烈。因此,迫切需要大力加强烹饪高技能人才队伍建设,全面提升我国餐饮企业的核心竞争力。据2021年12月15日人社部、教育部、国家发展改革委、财政部印发的《"十四五"职业技能培训规划》,当前我国高技能人才总量已超过5 000万人。"十四五"时期,新增取得职业资格证书或职业技能等级证书的人员要达到 4 000 万人次以上，能够达到高级技工、技师、高级技师的高技能人才要达到 800 万人次以上，其中包含大量烹饪高技能人才。

3) 立志成为一名优秀的烹饪高技能人才

烹饪高技能人才成长与其他人才成长有一致的地方，也有独特的地方。烹饪高技能人才成长源于社会需要与个体需要，社会需要决定了高技能人才今后的发展方向，也表明高技能人才成长会得到政府以及其他社会组织支持，个体需要决定了其成长的效率。高技能人才成长主要是经济发展对科技的依赖，是技术创新转化为现实产品无法取代的社会价值推动。高技能人才成长的个人原因在于需要的最高价值即自我实现，没有情感、责任、价值观建立就不能塑造高技能人才。较高的学习能力与灵活的动作技能，是高技能人才成长的基础。

高技能人才一般通过理论与实践结合得到技能提高。没有良好的实践训练与解决复杂问题的经验，就不可能解决职业过程中的复杂工艺问题，工学结合是现代高技能人才成长的基本模式。高技能人才需要具有理论学习与实践训练的基础条件，良好学习环境与训练氛围、好教师与好师傅的精心指导对于其技能进步具有极高价值，同伴切磋、交流对于技能提高不可或缺。高技能人才成长离不开专业教育与工作培训，高技能人才遵循循序渐进的成长规律，需要长时间艰苦磨炼，是社会力量与自主努力共同作用的结果，校企结合共同打造适应企业特定岗位需要的高技能人才。高技能人才成长特别需要良好的工作训练，并通过实际操作强化关键技能。高技能人才成长具有专业性，不同类别岗位需要不同专业方向的高技能人才，所以高技能人才成长属于专业成长。高技能人才可以具有复合知识与技能，经过适当培训可以进行技能转移。技术发展不断对工艺水平提出要求，高技能人才需要不断提升知识与技能水平，终身学习逐渐成为高技能人才职业发展与价值实现的个人追求。

[任务总结]

知识改变命运，技能成就梦想。烹饪高级技能人才的成长过程，离不开烹饪职业教育和烹饪职业技能鉴定。我们每一位同学在校期间都应刻苦学习文化知识和专业理论，下功夫"学技术，练技能，当能手，作贡献"。毕业以后，还要继续接受职业教育，获取资格证书，争取早日成长为高技能人才，做一名优秀的中国烹饪大师。

【课堂练习】

一、单项选择题

1. 我国烹饪中等教育起步于 20 世纪（　　　）。
   A. 40 年代　　　B. 50 年代　　　C. 50 年代末至 60 年代初　　　D. 70 年代
2. 到 20 世纪 80 年代后期，全国大约有（　　　）所开设了烹饪专业的中等职业学校。
   A. 320　　　　B. 400　　　　C. 360　　　　　　　　D. 450
3. 黑龙江商学院于 1959 年创办了中国历史上第一个（　　　）层次的公共饮食系（后改为烹饪系）。
   A. 大专学历　　B. 高中学历　　C. 本科学历　　　　　　D. 研究生学历
4. 截至 2021 年，全国经教育部备案或审批同意设置烹饪与营养教育专业的院校共有

（　　　）所。

      A. 15   B. 20   C. 25   D. 30

5. （　　　）于 1895 年创建于巴黎，是世界上第一所西餐与西点人才专业培训学校。

      A. 法国蓝带厨艺学院   B. 保罗·博古斯酒店与厨艺学院

      C. 洛桑酒店管理学院   D. 麦当劳汉堡大学

6. 我国职业技能鉴定制度建立于（　　　）年。

      A. 1994   B. 2000   C. 2010   D. 2020

7. 组织制定国家职业技能标准的是（　　　）。

      A. 教育部   B. 人力资源和社会保障部   C. 民政部   D. 国家发改委

二、多项选择题

1. 祖辈传授、父子相承是早期烹饪教育的重要形式，在这种形式下产生的家庭教育就具有如下特点：（　　　）。

      A. 早期性   B. 经常性   C. 科学性

      D. 可推广性   E. 传统性

2. 麦当劳汉堡大学是麦当劳的全球培训发展中心，主要为员工提供（　　　）方面的培训。

      A. 餐厅营运管理   B. 操作技术   C. 领导力发展培训

      D. 食品安全   E. 菜品研发

3. 确立职业技能鉴定和职业资格证书的法律地位的是（　　　）。

      A. 1994 年 7 月颁布的《中华人民共和国劳动法》

      B. 1996 年 5 月颁布的《中华人民共和国职业法》

      C. 1993 年 7 月劳动部颁布的《职业技能鉴定规定》

      D. 1994 年 8 月劳动部颁发的《职业技能鉴定规范》

      E. 1993 年，劳动部颁发的《中华人民共和国职业技能标准》

4. 下列人员必须参加职业技能鉴定（　　　）。

      A. 实行"双证制度"职业（技术）院校的毕（结）业生

      B. 实行"双证制度"职业技能培训机构的毕（结）业生

      C. 企业中从事国家规定实行职业资格证书制度的职业（工种）的从业人员

      D. 参加工作 3 年以上的人员

      E. 参加工作 5 年以上的人员

5. 实行国家职业标准的意义是（　　　）。

      A. 促进就业   B. 引导职业教育培训工作

      C. 为构建职业资格证书制度提供有力支持   D. 促进再就业

      E. 促进职业教育大力发展

6. 下列属于水平评价类职业资格的是（　　　）。

      A. 导游资格   B. 教师资格   C. 医生资格   D. 中式烹调师资格

7. 下列属于准入类职业资格的是（　　　）。

      A. 教师资格   B. 法律职业资格   C. 医生资格

      D. 中式面点师资格   E. 西式面点师资格

三、填空题

1.封建社会，烹饪教育的形式除了早期的祖辈传授、父子相承外，还产生了_____方式。

2._____是现代烹饪人才培养的一种基本形式。

3.1983 年，江苏商业专科学校（现扬州大学旅游烹饪学院）创立了中国烹饪系。同年 9 月，面向全国招收第一批烹饪工艺专科班学生，开创了我国正规_____的先河。

4.美国最著名的培养大厨的学府是纽约州的_____。

5.法国的"餐旅"学校和_____齐名，多年来一直吸引着世界各国学生和职业人员。

6.我国职业资格证书沿用技术等级证书的标准，分为 5 个级别，从低到高分别是初级、_____、_____、_____、_____。

7.我国职业资格从人员范围来讲，包括_____职业资格和_____职业资格；从性质来讲，包括_____类职业资格和_____类职业资格。

8._____和_____是实施职业技能等级认定的依据。

9.据统计，2015 年，全国开设中餐烹饪和西餐烹饪的中等职业学校分别有_____所和_____所。

【课后思考】

1.现代学徒制与传统学徒制有哪些差异？

2.职业技能竞赛与职业技能鉴定有何异同？

3.推行职业资格证书的重要意义是什么？

4.职业技能等级制度与职业资格评价制度有什么不同？

5.如何成为一名优秀的中国烹饪大师？

【实践活动】

1.以小组为单位，调研本省（市）烹饪教育的现状。

2.通过调研，了解烹饪职业技能等级认定的现状及对个人专业发展的意义。

参考文献

[1] 俞为洁 . 中国食料史 [M]. 上海: 上海古籍出版社, 2011.

[2] 姚伟钧, 刘朴兵, 鞠明库 . 中国饮食典籍史 [M]. 上海: 上海古籍出版社, 2011.

[3] 邢永革 . 明代前期白话语料词汇研究 [M]. 南京: 凤凰出版社, 2016.

[4] 郑昌江 . 烹调原理 [M]. 北京: 科学出版社 ,2017.

[5] 马健鹰, 嵇娟娟 . 烹饪学概论 [M]. 北京: 中国纺织出版社 ,2020.

[6] 陈光新 . 烹饪概论 [M]. 4 版 . 北京: 高等教育出版社 ,2019.

[7] 赵建民, 梁慧 . 中国烹饪概论 [M]. 北京: 中国轻工业出版社 ,2014.

[8] 季鸿崑 . 烹饪学基本原理 [M]. 北京: 中国轻工业出版社 ,2015.

[9] 杨铭铎 . 烹饪教育研究新论 [M]. 武汉: 华中科技大学出版社 ,2020.

[10] 丁建军, 张虹薇, 李想 . 烹饪知识 [M]. 北京: 北京理工大学出版社 ,2017.